国家社会科学基金项目"司马法伦理管理思想研究"
（编号：12CGL001）研究成果

# 《司马法》伦理管理思想研究

Research on Ethical Management Thought in the Methods of the Sima

钟 尉 著

图书在版编目（CIP）数据

《司马法》伦理管理思想研究/钟尉著 .—北京：经济管理出版社，2019.7
ISBN 978-7-5096-6750-7

Ⅰ.①司… Ⅱ.①钟… Ⅲ.①《司马法》—应用—伦理学—管理学—研究—中国 Ⅳ.①B82-092 ②C93

中国版本图书馆 CIP 数据核字（2019）第 143334 号

组稿编辑：杜　菲
责任编辑：杜　菲
责任印制：黄章平
责任校对：赵天宇

出版发行：经济管理出版社
　　　　　（北京市海淀区北蜂窝 8 号中雅大厦 A 座 11 层　100038）
网　　址：www.E-mp.com.cn
电　　话：（010）51915602
印　　刷：三河市延风印装有限公司
经　　销：新华书店
开　　本：720mm×1000mm/16
印　　张：17.25
字　　数：320 千字
版　　次：2019 年 7 月第 1 版　2019 年 7 月第 1 次印刷
书　　号：ISBN 978-7-5096-6750-7
定　　价：88.00 元

·版权所有　翻印必究·
凡购本社图书，如有印装错误，由本社读者服务部负责调换。
联系地址：北京阜外月坛北小街 2 号
电　话：（010）68022974　邮编：100836

# 前　言

当今时代"全球化"已经成为世界性的普遍意识与共同话语。在全球化的驱使下，任何一种经济格局、政治秩序、文化形态和价值体系都不可能在封闭状态下单独存在；通过各种途径和各个层面的对话、交流和交往而产生的当代人类社会面临的一切亟待解决的问题包括管理问题也都将变成全球化的问题。从这一意义上说，所谓社会转型并非仅限于中国，而应当说是整个世界所共同面临的一种状态。因此，人们在管理实践中就不得不越来越关注全人类在现时代的共同境遇与"全球化"的普遍性问题。然而"全球化"大潮并不意味着一切不同传统、民族、地域、文化、宗教之间的差异将荡然无存。推进"全球化"的经济与政治动因，从根本上说在于不同民族传统文化在相互交流和比较过程中的继承与发展，形成一种相互关联的秩序，以寻求不同文化之间的稳定与均衡，从而推动世界政治经济的可持续发展。当代各种文明形态的经济、政治、文化以及管理理论都必须对此做出应答。正如2013年8月习近平总书记在全国宣传思想工作会议上所指出的，"讲清楚中华优秀传统文化是中华民族的突出优势，是我们最深厚的文化软实力。"一年后，他在省部级主要领导干部学习贯彻党的十八届三中全会精神全面深化改革专题研讨会上再次提出，"民族文化是一个民族区别于其他民族的独特标识。要加强对中华优秀传统文化的挖掘和阐发，努力实现中华传统美德的创造性转化、创新性发展，把跨越时空、超越国度、富有永恒魅力、具有当代价值的文化精神弘扬起来，把继承优秀传统文化又弘扬时代精神、立足本国又面向世界的当代中国文化创新成果传播出去"。可以说，传承优秀传统文化，构建中国自己的管理理论是当代管理学者义不容辞的责任。从管理实践的角度来说，当代中国企业置身于世界市场的白热化竞争之中，要想立于不败之地，关键是要企业能够拥有超过竞争对手的高素质人才队伍。而要拥有一支高质素的人才队伍，关键在于企业领导者具有更高的管理境界，进行企业管理的创新。然而管理创新行为总是和人们的观念和思维方式相关，这就不得不涉及民族文化问题，离开民族文化的管理创新就像是建立在沙滩上的高楼，看上去比较美丽却没有实用价值。

伦理管理概念的提出不仅是当代管理实践的要求，也是西方管理思想的深刻变革与发展产物。自从西方社会进入工业时代以来，源于亚当·斯密和大卫·李嘉图等人的经济人思想和边沁、穆勒等人的功利主义价值观以及泰罗的科学管理思潮一直主宰着西方管理的理论与实践。尽管亚当·斯密早就意识到经济管理与道德的关系，泰罗也在著作中强调过劳资双方的共识与和谐关系的构建对提升效率具有根本性的重要作用。然而他们的这些观点几乎被人们忽视了，西方人逐渐形成了过分强调个体本位和工具理性、过分强调效率分析的管理观念，而对于财富增长过程中的自然资源的破坏、人与人之间关系的紧张、企业各种利益相关者的福利损失等问题很少考虑。直到20世纪60年代西方企业失德现象日益严重，出现了一系列丑闻，引发了社会公众的广泛关注与指责，此后管理中的伦理问题才逐渐为学术界所重视，并在八九十年代发展成为西方国家的热点问题。2008年的次贷危机更加引起了全世界对管理中的伦理问题的全面重视。人们首先提出了管理伦理的概念，并且产生了大量的研究成果。近年出台的ISO 26000企业社会责任标准就是一个非常了不起的研究成果。然后，伦理管理的概念也开始被关注。最近十几年特别是2008年"三鹿事件"之后，我国管理学界也纷纷加入到对管理伦理或者伦理管理的研究实践中去，有不少成果问世。但总体上来说基本还是以借鉴西方人的研究为主，独立思考如何利用本土传统文化资源解释本国伦理管理问题的研究偏少。

伦理管理的概念还存在诸多不统一的观点，我们认为管理伦理关注管理中的伦理问题，本质上是伦理学向管理学渗透，强调的是管理学的视角和伦理实践问题；而伦理管理却试图用伦理观念来改造管理实践，本质上是管理学与伦理学的相互融合，强调的是伦理学的视角和管理实践问题。我们认为研究伦理管理一方面可以充分利用中国传统文化中丰富的伦理思想资源，另一方面可以跳出西方管理理论视角的桎梏，直接关注中国管理实践问题。

其实，受到文化传统的影响，西方对伦理管理研究具有明显的工具理性色彩，这种倾向使西方管理伦理研究在整体上存在着明显的缺陷。最典型的就是2006年由比利时卢文大学经济学与伦理学研究中心哲学教授卢克·博凯（Luk Bouckaert）在一次国际会议上掀起的一场热烈讨论。博凯认为西方的伦理管理存在着一个重大的悖论，即贯穿西方管理的技术经济理性使伦理成为管理的工具而不是管理的目的，这最终会损害人们在管理中注入伦理道德的努力。所谓"伦理管理悖论"指的就是实际用以管理的不是伦理而是经济计算，道德被归结为技术的经济的语言，公司社会责任成了理性的权宜之计。人们实际上是用工具理性和基于技术的利益计算来取代真正的道德感情和真正的道德承诺，而这种取代是失败的。他指出尽管商业伦理学研究热潮已经持续了半个世纪，但伦理管理却始终未能克服经营活动中更为世故和行为更为隐蔽的新机会主义。其实在背后的原因也很简单，因为理性计算永远解决不了人生的终极价值问题，每个人都终有一死，对于必定会死亡的人来说，到底做什么才是真正有价值的？特别是当人们的生存需求、安全需求以及交往和尊重的需求都基本得到满足之后，会追求自我实现，那么，哪种自我实现途径才具有终极价值呢？这显然不是理性计算可以解决的，这就为信仰和道德留下了空间。然而，西方学术界的研究一直都是工具理性占主导地位，把信仰和道德排斥在研究的视野之外，企业也被人们事先假定为以赢利为宗旨的组织，导致从西方文化视角很难解决伦理管理的悖论。解决的办法在哪里呢？

我们认为以儒家思想为代表的中国传统管理思想很可能就是解决的办法，中国传统管理思想具有深刻的伦理道德本位精神，可以说是真正的伦理管理思想。这种伦理道德本位精神贯彻于所有的社会生活，当然也包括强调利益的商业领域。从中国传统文化的视角来建构伦理管理理论，所谓的"伦理管理悖论"就失去了存在的土壤。不过中国传统文化博大精深，有着几千年的发展历史，学派众多，传统经典浩如烟海。在有限的时间和精力的约束下，我们只能选取一部具有代表性的传统文化经典——《司马法》来作为研究的切入点。

《司马法》是一部非常奇特的经典，作为最古老的兵书，它承接了夏商周三代我国上古时期的军事思想，却又浸淫着浓厚的儒家思想，可以说是儒家思想在竞争管理中的集中体现。由于西方的伦理管理研究毕竟起源于企业管理研究，而企业是带有竞争性质的组织，当代的伦理管理理论与实践也离不开竞争管理问题，《司马法》中的儒家伦理思想可以保证我们的研究不偏离中国传统文化的主流，《司马法》的竞争管理思想则使我们的研究可以比较轻松的和西方企业管理思想进行比较。因此，我们认为《司马法》是一部有利于推动当代伦理管理理论与实践的传统经典，非常值得研究。本书主要从以下四个方面对《司马法》伦理管理思想进行研究：

第一，整合前人的研究成果，对《司马法》文字和逻辑进行全面系统的梳理和诠释。《司马法》文字古奥，自古以来都被认为难懂，而且在流传过程中出现了大量的散轶，造成《司马法》原文中很多地方上下文意思不连贯。虽然前人做了大量对《司马法》进行校勘、考据和诠释的工作，但仍然存在大量争议和许多值得商榷思考的内容。我们主要运用历史考据、哲学诠释的方法进行研究。注重规范研究方法，以归纳演绎为主，强调价值判断，研究事物"应该是什么"。

第二，从伦理学和管理学视角出发，对相关基本概念进行跨文化拓展和中西概念、思维方式的比较，分析中国文化情境下"管理"、"伦理"、"管理伦理"与"伦理管理"等概念的内涵和特性，并在此基础上建构一个合理的分析框架。

第三，对《司马法》的伦理管理思想体系进行全面的梳理和分析。根据对《司马法》文字的梳理和诠释，我们认为《司马法》伦理管理思想体系大体上可以分为三个部分，即伦理管理的理论基础、伦理管理的实践应用基础、伦理管理的具体应用。首先，梳理和分析《司马法》伦理管理的基本观点、《司马法》伦理管理的主要依据和手段，这部分内容是《司马法》伦理管理思想体系的理论基础。其次，梳理分析《司马法》伦理管理思想对管理者的要求，这是《司马法》伦理管理思想体系的实践应用基础。最后，从组织变革、组织发展与组织竞争三个方面分析《司马法》伦理管理思想在这三个领域的具体应用思想。在梳理和分析过程中，我们使用东方管理学派学者所创立的管理特质分析方法，画出了《司马法》伦理管理思想体系每一个部分的伦理管理特质分析图，并把这些图整合成为一个大图。这样可以帮助学习和应用者很直观地看到《司马法》伦理管理思想体系中各个组成部分之间的逻辑关系，并迅速地掌握《司马法》伦理管理思想体系。

第四，借助几个案例探讨了《司马法》伦理管理思想对当代中国管理实践的价值和指导意义。我们认为当代中国管理研究经过了20年的西方研究范式的洗礼，已经到了关键的转型期，是继续亦步亦趋地跟随西方人的脚步，把中国管理研究变成西方管理理论的补充和注脚，还是创立属于自己的一套适合本土管理实践特色的管理理论体系是当代管理学者必须回答的问题。在这个时候，当代中国管理研究更加迫切需要的是有实践指导意义的新思路和新观点，而不是严谨的研究方法和解释性的结论；既有实践指导价值，同时又不被西方管理理论所束缚的新思路和新观点，除了源于当代我国优秀企业管理实践经验的总结之外，更加主要的来源就在我国的优秀传统文化。因此，研究传统文化经典中的管理思想对于当代中国管理研究将会具有越来越重要的意义。而且引领未来中国的管理研究方向的应该是在进行大量基于扎根理论的案例研究基础上，能够结合时代特征运用传统优秀经典思想，提出各种具有创新性观点的研究。而本书的成果可以为未来的这种研究提供一个有价值的参考。

# 目 录

第一章 导论 ………………………………………………………… 1
    一、研究背景和意义 ……………………………………………… 1
    二、文献综述 ……………………………………………………… 11
    三、理论基础与研究设计 ………………………………………… 19

第二章 《司马法》背景及文本 …………………………………… 45
    一、《司马法》背景分析 ………………………………………… 45
    二、本研究选用的《司马法》文本 ……………………………… 58
    三、《司马法》的逸文问题 ……………………………………… 59

第三章 《司马法》伦理管理的基本观点 ………………………… 60
    一、伦理管理的基本观点 ………………………………………… 60
    二、伦理道德在竞争管理中的价值 ……………………………… 73
    三、伦理管理的三个境界及实例 ………………………………… 85
    四、《司马法》伦理管理的基本观点特质分析 ………………… 96

第四章 《司马法》伦理管理的依据和手段 ……………………… 98
    一、伦理管理的依据——人性论 ………………………………… 98
    二、伦理管理的基本手段——伦理教化 ………………………… 111
    三、伦理管理手段的历史分析 …………………………………… 125
    四、《司马法》伦理管理的依据与手段特质分析 ……………… 135

第五章 伦理管理对管理者的素质要求 …………………………… 137
    一、优秀管理者的素质 …………………………………………… 137

二、管理者的修身功夫及其践行…………………………………… 143
三、管理者的常见误区……………………………………………… 148
四、伦理管理对管理者的素质要求特质分析……………………… 152

**第六章 伦理管理对组织制度建设的要求**……………………………… 155
一、消除组织内部混乱状态………………………………………… 155
二、制度建设的流程、影响因素和境界…………………………… 160
三、伦理精神融入制度化管理的方法……………………………… 168
四、伦理管理对组织制度建设的要求特质分析…………………… 173

**第七章 组织变革与发展的伦理管理之道**……………………………… 175
一、组织变革的原则与发展的基础………………………………… 175
二、组织发展的境界………………………………………………… 182
三、组织建设的具体方法…………………………………………… 187
四、组织变革与发展的伦理管理思想特质分析…………………… 197

**第八章 组织竞争的伦理管理之道**……………………………………… 199
一、竞争的层次与竞争力…………………………………………… 199
二、竞争分析与决策………………………………………………… 213
三、竞争行动的原则及方法………………………………………… 217
四、组织竞争的伦理管理思想特质分析…………………………… 220

**第九章 《司马法》伦理管理思想体系及其应用**……………………… 223
一、《司马法》伦理管理思想体系………………………………… 223
二、《司马法》伦理管理思想体系与西方管理理论的比较……… 233
三、《司马法》伦理管理思想的应用探讨………………………… 237
四、结论与展望……………………………………………………… 256

**参考文献**………………………………………………………………… 263

# 第一章　导论

## 一、研究背景和意义

### （一）研究背景

现代伦理管理研究的兴起要追溯到20世纪50年代末60年代初。当时美国出现了一系列因企业伦理道德缺失引起的经营丑闻，迫使政界和学界开始重视企业经营中的伦理问题。一开始只是被动的关注和一些纯理论上的研究，如1962年，美国政府公布了报告《对企业伦理及相应行动的声明》的报告，表明政府开始正式关注这方面的问题。学术界开始讨论"利润先于伦理"与"伦理先于利润"两个命题哪个更有道理。直到美国号称史上最早最大的汽车召回事件——福特公司的Pinto车召回事件的爆发。70年代初，福特公司的热销品牌Pinto车发生多起车毁人亡事故，原因之一是油箱的设计存在问题。但是他们决定不采取行动，理由是Pinto是低价车，安全性不是卖点，油箱设计没有违反安全法令。并且公司对减少汽车油箱起火的可能性进行了损益比较。根据损益分析，召回成本是1.37亿美元；而不召回，导致烧死烧伤的赔偿成本仅仅是4950万美元。但是，他们忘记了道德成本，这个事情在媒体上曝光后，美国公众一片哗然，一直备受民众信赖的福特公司居然拿金钱和消费者的生命做比较，而且最终选择了金钱。之后，福特公司在巨大的社会压力下，不得不斥巨资召回汽车，并最终于1980年停止生产Pinto汽车，但人们对福特公司的信任危机却持续了很久。而且加利福尼亚的一个陪审团判决福特公司为Pinto汽车的受害人遭受的痛苦赔偿1.25亿美元，这在当时是个闻所未闻的天文数字。这个事件使人们开始真正地认真深入反思企业伦理问题。福特公司排斥伦理要求的管理决策，最终导致消费者的信任危机和法院的起诉，让人们发现伦理道德在管理中的价值。管理者开始明白，忽视管理中的伦理道德很有可能会付出沉重的代价。此外，70年代时，随着日本经济的腾飞，日本经营模式受到了广泛的关注，日本人把日本传统的伦理道德观念融入企业经营活动之中，使伦理道德成了日本企业调节企业内外关系、处理利益冲突的主要手段，从而在激烈的国际竞争中取得了很大的优势，这对美国企业界、学术界都产生了巨大的冲击。

美国人开始更加深刻地反思伦理道德对企业经营和整个经济发展的作用和价值。许多大学的工商管理专业开始开设企业伦理课程，企业伦理管理、企业社会责任等相关研究成为学界研究的热点，政府也开始出台一些伦理管理规范。不过美国人的反思效果如何仍然值得怀疑，最典型的就是2007年美国爆发的次贷危机，这场危机本质上也是伦理道德危机。这场危机在某种程度上说明以美国为代表的西方国家在处理伦理与管理的关系方面仍然存在很多缺陷。美国的次贷危机起源可以追溯到2001年以来的美国房地产牛市，美国人投资房产的热情空前高涨，不仅有钱人不断贷款买房，没钱人也贷款买房。当然银行对于低收入的人直接贷款买房的风险是比较清楚的，他们一般不会给这些人贷款。但是其他的金融机构却想方设法向中低收入阶层开拓市场，特别是住房抵押贷款公司，它们通过发行住房抵押贷款证券，将风险转移给投资者。它们无视贷款申请人的还款能力，鼓励贷款人对现有的抵押贷款进行过度再融资，甚至教唆贷款申请人通过一些技巧和手段在经济条件未发生任何改变的情况下提高信用分数，从而获得较低利率的贷款。而大多数机构投资者对这样的风险估计不足，并且在追求短期利益的情况下，他们会明知有风险仍然抱着赌一把的心态而大量增持次级抵押贷款证券。这种心态也就是所谓的博傻理论，该理论认为，证券市场上的一些投资者根本就不在乎证券的理论价格和内在价值，他们大举买入某种证券只是因为他们相信将来会有更傻的人以更高的价格从其手中接过"烫手山芋"。支持博傻的基础是投资大众对未来判断的不一致和判断的不同步。对于任何部分或总体消息，总有人过于乐观估计，也总有人趋向悲观，有人过早采取行动而也有人行动迟缓，这些判断的差异导致整体行为出现差异，并激发市场自身的激励系统，导致博傻现象的出现。这一点在中国股市曾表现得相当明显。另外，美国的评级机构也存在着巨大的伦理问题，投资者无法直接了解投资标的的基本信息，信用评级就成为投资者了解证券风险和收益的重要途径。独立性和客观性是信用评级机构生存的基础。由于评级机构大部分的收入来自发行方支付的评级费用同时又对他们的产品进行评级,这种情况下评级机构难以保持独立性和客观性。可以说正是因为美国金融市场上多个参与方普遍存在着伦理道德缺失才导致了次贷危机。

在中国,管理中的伦理问题真正受到重视是2008年之后。尽管2008年之前也发生了不少企业失德的事情,但是却往往被人们所忽视,有时候即使被报道出来,也被认为是改革发展过程中必须付出的代价,是不可避免的。但是,2008年中国发生了震惊世界的"三聚氰胺事件",使这种代价论很难再为人所认同了。"三聚氰胺事件"起因是,很多食用三鹿集团生产的奶粉的婴儿被发现患有肾结石,随后在其奶粉中被发现化工原料三聚氰胺。而三鹿奶粉是中国名牌、中国驰名商标、国家免检产品,自称产品经过"1100多道检测",是"2000万妈妈的选择",但2000万妈妈选择的不是健康而是疾病和恐惧。其实,早在3月,三鹿公司就接到了消费者投诉,但是他们装模作样地查了一下,就声称送测的样本未发现问题。凭借消费者对其的信任和产品驰名商品的光环把负面的声音打压了下去。然而,到了7月,消费者开始向政府部门投诉了,三鹿公司却辩称是不法奶农掺入三聚氰胺。他们采取的行动是给受害者一笔封口费,对媒体进行公关,要求媒体不予报道,据说他们的行动已经产生了效果。直到9月5日三鹿最大的海外股东恒天然公司,在新西兰政府的帮助下,绕过地方政府直接向中国中央政府报告此次事件,才使三鹿的公关工作彻底失败。在中央政府的关注下,三鹿公司仍然坚称奶粉合格,直到9月11日晚三鹿面对无可抵赖的证据时才不得不承认自己的奶粉有问题。在中国国家质检总局公布对国内的乳制品厂家生产的婴幼儿奶粉的三聚氰胺检验报告后,事件迅速恶化,包括伊利、蒙牛、光明、圣元及雅士利在内的多个厂家的奶粉都检出三聚氰胺。该事件重创了中国制造商品信誉,多个国家禁止了中国乳制品进口。国家取消22个涉及检验出三聚氰胺的"中国名牌"产品乳品企业。几年后,在中央电视台《每周质量报告》调查中,仍有七成中国民众不敢买国产奶粉。直到今天,中国整个乳制品行业都没有恢复元气。

下一步我们该怎么办?以前我们习惯学习西方的先进管理经验,但是,面对企业失德问题,我们发现西方国家虽然有不少可以借鉴的地方,但是离真正解决企业失德问题还有很远的距离。他们也处在痛苦的挣扎与探索中,美国的次贷危机可以说就是一种明证。而且即使他们有成功经验,以往的实践经验也早已证明,把别的国家的管理经验原封不动地照搬到中国实践中往往会遇到问题。面对这种情况,中国管理学界有责任和义务去探索一条符合中国国情的,解决企业失德问题的道路。

## （二）问题的提出

我们对中国传统伦理思想在现代管理中的价值的思考源于一场国际学术争论。比利时卢文大学经济学与伦理学研究中心哲学教授卢克·博凯（Luk Bouckaert，2006）认为西方的伦理管理存在着一个重大的悖论，即贯穿西方管理的技术经济理性使伦理成为管理的工具而不是管理目的，这最终会损害人们在管理中注入伦理道德的努力。博凯指出，当经济伦理学进入企业界、伦理被归结为功能性的和工具性的管理概念时，真正的道德情感和真正的道德承诺被放弃，取而代之的是理性的技术专家式的管理工具。但这种取代是失败的，因为这样做是用经济计算取代了道德感情，依靠计算的自利来讲信任、责任这类道德概念或讲经济民主，实际上是为猜疑和不信任打开了方便之门。他认为在企业管理过程中提倡这种伦理观念实际上反而说明人们不相信伦理道德的作用，实际用以管理实践的不是伦理而是经济计算，道德被归结为技术的经济的语言，公司社会责任成了理性的权宜之计。他举了一个例子：当前企业伦理研究的热点是企业社会责任，然而他认真研读《欧洲委员会促进公司社会责任（CSR）欧洲框架绿皮书》（2001年）及其后续咨询意见综合书（2002年）却发现，该文件虽然为伦理驱动的经济提供了管制性的政治框架，并得到了广泛的认同，但完全是从技术经济理性视角来分析管理中的伦理问题。按这种视角来看，CSR是对全球市场的生态和道德敏感性的一种理性回应，这导致它不能靠自己的逻辑来克服经济和政治中的机会主义。绿皮书将CSR定义为公司自愿而将社会和环境责任整合到其经营活动及其利益相关者的互动中去。这一定义包含了三个伦理信条：第一，必须将经济、社会和环境的影响整合到所有经营活动中才能创造可持续的增长；第二，注重利益相关者[①]的管理和管理者对利益相关者的责任，才能保证企业有良好的发展环境；第三，承诺不仅遵守明确的法律要求，而且尊重企业与社会之间隐含的社会契约，以使公司能够获得负有社会责任的经营许可，为所有的利益相关者创造可持续的价值。许多企业领袖、政策制定者和其他利益相关者都同意对CSR的这个定义，因为它表

---

① 利益相关者指直接或间接受企业经营影响的群体。利益相关者理论认为，企业是其与各种利益相关者结成的一系列契约，是各种利益相关者协商、交易的结果，无论是投资者、管理人员、员工、顾客、供应商，还是政府部门、社区等，他们都对企业进行了专用性投资并承担由此所带来的风险。因此，为了保证企业的持续发展，除了股东以外，企业也应当向其他利益相关者负责。

述了一种长远的理性管理的观点。然而在绿皮书以及后续的有关 CSR 的文件中都避免使用伦理名称。可见，CSR 不被视为真正的伦理问题，而是作为微观和宏观层次上的理性管理问题来对待。同样，平等、信任、负责和诚信等伦理概念都成了理性管理科学、职业社会工程咨询业的一个部分。

博凯认为，这样做导致一个很严重的后果，那就是尽管西方商业伦理学研究热潮已经持续了半个世纪，但人们的伦理管理努力却始终未能克服经营活动中更为世故和行为更为隐蔽的新机会主义。最典型的就是美国的次贷危机，金融市场上的各种机构的失德行为被各种金融创新工具包装得光鲜亮丽，从而使事先设计的监管制度失去了效果。他认为导致这种情况的基本原因就是西方人理解的伦理管理概念有着不可避免的悖论，即通过在组织中和组织间创造缓和机会主义行为的新管制，可以淡化机会主义的症状，但往往反而加强了机会主义的基础。基于计算的自利来鼓吹信任、责任或民主这样的道德概念或者制度功能条件，虽然不能说不对，但却有着许多不良倾向，经济民主越是可通过理性的和经济的谈论来维持，它就越是冒有排挤精神承诺和道德承诺的危险。

博凯说，许多公司或组织都有伦理建设项目，都运用了伦理语言，但当其一旦面临更深刻的财务或其他危机时，往往会完全忽视其宣称的伦理。例如，20 世纪 90 年代在布鲁塞尔的 Renault 工厂一直都提倡厂内参与合作的伦理，但当它面临长期赢利问题时，它没有给予任何事先的沟通或谈判就辞退了 2000 多名员工。无独有偶，其实在中国也有类似的事情发生，2007 年一位叫北京农民的网友，在网上发了一个帖子《亲历联想大裁员：公司不是我的家》对联想集团裁员过程中缺乏人情味的行为进行了强烈抨击，直接颠覆了联想成立以来一直秉持的"企业如家"的文化。联想集团推崇家文化的行为也被许多人视为一种理性的计算，而非真正把员工当成家人。这使联想创始人柳传志按捺不住，很快在媒体上表明自己的态度，并且要求联想管理层反省。

博凯的观点引起了学界的极大关注，汉克·范卢克（Henk van Luijk）、罗纳德·伯伦班姆（Ronald Bereinbeim）、罗索夫（G. J. Rossouw）、罗伯特·爱林森（Robert Allinson）等学者纷纷发文就这一问题进行了热烈的讨论。[①] 在这些讨论中伯伦班姆是比较典型的维护西方传统观点的学者，他认为博凯提到的观点有一定的道理。商业伦理理论中关于可持续性发展和企业社会责任的论

---

[①] 陆晓禾对这次会议相关学者的文章做了专门的论述，具体参见陆晓禾编译. 伦理管理悖论及其争论［J］. 道德与文明，2007（5）.

证确实没有为实际的伦理讨论留下任何机会，伦理确实成为自利理性计算的工具。但他认为如果持续性、社会责任和审慎不能取代伦理，那么在商业伦理中根本就没有伦理存在的空间。他很快为自己的观点亮出了前提假设，他实际上想当然地认为，经济伦理不是关于如何改善人类的笼统思考，它是处理必须解决的散乱问题的一种方法——个人或组织做选择的手段。他说，如果在经营活动中有伦理讨论的空间，那么它必定是在过程中，而不是在信仰中。毕竟，商业实践是理性的谋划，而不是信仰。显然伯伦班姆的观点是站不住脚的。商业实践也是人类生活的一部分，工作是为了生活，从属于生活，生活中可以存在信仰，那么，工作中也可以存在信仰。人们可以为获得收入而工作，也可以为了自己的信仰而工作，二者是无法割裂的。商业实践中如果故意忽视信仰的力量，无疑是掩耳盗铃的行为，理论研究如果这样做，只能是使理论严重于实践，以致无法指导实践。

　　荷兰的汉克·范卢克教授也站在西方传统观念的角度上认为，在企业管理过程中，人们虽然希望员工个人拥有较高的道德标准或者其他精神方面的优秀品质，但管理者几乎不能影响它。因此在道德领域进行积极干预的主要精力应该放在制度建设上，规定员工的行为选择范围。范卢克的观点可以说让人感觉非常惊讶，因为在我国一直都有对员工进行思想教育的传统，并且取得很大的成绩，他居然对思想道德教育的作用完全视而不见，而且道德建设完全依赖于制度建设的话也是完全行不通的，因为制度最终还要人来落实。一方面很难设计出完善的制度，这样总有一些人会去钻制度的漏洞；另一方面即使真的设计出了完善的制度，其执行成本也往往非常高甚至无法执行。其实，我们不仅不能忽视管理者对员工进行道德教育的巨大作用，而且应该明确这是管理者的重要职责之一。

　　南非的罗索夫教授则明确表示不赞同博凯的观点，他认为博凯过分强调了企业伦理行为的动机，并且把伦理行为与自利行为对立了起来；从伦理学的角度来说，伦理道德并不排斥自利行为，利己主义也是伦理学的一个重要学派。另外，我们很难判断一个行为背后的动机是不是利己的，甚至我们都有可能不了解自己的动机，因为它们隐藏在我们的潜意识中。

　　不过，罗索夫的批驳也存在漏洞，首先，人们的动机虽然难以判断，但不等于不能判断。人们的动机必定会通过行为表现出来，通过观察他人的行为判断其动机是管理者应该具备的重要技能。虽然人们的行为有可能伪装，但俗话说"路遥知马力，日久见人心"，即使伪装，也只能伪装一段时间，不可能长久。其次，我们知道伦理道德的基本目的是要弘扬善和维护和谐的社会秩序，利己主义必须要引入宗教或者信仰的因素才能变成推动善行和维护和谐社会秩序的力量，不然只会陷入囚徒困境。而宗教或者信仰的力量在组织中有多强，是很难事先知道的。除非管理者有意识地把宗教或者信仰引入企业，否则利己主义盛行的组织中善行与和谐是很难存在的。

来自美国 Soka 大学、香港中文大学的罗伯特·爱林森教授则提出了比较有建设性的观点。他认为，卢克·博凯提倡的伦理管理的悖论其实是企业的悖论，因为所有的经济学教科书都把企业定义为要赚钱的组织，企业经营就是自利计算的过程。要解决这个悖论，就必须重新定义企业。解决方案是开发一种新的经营定义把社会价值的创造作为企业的动机和支柱，把盈利看作是企业的副产品、副作用，而不是主要目的。要让所有企业都在一个伦理圈中运作。如果个别企业或组织在一个更宽的但不伦理的圈里作为一个小的伦理圈而运作的话，那么它冒的危险就是被更宽的圈所吞没。因此，解决伦理管理的悖论还要发挥教育的作用，不能按社会达尔文主义的思路来理解经营，社会需要合作的模式，经营需要和谐的环境。如果建立企业时，人们考虑的是这个企业能够创造怎样的社会价值；那么，伦理动机从一开始就置入了企业的性质中。抱这种动机来做企业，可能也为它们的所有者赚钱。创造社会价值与创造利润之间并没有内在的矛盾，只要创造社会价值是企业的主要动机，那么就可以解决企业悖论。

从这些学者的讨论来看，我们可以发现技术经济理性的思维方式在西方学术界还是根深蒂固的，他们把管理视为组织的事情，把企业视为赚钱的工具，认为管理主要就是制度设计，与提升员工素质无关，与管理者的个人信仰无关，甚至排斥管理者与被管理者之间的在人生观和信仰上的互动与影响。显然这样的思维方式是无法解决企业伦理管理悖论的。相比之下，爱林森教授非常具有启发意义，他强调了教育管理者的作用，同时，也强调了社会环境的作用。

要解决伦理管理的悖论，仅仅从西方管理思想中找寻答案恐怕不一定能够得到满意的结论，中华民族流传了几千年的伦理管理文化或许可以给我们更多的启发。其实，如果我们跳出企业管理的狭隘视角来看伦理和管理的结合问题，会发现早在几千年前，我们的老祖宗在管理家族事务以及在治理国家的实践中，一直都是把伦理和管理紧密地结合在一起。伦理管理或者管理伦理早就有了很多成熟的思想与实践，也根本不存在困扰西方人的伦理管理悖论。《大学》就把齐家作为治国的前提，提出"家齐而后国治"的思想，孔子也提出过"君君，臣臣，父父，子子"观点，把齐家和治国相提并论。齐家本质上就是一个伦理问题，而治国是一个组织管理问题。二者虽然管理的对象不同，但是却在逻辑上形成了不可分割的联系。在中国古代管理实践界也是如此，如汉朝时期，国家就一直推崇"以孝治天下"，把作为家庭伦理的"孝"直接用于治理国家。《汉书·文帝纪》载，文帝十二年诏曰："孝悌，天下之大顺也；力田，为生之本也；三老，众民之师也；廉吏，民之表也。朕甚嘉此二三大夫之行。今万家之县，云无应令，岂实人情？是吏举贤之道未备也。"汉文帝重视"孝悌"，而汉武帝则进一步推出了"举孝廉"制度，只有被举为"孝廉"，才能在朝廷做官。可见，伦理管理实践早就在中国社会开展过，并且取得过很大的成功。

从中国传统管理的角度来看，政治伦理和个人道德一直以来都是古代管理者思考的核心问题，这个问题展开来说就是"修身""齐家""治国""平天下"。"修身"的核心内容主要讨论管理者如何进行自我管理以提升自己的道德水平，以达到更高境界的道德人格，如君子、圣贤等。"齐家"和"治国"主要讨论管理者如何在一个组织内建立一种内部和谐并能够推动组织不断发展的伦理秩序。"平天下"则分析如何在竞争的环境下，建立组织之间的伦理秩序。"修身"、"齐家"的目标是"治国"、"平天下"；而"治国"、"平天下"的基本目标就是消除礼崩乐坏的乱世，建立一个崇尚仁义礼智信等德行的社会，实现小康社会，最终达到大同社会的理想。从这个角度来看，中国传统文化的核心内容可以说是一套完整的伦理管理思想。中国古代科举考试把考试的核心内容选定为《四书》，本身也就是为了培养知识分子的伦理道德精神。例如，《大学》说，"有德此有人，有人此有土，有土此有财，有财此有用。德者，本也；财者，末也。外本内末，争民施夺。是故财聚则民散，财散则民聚。是故言悖而出者，亦悖而入；货悖而入者，亦悖而出"。意思是有德行才会有人拥护，有人拥护才能获得土地（指代各种资源），有土地才会有财富，有财富才能供给使用，德是根本，财是枝末。假如管理者把本末倒置，一味追求财货，人心就散掉；反之，管理者追求德行，散财于人，被管理者就会团结在他身边。不明白德和财的本末关系，一味追求财货甚至用不正当的手段来追求财富，即使获得了财货，总有一天这些财货也会不明不白地失去。《大学》还说，"仁者以财发身，不仁者以身发财"，对于"仁者"来说，财的作用是用来做修身的工具，提升自己的身心境界。对于"不仁者"来说，财就是目的，为了财，可以把自己的身体和心灵全部投入进去。可以想象从小接受这种文化传统教育熏陶的知识分子，在工作之后，对于财富肯定不会像当代一些人那样有极为强烈的执着，他们的伦理道德意识会告诉他们财富只是一种工具，够用就行了，修身行仁，才是人生最值得追求的。

因此，我们认为从中国传统文化的视角去构建中国自己的伦理管理理论不仅可以避免西方伦理管理遇到的悖论问题，还可以更好地和中国组织管理实践相结合，从而为超越西方管理理论，创建中国自己的管理理论提供重要借鉴和参考。当然中国传统的伦理管理思想在古代管理实践中也存在某些不良倾向，也是需要我们尽量避免的，例如，与西方社会相比，中国古代管理实践一直都非常强调伦理道德教育的作用，导致对于规范人们行为的制度设计问题被忽视；很多制度都过于灵活或者漏洞很多，使管理变得非常困难。这也是当代中国管理者努力学习西方人在管理制度设计方面的经验的一个重要原因。然而我们不能因此而忽视甚至否认传统伦理管理思想的重要价值，特别是在当代中国社会、企业失德现象屡见不鲜的情况下，我们不仅应该在企业内部对员工进行教化，更应该从整个社会教育的角度对所有的管理者进行教化，把伦理道德的血液灌输到他们的血液中。

（三）研究的意义

成中英（2011）指出，2004年美国大企业董事会舞弊危机、2008年以来的次贷危机以及当前越陷越深的金融危机，也都涉及各项企业的管理问题，而此一管理问题不仅是技术问题，而且更多的是目标问题与道德伦理问题。故寻求管理与伦理的一致，以及寻求如何在道德基础上发展管理与行政是当前人类社会发展、经济发展与政治发展的一大挑战。人们的贪婪、企业主管的无知与自私，显示缺乏仁爱道德律的根本认识，而管理学者更未建立智慧来发展管理合乎道德的目标性与方法性。这也是当前中国这样的发展中国家面临的最大难题。

我们希望从中国传统文化的视角来建构中国自己的伦理管理理论，解决中国当代管理理论研究与实践应用相背离的问题。但是中国传统文化博大精深，有着几千年的发展历史，学派众多，诸子百家各有经典。而时间和精力都有限，所以我们决定选取一部具有代表性的传统文化经典来作为研究的切入点。我们希望找到这样一部经典，既有丰富的伦理管理思想，方便进行中西伦理管理思想比较分析研究；同时，该经典也能够有一些竞争管理思想，这样，可以在现代企业管理实践中找到其应用推广的价值。因为西方的伦理管理研究毕竟起源于企业管理研究,而企业是带有竞争性质的组织。经过反复思考,我们选取了《司马法》这部兵书作为研究的对象,希望从中找到能够对现代中国管理实践有启发价值的伦理管理思想。选择《司马法》作为研究对象的原因主要有两个方面:

第一,《司马法》和儒家有着密切的关系,有浓厚的儒家思想。儒家思想是中国传统文化的核心,如果我们选择的经典没有儒家思想,其内容就存在偏离传统文化主流的可能。儒家思想的源头是周礼,周礼中的"修身"、"齐家"、"治国"等相关思想被孔子所继承,从而创立了儒家思想体系。而周礼中的"平天下"等竞争管理思想则主要保存在《司马法》中。

第二,《司马法》是兵家重要经典,有着丰富的竞争管理思想。中国传统文化中反映竞争思想的学派主要是兵家。而兵家的经典主要集中在《武经七书》。《武经七书》中最有名的是《孙子兵法》。然而从已有的研究来看,《孙子兵法》对于管理中的伦理问题缺乏有深度的论述,更加谈不上有成体系的伦理管理思想。《武经七书》中唯有《司马法》有着博大精深的伦理管理思想,并且从内容上看,《司马法》反映了周朝诸侯国在周礼伦理规范约束下的有限竞争管理策略,是儒家伦理思想在竞争中的集中体现。《司马法》伦理管理思想博大精深,涉及自我管理、国家管理、军队管理、竞争管理等多方面内容,研究《司马法》伦理管理思想不仅可以解决中国企业的内部管理和外部竞争中的伦理问题,同时也可以为处理当代国际政治、军事、经济关系等问题提供重要思路。

这样,我们研究《司马法》伦理管理思想的意义可以概括为以下四个方面:

第一,为解决当代伦理管理发展的悖论提供参考。西方管理学者和实践界人士因为西方文化传统和思维方式的影响,很难摆脱工具理性的束缚,导致在理论研究上陷入"伦理管理悖论",在实践上则难以根除机会主义的影响。当代西方管理理论和实践都迫切需要关于伦理管理的新思路,本书可以提供一种有启发的解决问题的思路。

第二,为推动中国管理理论创新提供基础。研究《司马法》伦理管理思想,在此基础上思考如何构建一个基于《司马法》的伦理管理理论体系,可以帮助中国管理研究者摆脱西方管理理论范式的桎梏,推动中国管理理论创新,为将来中国管理理论研究超越西方提供理论基础。

第三，深化兵法管理思想研究。最近几十年把古代兵法思想和管理结合的研究已经成为管理学界的一个热点，并且取得了很多成果。但人们对于兵法管理的研究主要还是集中在《孙子兵法》这部经典上。《孙子兵法》内容有限，而且视野主要局限于军事领域，经过多年的研究，已经很难有新颖的高水平成果出现。而研究《司马法》伦理管理思想不仅可以拓宽兵家管理思想研究视野，还可以纠正《孙子兵法》等典籍应用在商业竞争方面时可能出现的一些消极影响。《孙子兵法》等兵书中的某些原则、方法在商战上若被不择手段地加以运用，对建立正常的商场秩序、规范竞争各方商业行为是极为不利的（陈洪琏，1998）。而极端重视伦理管理的《司马法》在应用于商业竞争时，可以避免这些消极影响，从而推动兵法管理理论与实践走向新的高度。

第四，为决策者解决中国当代伦理管理问题提供思路。当代中国也面临着许多迫切需要解决的伦理管理问题，特别是2008年"三鹿事件"之后，一些企业、政府机构、媒体甚至一些地方的整体社会风气都被发现存在着伦理问题，政府相关管理部门的决策者如何规范企业失德或者媒体失德等问题，政府机构如何规范自身，以避免政府机构出现失信或者其他伦理问题，等等，都是当代中国管理者需要直面的难题。研究《司马法》伦理管理思想，提炼古人进行伦理管理的思路和手段，可以为解决当代中国管理实践中的许多伦理问题提供有价值的参考。

## 二、文献综述

### （一）《司马法》研究现状

作为最古老的兵书和《武经七书》的重要组成部分，本应该在学术界有着重要地位的古代经典——《司马法》在当代中国学术界却一直被人们所忽视。搜索中国知网，1978~2016年，直接研究《司马法》的文献只有40篇（搜索篇名共有41篇，但是有1篇是重复的），其中1篇是本课题成果之一，即本课题组成员刘建兰的硕士学位论文。剩下的39篇文献，有3篇是硕士学位论文：《司马法、孙子兵法、孙膑兵法军事思想比较研究》（2007）、《〈司马法〉武器装备思想研究》（2006）、《〈司马法〉版本及语言初探》（2006）。还有1篇文献是报纸上的文章。这些文献中考据训诂的文献有10余篇，其他文献基

# 《司马法》伦理管理思想研究

本上都是军事思想、法制思想或者与《孙子兵法》或儒家思想的比较研究。篇名与"伦理"相关的文献只有2篇，分别是1992年赵枫发表在《道德与文明》上的论文《司马法军事伦理思想初探》和1993年王联斌发表在《军事历史研究》上的《司马法的军事伦理思想》。篇名与"管理"相关的文献则没有见到。如果按照研究主题相关的条件搜索中国知网，1978~2016年，与《司马法》相关的文献也仅有169篇。这些文献多数引用了《司马法》的若干观点，基本上没有对《司马法》的思想做系统论述和专题研究的文章。另外，邬可晶在复旦大学出土文献与古文字研究中心的网站上写过一篇颇有见地的文章《〈司马法〉校注商兑》，但其主要内容也是训诂考据，未有针对管理或者伦理问题进行阐发。

目前，专门研究《司马法》的专著有十来部，多以译文解析为主，其中比较有特色的专著有：钮国平在《司马法笺证附韵读》一书中引用了30多种古籍来注解《司马法》，同时运用古汉语界对上古音韵的研究成果进行分析，通过对韵的节奏、跟踪其点明、呼应与贯穿之处，为《司马法》进行校勘和诠释提供了一种重要的工具。郑慧生（2007）在其专著《校勘杂志：附司马法校注》一书中，提出了对校、本校、他校、理校和数校五种校勘方法，并将其应用于《司马法》校对和注解，提出了很多有特色的观点。钮国平和郑慧生的研究为本书梳理《司马法》原文，提供了考据训诂方面的重要知识基础。陈宇将军的专著《司马兵法破解》可以说一部非常完备而深刻的大作，他几乎是收集了所有古今研究《司马法》的重要文献，对《司马法》原文49处做了版本文字校勘，对原文中34个句子进行了辩释，给出了多种解释，并提出了自己认为比较合理的解释。陈宇的著作为本书全面诠释《司马法》的思想提供了重要理论基础，然而该书对伦理和管理问题也未做深入的探讨。

总之，对于《司马法》的研究主要来自古籍考据界和军事界，来自管理学界的研究非常少。其实，国内外将古代兵法和管理结合起来的研究很多，对古代兵法感兴趣的管理学者和对管理感兴趣的军事学者都很多，如日本的大桥武夫在"二战"后就一直研究兵法与管理的关系，并且带动日本管理学界形成了一个兵法经营管理学派；著名管理学者明茨伯格也对中国古兵法进行过研究；国内近年来，更是出现了一大批古兵法与管理学相结合的研究成果。然而在国内外，无论是军事界还是管理学界，人们研究的焦点基本上集中在《孙子兵法》，《司马法》几乎被遗忘。《司马法》的相关研究成果不仅少，而且涉及伦理或管理的研究更是屈指可数，而对《司马法》伦理管理思想的研究则可以说是一个全新的研究领域。究其原因，可能有二：一是《司马法》"文辞古奥"，"难读如书诰"（钮国平，1998），远比其他兵书难懂，这使一部分古文功底不好的学者望而却步，继而影响了它的知名度，使后继的研究者较少，成果相对更少；二是今本《司马法》5 卷只是古本《司马法》155 卷大量散佚后的残卷，不少地方略显不连贯，反映出该书在流传中很可能出现错简、乱简等，继而导致一部分学者认为《司马法》"其辞庸甚，不足以言礼经，亦不足以言权谋也"①，不值得花时间研究。这两点对学者研究无疑都是极大的阻碍。

今本《司马法》虽仅有 5 篇，字数不足 4300，但对于中国古代军事思想的产生与发展却有举足轻重的影响力。特别是《司马法》中强调的"仁""义""礼"的军事伦理对当代伦理管理研究和实践更是弥足珍贵。因此，我们不能因其文辞古奥、难于理解就将其摒弃。

### （二）伦理管理研究现状

1. 研究现状

目前，直接研究伦理与管理的相关成果不是很多，我们以"伦理管理"作为关键词精确搜索中国期刊网，1998～2016 年②有 131 篇文章，加上硕士、博士学位论文则有 147 篇。而其中 CSSCI 检索期刊的论文仅有 28 篇，这种情况大体上可以说明当前对于伦理管理的直接研究在数量上还不多见，高水平的研究则更加少。胡宁的博士学位论文《伦理管理研究》（2010）是与本研究直接相关的一篇文献。其他还有 2 部专著和本研究直接相关，分别是徐维群的专著《伦理管理：现代管理的道德透视》（2008 年）和祝木伟的专著《组织伦理管理理论与方法》（2009）。另外，陈银飞的专著《有限道德，伦理判断与供应商伦理管理决策行为》（2013）从有限道德的视角专门分析了一个特定领域的伦理管理行为，即供应商的伦理管理决策行为。

至于国外的研究文献，有大量的关于伦理与管理方面的研究，如关于信任的研究、关于企业社会责任的研究、企业非伦理行为的研究等。但是专门针对伦理管理的研究还很少。以"Ethical management"为关键词，进行论文篇名的精确检索，检索 EBSCOhost 数据库，共有 93 篇文献，当我们通过更加细致

---

① 该观点语出《惜抱轩文集·读〈司马法〉、〈六韬〉》，然姚鼐实为一文人，并不精通兵家思想，其言论实不足为凭。

② 2016 年 10 月的搜索情况。

的关键词检索，去除医学伦理、生态伦理、书评等与本研究不相关的文章后，我们发现与本研究相关的文章仅有18篇。而且这18篇中有多篇文章实际上把伦理管理和商业伦理混为一谈。剩下的文章要么集中于研究某个非常具体的问题，要么对伦理管理的概念内涵含糊其辞。检索 Social Science Citation Index（社会科学引文索引）数据库，2002~2016 年只有 12 篇论文。而且多数是医学类的文章和本研究的伦理管理没有太大的关系，只有 5 篇文章是属于管理学领域的研究成果。当然还有不少词汇，如"Management Ethics"、"business ethics"也常常被译为管理伦理甚至伦理管理，但严格来说，它们本来应该翻译为"管理伦理"和"商业伦理"，和本研究并不直接相关。此外，"Ethical Policing"也会被翻译为伦理管理，如香港大学的郭晓君的硕士学位论文 A study of Ethical Policing 就被翻译为《伦理管理研究》，其实其内容和本研究关系也不大。

从我们检索到的国外相关论文的情况来看，西方的理论研究者对于管理伦理和伦理管理的区别还未引起足够的重视，并且研究者大多还是强调实证性的研究范式，重视从实践中得到一些解释性的成果。西方研究者长期秉承工具理性，总是把员工个人视为管理决策之外的影响因素，把企业的伦理道德规范视为利益权衡的结果，他们总是试图从伦理规则角度找到企业伦理的解决方案，导致研究陷入了企业伦理建设总是缺乏稳定的动力机制的泥潭。不过近年来，随着灵性价值观和职场灵性等新概念的提出，西方学术界出现了一种与东方思维方式和价值观逐渐接近和靠拢的趋势。职场灵性的核心价值观主要是道德价值观，被认为有助于职场人士在职场中克服个人私利的影响。有灵性的个体在工作中不只是由自我来驱动，他们会寻求与他人形成更加完美的关系，赋予工作更大的意义。这样以他人为中心的规制性理念会引导灵性个体去追求实现各种伦理上的善。McGhee 和 Grant（2008）认为灵性行为作为一种规制性理念会提供在日常工作的实践情境中判断和做出伦理选择的标准。员工必须根据企业的组织价值观来调整个人的价值观，企业文化在员工价值观和组织价值观的互动中持续发展。因此，职场灵性很容易被融入到企业伦理或企业道德的研究框架（张志鹏、和萍，2012）。和理论界相比，在国外实践界大都能够超越西方学术界的理论范式和研究范式，更加强调管理者道德素质的价值。例如，哈佛商学院出版社（Harvard Business School Press）出版的（Kenneth Andrews，2011）《最佳伦理实践》（Ethics Best Practice）一书，就旗帜鲜明地提出"首席执行官的个人行为方式远远比各种管理制度要重要得多"，这已经成为企业家的共识（The personal deportment of the chief executive in the exercise of moral judgement is universally acknowledged to be more influential than written policy ），并且肯定了教育培训在企业伦理管理中的重要性。可以说和中国儒家的"正人先正己"的思想、强调管理者对被管理者进行教化的思想，不谋而合。

需要特别说明的是，本研究是基于中国传统文化视角来分析《司马法》伦理管理思想。虽然中文"伦理管理"一词被翻译成 Ethical Management，但由于西方人的思维方式和中国传统的思维方式有巨大的差异，本研究中的"伦理管理"是纯粹的中国文化中的概念，和西方人提出的伦理管理（Ethical Management）不能直接对应。就像中文"关系"一词，一般情况下被翻译成 relationship，但是，在具体研究中国人的关系问题时，为了不让外国人误解，就不得不被音译成"Guanxi"一样。我们完全是在中国文化背景下来探讨和界定中文的伦理管理概念，后续的研究也都是建立在自己界定的中文"伦理管理"概念基础上的，这个概念在外文文献中可能没有合适的对应词汇，如果非要将本研究中的"伦理管理"一词做一个精确翻译的话，那么，就与关系一词一样，直接用音译。

换句话说，本研究做的是古为今用的研究，而不是洋为中用的研究。如果是做定位为洋为中用的跨文化管理研究则必须对国外伦理管理（Ethical Management）的相关研究做一个全面而系统的梳理，并做深入的分析比较。而我们这项研究目的是弘扬传统管理思想，追寻其对当代中国管理理论与实践的借鉴意义。我们提出的概念、观点和西方伦理管理（Ethical Management）理论[也包括国内许多以西方伦理管理（Ethical Management）概念为基础的相关研究]有巨大的差异。国外伦理管理（Ethical Management）相关文献研究不是支撑本研究后续研究的前提基础。从某种意义上说，如果过多关注和引用国外学术界对于 Ethical Management 的研究成果，反而可能对我们的思维方式和研究思路形成干扰，使研究主题不清晰，导致读者对研究产生各种误解。因此，我们对于国外对伦理管理（Ethical Management）的相关研究仅仅做这样一个简单的分析和说明，目的是给熟悉西方管理理论的读者一个切入点。

2. 研究成果分类

与本研究关系比较密切的相关研究成果大体上可以分三类，即伦理和管理关系的研究、伦理管理特点和价值的研究以及如何进行伦理管理的研究。下面我们对这三类研究做一个简单的阐释。

（1）伦理和管理关系的研究。伦理管理概念的提出和管理伦理是牵扯在一起的，管理与伦理关系的研究，导致伦理管理和管理伦理两个不同概念的出现。对伦理与管理关系的思考，大体上有三种观点：

1）把伦理作为管理的价值取向。比较典型的是龚天平等人的观点。郭咸纲、魏文斌等人提出管理学流变的三条线索：科学主义线索、人本主义线索、文化主义线索，按照这三条线索，可以把西方管理学分为三大学派：科学管理学派、行为管理学派、文化管理学派。龚天平（2010）根据他们的观点进一步提出，这三大学派都具有鲜明的伦理主题，科学管理学派的伦理主题是经济绩效主导下的有限人性，行为管理学派的伦理主题是人性主导下的经济绩效，而文化管理学派的伦理主题则是经济绩效与人性的平衡和辩证统一，是对科学管理学和行为管理学的伦理主题的整合与超越。江万秀认为，连接伦理与管理的关系是人性，并提出人性、伦理、管理三者构成了一个三角形。每条边既可以表示符合关系，也可以表示拒斥关系。当表现相符合时，这个三角形关系就稳固，效果就好，企业就发展；当关系不符、相斥时，这个三角关系就不稳固，企业就停滞，以至挫折、失败。企业的兴衰史正说明了这一点。当然，这只是大概的倾向，企业发展史总有一些规律倾向不能概括的特例。不过把人性概括为道德性有些片面，道德性只是人性的一个方面，是人性发展应该追求的方向。

2）把伦理作为管理应该追求的境界。徐维群（2008）认为，技术是现代管理的物质驱动机制，制度是现代管理的活动框架机制、伦理是现代管理的人文驱动机制，这三者是现代管理有机统一的内在因素。现代管理的人本化、和谐化发展趋势实质上正是伦理化趋势，这种伦理化趋势说明了伦理是现代管理的应有追求，决定着现代管理境界的提升。

3）把伦理作为管理的一种基本手段。成中英认为管理有两种基本类型，分别是伦理管理和权力管理。西方的管理理论与实践主要就是权力管理，而中国传统的管理思想与实践主要是伦理管理。伦理管理体现的是一种自然和谐的、自发的、内在的关系。伦理管理并不排除运用法律制度进行管理，但它更强调管理者对被管理者的教育和培养，强调管理者和被管理者的修身行为，追求双方自身素质的提高和群体的和谐。

大体上第一种观点和第二种观点指出了伦理在管理中的价值，但是没有区分管理伦理与伦理管理，第三种观点则可以帮助我们明确伦理管理和管理伦理的不同。实际上把三种观点整合起来，可以帮助我们更加全面地了解伦理与管理的关系。

（2）伦理管理特点和价值的研究。龚天平（2011）提出伦理管理有这样几个特点：第一，伦理管理以人与自然、人与人的和谐关系为中心。第二，伦理管理以道德竞争力作为核心竞争力。第三，伦理管理把企业道德建设作为管理中心工作。和企业文化建设不同的是企业道德建设仅仅是企业文化建设的一部分，企业文化建设也仅仅是企业工作的一部分。而伦理管理把企业道德建设作为企业的中心工作，企业的其他工作都必须围绕着这个中心工作而进行。虽然，在很多方面伦理管理和企业文化建设有相似的地方，但是，提升企业整体道德水平才是企业存在的根本目的而不是一个重要手段。伦理管理是管理伦理发展的必然产物，它更加重视人的观念变革和伦理中管理中的落实，而不仅仅是制度和规范的建立。

国外学者 Duran 和 Sanchez 通过对企业供应商的案例研究，指出伦理管理能够增强企业与供应商之间的相互信任、促进长期合作。因此，企业应该实行供应商伦理管理，即从遵守法律法规、伦理与承担社会责任三个方面管理供应商，使供应商的行为与购买企业的标准相一致。伦理管理的质量直接影响企业的价值创造及价值分配，因此，优化供应商伦理管理决策至关重要（陈银飞，2013）。

（3）如何进行伦理管理的研究。龚天平认为进行伦理管理有重要的四个步骤：第一，进行伦理决策，从源头上进行伦理管理。伦理决策就是人们运用合适的伦理价值观分析和评判具有伦理意义的问题（包括人与事情），并做出适宜的道德选择的过程。这就要求决策主体有很强的道德敏感性，决策时能够顾及诸多道德因素。第二，制定伦理准则，使伦理管理有章可循。在组织内部进行伦理管理必须建立以伦理道德为基础的组织文化，才能保证伦理管理的顺利进行，而建设这种浸淫着伦理道德精神的组织文化需要一套正式的有权威的书面规章制度，给员工和相关人员提供组织期望的行为指导，这就是伦理准则。第三，建设具体的操作机制，保障伦理管理的可行性。具体而言又有三条：一是建立管理伦理平台。也就是要成立管理伦理委员会，这个委员会应该由科学家、法学家、伦理学家、政治家、社会组织代表组成，为各种道德难题的解决提供最低程度的道德共识，帮助决策者做出符合道德的决策。二是领导支持。领导对企业开展伦理管理的支持主要体现在：董事会要对伦理道德负责。设置伦理主管（或专门人员）来监督这些方案的实施。三是领导的率先垂范。第四，教育培训。通过教育培训活动，使员工对伦理管理产生基本的认同，才能使企业的道德水准不断提升，从而更好地实现企业的经济目标和伦理管理的道德目标。

祝木伟（2009）总结归纳了制定伦理准则应重点考虑的三方面因素：第

一，目标：组织的最终使命是什么？在逐步完成使命的过程中，它的目标是什么？这些问题将有助于探测组织存在的理由及其创造价值的方式。第二，原则：组织业务有哪些？合理的权利范围是什么？赞成的理念是什么？这些问题旨在识别组织的业务、权利和价值观念。第三，人：组织的主要支持者有哪些？他们的权利、要求和合理权益是什么？这些问题旨在确定组织所迎合的社会利益。上述问题可以确定企业价值体系的要素，形象地规划出行动的领域，制定出指导组织行为的伦理准则。祝木伟还提出了五个层次的伦理准则：第一，管理者与被管理者之间的伦理准则——信任、尊重和关心；第二，组织个体与个体之间的伦理准则——权利、公平和民主；第三，组织与社会的伦理准则——责任、服务和秩序；第四，组织之间伦理关系的处理准则——协作和竞争、守法和守约；第五，跨文化情境下，组织内外伦理关系的处理准则——非常复杂需要具体情况具体分析。祝木伟认为，要使伦理准则真正发挥作用，还受到以下因素的制约：伦理准则与组织价值观的契合度、伦理准则意思表述的清晰度、伦理准则沟通传达的有效度、伦理准则实施范围的广度、伦理准则具体可操作度、领导者和管理者对伦理准则实施的支持力度、组织的其他制度对企业伦理准则的保障力度。祝木伟还在专著中讨论了伦理激励的价值与形式，提出伦理激励不仅是提升员工素质的有力手段，也是建立良好组织伦理文化的有效途径。

陈宏辉、贾生华（2002）针对如何进行伦理管理提出了五点：第一，最高管理层的道德示范。一个组织的道德基调是由该组织的最高管理层确定的，下属皆以最高管理层的行为作为判断是非的主要依据之一。具有长远目光的领导者会用自己的一言一行影响别人，在企业中形成对相关者利益负责、诚实可信的文化氛围。第二，制定现实的企业目标和道德原则。企业的各层管理者都应当依照实际情况来制定经营目标。如果目标制定得过高，就会把下属不知不觉地推入道德窘境，他们要么完不成任务挨批甚至被解雇，要么为了取悦上司铤而走险，做出不道德的行为。第三，构建符合道德规范的决策流程。世界上许多知名企业都建立了以"道德过滤器"（Ethic Screen）为中心的决策流程，由专门委员会将拟订的行动方案与社会的道德规范和企业的道德原则进行对照，由决策者问自己四个问题：我准备采取的管理行动真的有意义吗？我是因为上司或权威人士的压力而违心这么干的吗？我准备采取的管理行动与我的自我形象匹配吗？如果我的行动在今晚新闻中被专题报道，我会有何感想？经过这种过滤器筛选过的决策才可能符合伦理管理的思想。第四，实施严明的道德奖惩条例。符合道德原则的管理行为，就应该给予多种形式的奖励；不道德的行为就必须给予揭发和惩戒。第五，对员工进行关注相关者利益要求的道德培训。

综上所述，我们可以看到学者针对如何进行伦理管理这个问题的相关研究成果，大体上分析论述的深度还不够，很多观点趋同，没有把这些管理方法或者管理步骤之间的逻辑关系完全揭示出来。

## 三、理论基础与研究设计

### （一）理论基础

如前所述，作为古为今用的研究，我们的基本概念——伦理管理和Ethical Management并不是对应关系。但是，现代管理理论毕竟是从西方文化传统中产生的，本研究要获得当代管理学术界的认可，还需建构与现代管理理论进行沟通对话的平台和基础。下面我们从研究的方法论基础、管理概念的跨文化拓展和伦理管理的内涵分析三个方面来构建这个沟通对话的平台。我们将之称为《司马法》伦理管理思想研究的管理学理论基础。

1. 研究的方法论基础

河海大学张阳教授曾经针对中国管理转型的环境，提出了研究中国传统管理思想的五大方法论基础，我们也以这五大方法论基础的为研究理论前提，具体而言：

（1）反对民族文化中心论以及由此而形成的文化专制主义。自古以来世界就是多元文明，不同义明的出现离不开各具特色且按自身发展逻辑而铸就人类文明的不同管理思想，因此，我们应当站在平等的立场上看待古今中外的一切管理知识。这一点在当前我国管理学界的话语权被西方管理思想所掌握的背景下显得尤其重要。国内许多权威的管理学期刊刊登的文章大量来自国外的管理思想和理论，或者严格遵循国外的管理思想、理论以及研究范式，而本土化的管理研究则经常被视为难登大雅之堂，很少被关注。长此以往，在学术上将造成中国管理学界只能跟随而难以超越西方管理学界的局面，在实践中则有可能造成理论与现实分离的情况。其实西方的后现代管理理论已经发现了这个问题，开始提倡建立基于民族传统文化的情境化管理理论。国内也有相当一批学者也大力提倡用本土文化的视角和多种研究范式来中国管理问题。

（2）使用"博采众说，把握多极，允中谐协，知权通变"的管理创新方法论原则。具体含义如下：博采众说：以平等、开放、宽容的态度对待、采集、了解和研究古今中外的一切管理知识。把握多极：从所采众说中分析、剥离出各种不同观点、思想、因素、基因（此即"多极"），研究发掘各极可能依赖的文化根基。允中谐协：公平地对待各极、沟通各极、统摄各极、相辅相成、相对互补，以求谐协创新。知权通变：审时度势，根据文化差异和实情，以求通变和付诸实用。成中英把儒、道两家所共有的辩证法称为和谐化辩证法，并将此与黑格尔、马克思的冲突辩证法及佛学传统中的超越辩证法做了比较，三种辩证法显然都存在管理创新功能。和谐化辩证法明确包含以下诸观点："万物之存在皆由'对偶'而生"；"'对偶'同时具有相对、相反、互补、互生等性质"；"万物间的差异皆生于（亦皆可解释为）原理上的对偶、力量上的对偶和观点上的对偶"。这些观点为上述之"谐协"创新提供了可操作的基础。

（3）为客观、真实地发掘各种管理知识的真谛，特别强调从产生管理知识的本土文化和历史语境中解读该管理知识。日本著名学者沟口雄三曾经提出应该建构"作为方法的中国学"，也就是说，不是从普世性的西方立场，而是从中国独特的价值、文化和历史中了解中国，在中国历史的内部逻辑建立一个观察点，从而为人类文明的发展提供多元的解释。根据沟口雄三的观点，我们特别关注《司马法》伦理管理思想的内在逻辑，从《司马法》伦理管理思想的内在逻辑出发而不是西方管理学的逻辑出发对《司马法》思想进行分析。

（4）从社会发展史与思想发展史结合去发掘和研究各种管理知识。管理活动自古以来就存在，但是对管理进行正式研究的管理学则是一门较新的学科。管理是人们有组织的努力所必不可少的，丹尼尔·雷恩认为"如何进行管理的知识体系的发展也是根据各种文化中的经济、社会和政治等方面的变化而演变的。管理思想既是文化环境的一个过程，也是文化环境的产物。由于管理思想具有这些系统的特点，所以必须在文化范围内对它进行研究"。结合社会发展史和思想发展史可以完整地挖掘管理理论和思想，正确把握管理理论和思想的发展方向。我们强调从《司马法》思想产生的历史文化背景出发，全面考察其特征、逻辑和结构，使其不被西方管理思想所肢解。

（5）运用半科学—半经验方法发掘和应用各种管理知识。对多数管理方法而言，它们既不是纯科学也不是纯经验的方法。准确地说，这些管理方法大多是一种既具有科学特征又带有经验成分的半科学—半经验方法。因此，除不断增长知识和经验以外，管理人员提高处理非程序性管理实务能力的重要途径是，掌握各种具有以下特征的、处理非程序性管理实务的半科学—半经验方法：一是能充分使用有关科学知识；二是能有效地挖掘资深者的个人经验；三是方法本身包含克服个人经验片面性的技术和手段。

本书以特质分析法和哲学诠释法为主要研究法，以思辨研究为主，而不是西方管理研究强调的定量和实证的研究方法。需要说明的是，我们并非排斥西方管理学界主流的研究范式，而是因为这种研究范式不适合把传统经典思想和当代管理结合研究的初期阶段。在进行传统经典思想和当代管理结合研究的初期阶段，最需要的是明确思想的内涵、思想与思想之间的逻辑结构，需要的是如何在比较不同文化背景下思想体系或者理论观点的过程中进行创新，提出能够融合古今中外思想的分析框架和理论架构，提出相关具有创新性的假设。只有在完成这些任务之后，定量和实证研究才会有坚实的基础，才能真正发挥用武之地。限于时间和精力，我们只能进行初期阶段的研究，后续阶段的研究只能留给有兴趣的学者去开展。

2. 管理概念的跨文化拓展

管理活动自古有之，可以说凡是有人群的地方，就有管理，无论古今中外，各个国家都有管理实践和相应的管理思想。然而，对于什么是管理，人们的理解却大相径庭，这和不同民族人们的文化传统有很大的关系。美国著名管理大师德鲁克就认为管理本身就是一种文化，他说："管理虽然是一门学科——一种系统化的并到处适用的知识——但同时也是一种文化"。管理本身作为知识及知识的创造过程，属于社会文化的核心层内容，它和人类社会所创立的所有科学、技术一样，都是基于一定的思维方式、价值观念和审美情趣。偶然性理论反对存在对所有组织都普遍有效的观点，认为管理理论的有效性和其情境是分不开的。把产生于一种文化中的管理理论与实践移植到另一种文化中去存在问题。比如学习型组织理论认为进行组织学习，需要进行公开性的批评和争论，这对于成长于美国文化背景下的管理者很容易接受并实行，但是对于我国管理者来说，由于面子问题，可能就不那么容易被接受了。另外一个很能说明问题的案例是日本管理模式，尽管被欧美管理学者所推崇，但是大多数西方公司都没能成功复制日本管理模式。因此，根据一种情境或文化发展出来的理论和实践在另一种情境或文化中就有可能失效。后现代主义管理学者则进一步认为控制和改变文化的尝试所产生的后果是不可预测的，有时甚至和人们期望的相反，其结果取决于组织中其他人对这种尝试的多种含义和解释。组织中的大多数员工在当前的文化中都有较高的情感利益，沉浸在组织传统和价值观中的员工与生活哲学可能介入组织文化假设的员工会在变革过程中经历很大的不确定性、焦虑和痛苦。个人的价值观更多地受其工作的组织之外的因素影响，因此，任何改变文化的尝试都将受到巨大的阻力，企业管理者不要轻易尝试去改变管理文化。

根据德鲁克和后现代主义管理理论的观点，我们可以得出这样的结论，西方管理理论主要是在美国文化情境下逐步形成的，带有美国文化的特点，其他民族在引入西方管理理论时，必须考虑自己民族的文化和美国文化的差异性，如果差异性较大，照搬西方管理理论肯定会遇到种种问题，就要考虑建立自己本民族的管理理论。中国文化和美国文化的差异是明显的，从中英文词汇"管理"的内涵，就可以略见一斑。

在英语中，除了人们最常用的"management"一词可以被翻译成汉语词汇"管理"之外，还有"administration"一词也可以被翻译成汉语词汇"管理"。著名管理学者法约尔在《工业管理与一般管理》一书中就是使用"administration"一词表示管理，不过二者还是有较大不同的，"administration"一词在《柯林斯高阶英汉词典》解释是"Administration is the range of activities connected with organizing and supervising the way that an organization or institution functions." "The administration of something is the process of organizing and supervising it." 而"management"一词包含的范围要大得多，在管理学领域，一般都认为"administration"一词主要指行政管理，属于"management"的一部分。

目前，在西方管理学界，对"管理"（严格地说是"management"，并非中文"管理"）概念的界定五花八门，难以给出统一的概念来。例如，泰勒认为"管理就是确切地知道要别人去做什么，并使他用最好的方法去干"；法约尔则认为"管理就是实行计划、组织、指挥、协调和控制"。西蒙则提出"管理就是决策"；韦里克则认为"管理就是设计并保持一种良好的环境，使人在群体里高效率地完成既定目标的过程"；而唐纳利则肯定"管理就是一个或更多的人来协调他人活动，以便收到个人单独活动所不能收到的效果而进行的过程"。几乎每一名学者都有自己的观点，尽管可以对这些管理概念界定做一些归类比较，但是想要统一"管理"的概念却难以做到。国内学者杨志勇（2010）指出，"作为管理学科发源地的美国，管理的含义及其包含的内容本身就不统一,management 一词与其他学科不同,它来自日常用语,不是专门创造的词汇,也不带有学科标示的'-logy',它是一种工作、一门学问、一种专业,是理论也是实践、是科学也是艺术,集众身份于一体,这就注定了它的混乱。将这种知识与学科引进国内,又面临着文化与语汇的对接问题。"他甚至认为,面向实践界最好不要单独使用"管理"二字,指明企业职能的特定方面才不会给人产生不够全面的印象。当然他这种想法是不可取的,学者不去改变理论上的缺陷,反而要求人们改变日常语言习惯无疑是削足适履,不仅不能解决问题,反而会使理论和实践脱节的情况更加严重。总之,美国学者所说管理——"management"一词,实际上从一开始就是含混不清、各执一词的。正是因为这种含混不清,导致了管理学科体系的混乱。管理概念的不统一性也导致管理研究的边界和管理研究的范式无法统一,在这种情况下,想要走出所谓的西方管理理论丛林就是一个无法完成的任务了。一个理论如果基本概念都无法统一,就意味着这个理论还不成熟。中国学者如果继续沿着美国人的路子走,一方面不仅会在理论上和学科边界上继续和经济学、社会学等相关学科纠缠不清;另一方面还有可能陷入理论与实践脱节的泥潭中无法自拔,以至于管理学术研究被人嘲讽为自娱自乐的尴尬境地。

为此,我们有必要开发中国传统文化背景下的"管理"概念。由于西方管理学界的强大话语权,和我们研究类似的相关研究成果常常被怀疑不是"管理"(特指英文 management)研究,原因就在于人们往往把中文"管理"和英文"management"严格对应起来。其实,我们确实不是在做"management theory"研究,我们做的是中国文化和语境中的"管理"理论研究,当然两种研究有很多相通之处,但同时也有很多明显的差异。中文"管理"一词的本义是什么呢?我们把"管理"拆分为"管"和"理"两个字分别进行考察。根据《说文解字》对管理的"管"字的解释,"管,如篪,六孔,十二月之音,物开地牙,故谓之管。"可见,"管"本义是指一种有六个孔的,可以发出特定音律的管状乐器,它发出的声音还有特殊的引申意——"十二月之音,物开地牙",清代段玉裁解释说,"牙"通"芽",十一月物萌,十二月物芽。正月物见也。"管"发出的声音象征植物经过了萌发阶段之后,开始从地面上长出嫩芽的过程。因此,"管"字,有促进和协调着某种事物向着良好的方向,不断前进和发展的含义。从"管"字的字形来看,它由"竹"字和"官"字组成。"竹"是中国传统文化中的所谓"岁寒三友"之一,具有傲然独立的高洁情愫,竹子有根有节、纵而不张、疏而不流,郑板桥评价说:"未曾出土便有节，纵使凌云仍虚心"。因此"竹"可以象征高尚的品德和节操。"竹"与"官"结合，无疑是在要求拥有"管"的权力的"官"员必须具备高尚的个人节操，虚怀若谷地听取百姓的心声，体贴百姓的疾苦，处理事物客观公正、廉洁自律。同时，古代的文字都是记录在竹子做成的竹简上的，因此，"竹"字头还可以表示各种成文的规章制度，也就是说"管"应该是在规章制度下的管，没有成文的规章制度的"管"不是真正的"管"。"管"字的下半部分是一个"官"字，"官"字上面是"家"字头，下面是两张"口"相连，表明做官的人应该把下属或老百姓当成家人一样来关怀和帮助；同时，"官"员主要的工作就是不断地与人进行沟通和交流。这样，我们大体上可以对"管"的内涵做一个概括："管"就是在各种成文的规章制度的规范下，让有德行、有才能的官员和被管理者进行充分的沟通，协调被管理者之间的工作，使被管理者在完成工作的同时也能够感到家庭的温暖。

　　再看"理"字。"理"字从玉，从里，"玉"和"里"联合起来表示"玉石内部的纹路"。《说文解字》说，"理，治玉也"，清代段玉裁解释说，"玉之未理者为璞。是理为剖析也。玉虽至坚。而治之得其理以成器不难。谓之理。凡天下一事一物，必推其情至於无憾而后即安。是之谓天理，是之谓善治。"又引先贤的话说，"理者，察之而几微必区以别之名也，是故谓之分理，在物之质曰肌理，曰腠理，曰文理。得其分则有条而不紊谓之条理。""理也者，情之不爽失也，未有情不得而理得者也"。可见，在中国传统文化中，理是考察事物发展的内在规律，根据其规律采取不同的方法处理，使事物向着良好的方向发展。此外，理不仅可以指自然事物之理，还可以指社会与人性之理，当理是社会与人性之理时，理和情是紧密结合在一起的，按照"理"来处理与人相关的问题是，要由情入理，不能只讲理性不顾感性。因此，中文"理"字，并非仅仅指理性，它也包含着人的感性在内，也就是人性的全部。

　　另外，在中国人的日常用语中，人们讲到"管理"一词，脑子里想到的不一定是企业管理，也可能是政府管理，还可能是对家庭的管理，甚至是对管理主体自身的自我管理，等等，如"管好你自己"、"管理好自己的生活"、"管理好你的家庭"、"管理好你的人际关系"，等等这都是中国人日常语言中非常普遍的现象；从某种程度上来说，所有可以"管"或者"理"的人或事物，在中国人的语言习惯中都可以算管理。这种理解表明中国人对管理的理解比西方人对管理的界定要宽泛得多。中国人的这种观念可能和中国几千年来的儒家文化推崇的"修身、齐家、治国、平天下"思想有关。在任何文化中，治理国家都被认为是一种管理活动这是毫无疑问的，而"修齐治平"在儒家观念中乃是不可分割的具体逻辑上递进关系的一个整体，既然"治国"是管理活动，由于"修齐治平"的不可分割性，那么"修身"、"齐家"和"平天下"无疑也应该是管理活动，不然以修身为本，继而齐家，然后方可以治国，最后才能平天下的逻辑就难以成立。

因此，我们不可以根据西方学者对"management"的定义来说，自我管理、家庭管理、人际关系管理等活动不能算"管理"，这样做会彻底打乱中国人的语言习惯和思维习惯，造成我们与文化传统之间的断裂。虽然自我管理、家庭管理、人际关系管理等活动不是西方学者脑子里"management"，但它们一定是我们中国人心中的"管理"。因此，中文的"管理"内涵远比"management"的内涵更丰富。

西方的管理思想源于西方的企业管理实践，其最初的管理客体就被界定为人和事物的结合体——企业这种特殊的组织。而企业最关心的是对如何提高生产效率和如何提高市场竞争力，因此，追求经济效率和赢得市场竞争地位被认为是管理活动最重要的目的。为此，他们提出了系列假设、工具、方法和理念，从而形成了一个个管理理论。而这些理论，无论是科学管理理论、人际关系学派、系统管理理论、战略管理理论还是权变管理理论等，所提出的方法和理念基本上都是指向经济效率和市场竞争的。西方管理学研究基本不涉及组织之外的单独个人，也就是说组织中的人应该被关注，因为他们的行为会影响企业的效率和竞争力。而这些人在组织之外的生活则是不需要被关注的。这样个人的家庭生活、人际关系、伦理道德、价值观乃是人生终极问题等都不是研究者关注的对象。后来企业出现了种种伦理问题之后，学者讨论的也大多是如何建立各种制度规范来制约企业失德问题，员工的思想教育、道德情感的培养往往被忽视。伦理问题不仅不是西方管理理论所追求的目标，而是作为一种指向效率的工具，从属于效率这个管理目标。

而中国管理思想则与之完全不同，中国管理思想源于对人生的思考，包括对个人人生价值的追求和对整体社会存在与发展的价值思考。因此，人的价值追求和人与人之间的伦理关系成为中国管理思想永恒的主题。在中国传统管理经典中，我们很少看到如何提升效率、提高竞争力的观点，更多的是各种伦理道德和人生观、人生境界与修为功夫的思想。在中国古人看来，构建积极合理的伦理道德体系解决人生问题才是管理活动的根本目的，效率只是管理的一个工具而已。古人说，"仓廪实而知礼节，衣食足而知荣辱"，发展生产、提高效率的根本目的是人们知道礼节，懂得荣辱。效率只能作为管理境界提升的一个条件，而绝对不能成为管理追求的目标，在中国古代管理思想家心中，效率是始终为伦理目标服务的工具，甚至不是一个必要的工具，所谓"不患寡而患不均"。可见，在中西管理思想中，效率和伦理的地位具有本质的差异，也就导致了中西管理实践的巨大不同。

根据上面的论述，我们把中文"管理"一词的内涵界定为管人之理，具体可以概括为，有德行、有才能的管理者，根据人性的规律制定合理的相关规章制度，在和相关人员进行广泛的沟通与协调的过程，使被管理者不仅能够完成管理者所期望的工作，而且他们也能够得到物质上和情感上的满足，感受到家庭的温暖。根据这一定义，儒家所说的"修身、齐家、治国、平天下"都属于管理的范畴。在这个定义中，我们没有提到"效率"，但是并不代表我们排斥效率，只是认为效率在中文"管理"的概念中没有存在的绝对必要性。从这个定义来看，我们研究的"管理"问题和西方管理理论研究的"management"问题差异非常大。因此，我们后续的研究是独立于西方管理理论的，西方管理理论只是一个参照系，为我们进行中西管理思想之间的沟通与对话提供依据，但不构成支撑后续进一步深入研究的基础。

3. 伦理管理的内涵分析

在讨论伦理管理概念之前，有必要对伦理的概念和道德的概念进行说明。英语"伦理"（ethics）一词源于希腊文 Ethos，表示惯常的住所、共同居住地。公元前4世纪的亚里士多德在《尼可马克伦理学》中首先使名词 Ethos 成为一个形容词 Ethikos，意思为"伦理的"、"德行的"，从而使它具有德行的含义，并由此构建了一门新学科——伦理学。"ethics"不仅可以翻译成"伦理"，还可以翻译成"道德"。除了"ethics"外，英语中还有一个单词"morality"也常常被翻译成"道德"。"morality"一词源于风俗"mores"，"mores"是拉丁文 mos，即习俗、性格的复数。后来古罗马思想家西塞罗根据希腊道德生活的经验，从 mores 一词创造了一个形容词 moralis，指国家生活的道德风俗和人们的道德个性，以后英文中就出现了相应的名词形式"morality"。

汉语中"伦理"这个词在先秦典籍中就出现了，《礼记·乐记》说，"乐者，通伦理者也"。但是"伦理"这个词在古代不是常用词，而是分开使用的。常用"义"、"理"、"人伦"、"伦常"、"纲常"等指代。许慎在《说文解字》中说："伦，从人，仑声，辈也。""理，从玉，里声，治玉也"。《孟子·滕文公上》说，"饱食暖衣，逸居而无教，则近于禽兽。圣人忧之，使契为司徒，教以人伦：父子有亲，君臣有义，夫妇有别，长幼有序，朋友有信。"根据这些论述，我们可以得出这样的观点，伦者就是人伦，即人与人之间的基本关系；"伦""理"二字合用就是关于人与人之间关系的系列相关基本原则，这就是汉语"伦理"一词原本应有之义。汉语中"道德"一词一开始也是分开的。"德"字《说文解字》中解释："悳，外得于人，内得于己也。从直，从心"。段玉裁在注释中说，"内得于己，身心自得也；外得于人，谓惠泽使人得之也"；可见，"德"字包含两层意思，内在的身心中有所收获和外在的人际关系中赢得他人的拥护。"道"字在《说文解字》中说，"道，所行道也。从辵、首。一达谓之道。古文道，从首、寸。"段玉裁在注释中说："道，引申为道理，亦为引道。从辵、首。首者，行所达也。首亦声。一达谓之道，四达谓之衢，九达谓之馗。"也就是说，道所指的路不是四通八达的，它有一个顶端。作为"引道"，古文"道"同"导"。从较早的金文和甲骨文看，"道"与"導"本为一字。综合这几层意思，"道"包含着人应该走的唯一正确的人生之路的含义。从哲学的角度来说，"道"是中国哲学的基本范畴，包含天道、人道、地道，具有终极意义的概念。在《荀子·劝学》中"道"与"德"二字始连用，"故学至乎礼而止矣，夫是之谓道德之极"。它既包含道德规范，也包含个人品性修养之义。综上，"道德"一词本来意思是表示人们在沿着人生的唯一正确的光明大道而行的过程，不断领悟真理、不断净化自己的心灵，提升自己的智慧，所形成的内在精神境界。后世才把"道德"引申为一个人的品德、品质。

西方哲学界和伦理学界认为"ethics"和"morality"有明显的差异，黑格尔在《哲学史讲演录》中提出，伦理是指社会行为规范，包括风俗习惯等；而道德主要是指个人的内在操守。他指出，"道德的主要环节是我的识见，我的意图……伦理之为伦理，更在于这个自在自为的善为人所认识，为人所实行……道德将反思与伦理结合，它要去认识这是善的那是不善的。伦理是朴素的，与反思相结合的伦理才是道德"。具体而言，伦理范畴侧重反映人伦关系以及维持人伦关系所必须遵循的规则，道德范畴侧重在反映道德活动或道德活动主体自身行为之应当；伦理内化为人的操守即是道德。黑格尔的观点和中文中对"伦理"和"道德"差异的理解大体上很相近。

从上述分析可以看到，中西方对于伦理道德的认识虽然曾经有很大的不同，但是发展趋势却是越来越趋同。这就给我们进行跨文化的伦理管理研究提供了很大的方便。

## 《司马法》伦理管理思想研究

伦理管理的概念产生于对伦理与管理关系的研究过程中，从伦理学的角度考察管理发展过程，能够清晰地看到管理理论中的伦理思想、管理活动中的伦理色彩日益增强。我国有学者指出，如果以泰罗为代表的科学管理是西方管理思想发展的第一个里程碑、以梅奥为代表的行为科学是西方管理思想发展的第二个里程碑的话，那么，管理理论与实践的伦理化趋势则是西方管理思想发展的第三个里程碑（张文贤等，1995）。在这个发展阶段，人们在完善管理理论和进行管理实践时，主观上也越来越借助于伦理学概念、伦理学方法和伦理道德思维。自然而然就产生了"管理伦理"和"伦理管理"的概念。管理伦理重在对管理活动中的伦理问题进行研究，强调在管理活动中应该遵循什么样的伦理规范，是以伦理学的视角来审视管理活动中的问题，提出在管理领域相应的伦理规范，如果究其本质应该属于伦理学主导的研究。管理伦理是目前管理学界研究的热点。相比之下，管理学界对"伦理管理"的研究相对较少，甚至其概念也很不清晰。现有的研究成果对于"伦理管理"的界定和内涵大体可以分为两大类。

第一类，合乎伦理的管理。这是比较普遍的一种观点，所谓合乎伦理的管理，是将伦理作为一种外在的评价尺度和标准，用以裁判、指导、规范和约束企业目标和责任的确定、管理决策原则的制定、管理手段方式的使用和对待员工顾客的态度等管理要素，使管理合乎伦理，达成企业的可持续发展。卡罗尔、巴克霍尔茨（2004）明确定义出伦理管理就是合乎伦理的管理指向："道德管理遵守伦理行为的最高标准或者行业行为的标准，虽然不太清楚流行的伦理标准是什么，但致力于伦理的道德管理仍把重点放在高的伦理标准和行为标准上，其动机、目的和方向趋向于遵守法律和总的经营政策。"这种观点特别强调伦理标准对管理行为和目标的优先约束力，即对利润的追求仅限于合理的伦理规范内，并强调动机也要合乎伦理。周祖城（2000）也把伦理管理界定为合乎伦理规范的管理，认为与非伦理管理相比，伦理管理将遵守伦理规范视为义不容辞的责任而非手段策略，管理目标对象为利益相关者整体而非仅是企业本身，将人视为目的人和手段人而非只是手段人、超越法律标准要求而非仅仅守法、讲求自律和自觉而非外界强制，秉持伦理价值观和追求卓越等，并将伦理管理与守法管理、公益慈善、顾客满意、公关管理、声誉管理和社会问题管理等相关概念进行了区别。方金和王仁强的观点也差不多，他们提出企业伦理管理就是指企业在经营过程中，通过建立符合社会文化的、高于法律和习俗所要求的最低水平的道德标准，并依其指导、规范和评判企业行为，来使企业和社会获得长远发展,人权得到切实保障的管理过程(曾山金,2006)。

第二类,用伦理去管理。把伦理作为管理的一种主要手段。例如,龚天平把伦理管理作为企业管理伦理的一个实现方法,他认为企业管理伦理有两个基本实现方法:一是价值观管理;二是伦理管理。价值观管理包括构建组织的价值观、在管理制度中融合价值观、在战略管理中融入价值观和对其他不相容的价值观进行批判维护提倡的价值观。龚天平认为伦理管理是指企业在把握了伦理价值观后自觉用伦理价值观来指导自己的经营管理活动的行为。它包括两个方面:其一,企业运用合理的伦理价值观来处理与内部员工的关系,即进行内部的伦理管理;其二,企业在合理的伦理价值观的指导下,确立经营目标、战略战术、进行市场调研、产品设计与开发、塑造品牌、开展市场营销、售后等活动,处理企业和消费者、供应商、竞争者、环境、政府、社区等利益相关者之间的关系,即进行外部的伦理管理。西班牙安东尼奥、阿根多纳(2005)认为伦理管理是一个新的管理体系,他提出,"伦理管理体系或者方案是一套内部规则,公司的管理层用这些规则来规范和塑造行为,并监督与指导过程,以着眼于在组织内实现某些伦理性的目的"。

我们认为上述的观点需要综合起来考虑,因为,伦理本身是一种价值观和文化现象,就本研究来说,我们需要的是中国文化传统下的伦理管理概念,然后才是分析伦理管理的具体内涵是什么。运用西方的视角看中国的管理,所有现象都会被打上西方的烙印,都会变成西方管理的一部分,所得出的相关研究成果也都会变成西方人对中国管理的解读。相反,如果运用中国的视角看西方的管理现象,则可以得到中国管理理论对西方现象的中国式解读。按照这样的要求,显然局限于企业伦理的伦理管理概念不是我们所需要的,因为中国传统文化中即使存在企业伦理问题和管理问题,也是缺乏经典支撑和相关历史地位的。因此,我们需要在一般意义上探讨伦理管理的概念。成中英(2007)就曾经站在超越企业管理的视角上指出西方的管理理论与实践主要就是权力管理。而中国传统的管理思想与实践主要是伦理管理。伦理管理体现的是一种自然和谐的、自发的、内在的关系。强调管理者对被管理者的教育和培养、强调管理者和被管理者的修身行为,追求双方自身素质的提高和群体的和谐。从汉语词汇的构词法来看,"伦理管理"把"伦理"前置作为管理的修饰词,说明其重点还是在于管理,伦理管理思想本质上是一种管理思想,它把伦理主张融入管理活动的各个方面,包括基本理念、目标、制度、运作机制等。据此,胡宁(2011)研究指出,伦理管理是把伦理贯穿管理活动的始终,在遵守伦理规范的人性化管理的同时有效地完成企业的经济目标和社会责任目标。在本书中，我们把"伦理管理"概念界定为：管理者将特定价值观指导下的伦理道德观念融入整个管理实践活动，提升管理者和被管理者伦理道德境界的各种管理行为。伦理管理要求整个管理过程，包括管理动机、管理手段和方法、管理结果都合乎特定的伦理道德要求，并最终推动人们道德水平的提升。当然，这个定义中的特定价值观，在本书中主要指的是中国传统文化的核心——儒家管理思想的价值观，也是《司马法》所秉持的价值观。之所以不直接说明是指儒家价值观，主要是方便我们把这个定义和相关研究结论推广到其他文化情境中去。

从这个界定来看，本书所谓的"伦理管理"的内涵可概括为以下几个方面：

第一，伦理管理是一个中国文化概念，其管理的对象主要是人，管理的根本目标是管理者和被管理者道德境界的提升，追求被管理者的自动和自律，而非做事的效率。在伦理管理中，效率目标服从伦理目标。因此，伦理管理不能仅仅认为是合乎伦理的管理或者管理伦理规范，否则管理者就很容易陷入一个误区，即管理者先分析社会和组织的伦理道德要求，然后针对管理问题，提出一系列伦理道德规范，之后再要求人们在伦理规范允许的范围来行动。这样就把本来应该体现被管理者主动自律的伦理管理，可能异化为被动他律的系列管理伦理规范。

第二，伦理管理是管理者倡导的伦理道德理念在其管理工作中的落实。在中国文化情境下，伦理管理的过程是一个管理者以价值理性为指导，践行伦理道德观念，提升自身和他人道德素质的行动过程。伦理管理强调管理的价值理性导向，要求管理者把人当成目的，而不仅仅是手段，概括起来就是践行"以仁为本"原则，"以仁为本"原则不仅要求管理者弘扬仁爱精神，关心被管理者，而且强调管理者要努力提升自身以及被管理者的道德境界，把仁爱精神推广到所有的利益相关者中去。在后文我们会详细解释"以仁为本"原则。

第三，伦理管理以管理主体的修身活动为起点，以管理者对被管理者的教化活动为基本表现形式。伦理管理的基本逻辑是"正人先正己"，践行伦理管理的管理者的修身活动是搞好伦理管理的前提，修身是一个通过学习、反省和践行，使自我在道德、智慧和意志力等方面不断提升和完善，获得更高人生境界的过程。如果没有管理者的修身活动，则其伦理管理活动的质量就无法保证，管理者的认识水平和道德境界的高度决定了其伦理管理水平。管理者通过修身活动为被管理者提供道德榜样，继而对被管理者进行伦理教化。身教、言教和制度激励约束相结合是伦理管理最典型的表现形式。需明确的是管理者对被管理者的教化活动不等于当代企业中比较流行的企业文化培训等活动，因为伦理教化更多地表现为管理者对被管理者非正式的言传身教或者潜移默化的熏陶作用。正式的培训教化如果不能和非正式的言传身教结合起来，就会沦为权谋和洗脑的手段，这是当今中国很多企业容易犯的毛病。

第四，伦理管理并不排斥制度化管理和运用权力进行管理，而是强调价值观的导向性和伦理教化手段的优先性和指导性。实施伦理管理的组织同样强调制度管理和各种激励约束机制的建立。但其各种制度、机制的设计以及权力运用都应该遵循"以仁为本"的原则，都应该指向推动人们伦理道德的提升。组织价值观必须通过各种制度和机制落地，而各种权力行为的运用都不能违背组织的价值观，绝对不能搞"两张皮"，表面宣传教育的是一套，具体实施的又是另外一套。另外，伦理管理在任何情境下都强调首先使用伦理道德教化，反对过早地使用权力进行奖惩或者制定过多的制度规范进行制约，所谓"不教而杀谓之虐；不戒视成谓之暴"。伦理道德教化的手段是多样化的，除了正式的说教，管理者和被管理者之间的情感沟通、行为示范以及管理者对被管理者在工作和生活上的真诚关心与帮助，都可以形成伦理道德教化的手段。

### （二）分析框架

研究设计关注的是研究在怎样的一个框架下，沿着何种路径对《司马法》伦理管理思想进行研究。分析框架涉及几个重要方面，即《司马法》伦理管理思想有哪些方面的内容，各个内容之间的关系如何，从哪些角度进行分析等。分析框架的建构关系到我们对中国传统伦理思想和管理哲学逻辑的理解和对《司马法》文本思想的总体把握。目前这方面尚没有一个统一的观点，学术界可以说是仁者见仁，智者见智。

例如，复旦大学东方管理学派创始人苏东水教授在论述中国管理思想体系时，曾经提出了以"三为"为核心价值观、以"四治"为核心内容的管理思想体系，"三为"乃是"以人为本"、"以德为先"、"人为为人"，"四治"乃是"治国"、"治生"、"治家"和"治身"。潘承烈、虞祖尧（1997）则认为中国古代管理思想的理论体系是由"重道"、"明德"、"修权"、"知止"、"行法"、"谋略"等基本范畴所构成。而李雪峰（2005）的《中国管理学：融通古今的管理智慧》从理论和实践的两个角度把中国管理思想划分为八个方面的内容，提出中国管理思想在理论上有"德治"、"道治"、"权治"、"智治"四个方面，这四个方面可以在四个应用领域进行实践，这四个领域分别是"治身"、"治才"、"治众"、"治事"。胡海波（2013）的《中国管理学原理》同样从理论和实践的两个角度出发研究中国管理思想，但是他在理论视角上以人与自然、人与社会、人与人的关系为划分标准，分别对应中国古代的"天时"、"地利"、"人和"这三种成功的条件，形成了所谓的三大类九个方面的管理思路，即"顺道"、"循法"、"重术"、"秩序"、"平衡"、"道德"、"人本"、"人合"、"人道"。在实践视角上，他以美国芝加哥大学企业关系中心创建者和领导者罗伯特·伯恩斯博士提出的有效管理的五个领域——"自我、他人、工作、人际关系、具体情景"观点，把中国管理思想实践分为"治身"、"治众"、"治事"、"治缘"、"情境之治"五个实践领域。胡祖光、朱明伟（2002）则根据自己的理解把中国管理思想划分为"用人"、"治法"、"纳言"、"决策"、"组织"、"激励"、"指挥"、"处世"、"考核"、"变革"、"修身"、"廉正"、"教化"十三个方面，提出了四十条原理。

  我们认为，很难找到一个科学精确的方法来建立分析框架，更多的只能靠作者的功底和对前人研究成果的分析总结。我们根据成中英在《文化·伦理与管理》一书中提出的本体诠释学方法的逻辑来构建本书的分析框架。所谓本体诠释学，① 按照成中英的观点就是要掌握四个层面的内容：

  第一层面是要掌握本体。本体有两个含义：一是大而广，二是深而精，精深广博就是本体。包含了个人、群体、社会、国家、历史、文化、自然、宇宙这个完整而又精深的本体，可以说就是宇宙造化的力量，宇宙间人所共有的基于宇宙发展出来的内在创造的力量。也就是说，人同此心，心同此理，可以共同结合起来的一种创造力量，也就是大家可以通过理性的交换沟通，能够彼此参考来进行创造的理性力量。掌握本体很难，因为每个人的知识有限，所掌握的本体往往都是相对的本体。人类认识有一个历史的过程，人类的历史是人类掌握本体的过程，个人的过程是个人掌握本体的过程。掌握本体要通过沟通、参与、交换、反省、批评才能得到的。

  第二个层面是把本体变成一套理性的概念，即原则。我们在一定程度上掌握了本体，在心中有本体意识，可是如何把它表达出来，这是一个很大的问

---

① 该书由成中英的演讲稿收录而成，其表述多口语化，本书引用进行了一定的修改。

题。所以应该对别人的思想观点有一份包容，了解一些只是没法表达出来，应该帮助他，循循诱导，使他能够表达出来。通过这么一个互相学习的过程，才能把大家共同的认识、最深的思想表达出来。这是第二步，通过教育，从本体走向原则，走向理性的思考。第二步的形式叫作原则的形式，就是把本体变成一套大家可以遵循的原则。如果打算要出台一个让大家都认同、都能够遵守的制度，就必须把它说出来，并且说得很清楚。说出合乎整体的那个道理，才叫原则。

第三个层面是要把原则变成制度。本体很高深、很伟大，而且原则说清楚了，但如果要在群体中落实，就要把大家组织起来，变成一套可行的制度。使原则制度化，让每一个人都来遵守，才能达到目标。所以制度就是合乎历史条件，也合乎大家需要的一个理性的设计，让大家共同遵守，是能够推行很久的一种规范化的安排。假如我们把本体抓住，本体就是整体。从本体发展出来的原则应该是整体的原则，从本体发展出来的制度也应该是整体的制度。这就是说，确立一个上下都能沟通、左右都能兼顾的精神鲜明的制度，才是切实可行的制度。

第四个层面是制度的落实，即设计具体的操作"机制"。① 即 Operating 就是运作、运动和操作。制度制定出来，要有人来运作，使人和制度能够有效地配合。如一台机器往往都会配备操作手册，不然不熟悉的技术人员就很难操作这台机器。可见这种操作"机制"很重要，要讲究技术和技巧，才能去实践，而不是知而不行，空谈而不做。

所以，方法有三个层次：从本体到原则，从原则到制度，从制度到运作机制。这里有一个辩证关系需要沟通：运作过程中如果发现有问题，需要反馈到制度，制度不是一成不变的，是基于运作加以改变。制度不断改变，原则也可以改变，因为原则来源于人们对本体的把握和沟通。而正如前文所说，人们对本体的把握总是相对的，难以真正全面地把握，沟通也可能出现很多偏差和误解，因此原则也可以改变，只是一般不会轻易变化，必须经过全面的沟通论证和实践的检验。真正的本体本质属性是不会改变的，但是，它在不同的时代会根据这个时代的特点以不同以往的形式来表现自己。所以当原则改变之后，我们应该反思本体：是我们对本体的把握还需要进一步改善，还是本体有了新的

---

① 成中英著作中用的是"运作"一词，我们认为机制可能更加通用。

# 《司马法》伦理管理思想研究

表达自己的形式。①

  成中英认为本体诠释学是一个比较能够涵容的、包含的方法。这个方法因此也可说是现代化的、世界化的思考方法。因为在这个方法中，能够自我确证、自我改正、自我发展、自我实现。中国文化本身蕴含着一些现代化的力量，问题在于如何把这个现代化的力量发挥出来。要发挥这个力量，就一定要结合世界上有利于我们发展的条件，就要求知，要有理性的自觉。求知就是追求知识，理性的自觉则包括对自我理性分析能力的界定，然后把整个本体哲学建立起来。这个本体哲学就是我们的方法，从整体到原则，从原则到制度，从制度到运作再回到本体，这样一个过程能够帮助我们弄清和解决很多问题。

  显然成中英所说的本体诠释论和诠释的研究方法并不是一回事，但是，它为我们进行中西文化的沟通交流研究提供了理论基础。而且我们认为管理学的本质是提供理论到实践的指导，而这种本体诠释法的思路实际上和管理学的思路是一致，运用本体诠释学去分析古代经典的思想本身就是从管理学视角出发的研究。同时，我们发现本体诠释论的思路，对于研究《司马法》伦理管理思想的整体分析框架具有很大的启发。在研究的初期我们发现《司马法》伦理思想实际上也存在着一条从本体到原则、从原则到制度，再从制度到操作机制的线索。

  《司马法》伦理管理思想大体可以分为以下几个方面：第一，关于伦理管理基本观点的论述；第二，关于伦理管理依据和手段的论述；第三，伦理管理对管理者要求的论述；第四，伦理管理对于组织制度建设要求的论述；第五，伦理管理与组织变革、组织发展、组织竞争之间关系及其应用的论述。这五个方面和成中英所说的本体诠释学的逻辑理路基本一致。首先，司马法提出了关于伦理管理的基本观点，是《司马法》作者对于伦理管理本体的把握，继而《司马法》提出伦理管理的基本依据和手段，这正是《司马法》作者对于伦理管理本体思想在具体情境下，如何落实的原则。其次，《司马法》又提出伦理管理对管理者素质的要求和对组织制度化建设的要求。正是由原则走向制度必

---

① 上述关于本体的观点与成中英的原文有一些出入，他的原文是这样的，"原则变了时，本体也可以变，本体不是只此而已，还有更深入的本体。所以当原则发生问题时，我们应该做本体的反思、本体的反省。这个原则最重要。我们不能把宇宙看成一成不变的，而应该看作是变化的。掌握本体的一个真理，就是本体的变，认为本体不变是错误的。假如我们从一个生命来看，以不变应万变，不变里又包含了变，变里又有不变。从这里可以看出，如果你要真正掌握一门生命哲学、整体哲学，就要把整体透过经验、透过原则、透过制度、透过运作，不断地发挥出来。"本书认为必须把现象和本质区分开来，否则说本体是变化的，又说不变应万变，不变中又包含了变，不好理解。

须经过的阶段。因为，制度建设是管理者的工作，如果伦理原则没有融入管理者的思想与行为中，伦理原则走向制度的过程就会失去方向。因此，在进行制度建设之前，必须对管理者自身的伦理素质提出要求，故此《司马法》专门针对管理者伦理素质问题做了论述。最后，《司马法》伦理管理思想在组织变革和发展以及组织竞争中的应用做了分析和探讨。这是《司马法》伦理管理思想在具体应用领域的操作机制探讨。当然，这只是大概的逻辑，特别是在具体应用领域《司马法》虽然有操作机制的探讨，但更多的还是原则和制度，因为具体的操作机制是需要管理者结合具体的管理情境来设计的。而且《司马法》主要是研究古代军事管理问题的专著，操作层面的很多内容拿到当代管理中来没有太大的价值。所以，《司马法》伦理管理思想在具体应用领域的探讨，还是更加关注原则和制度问题在该领域的细化，而非具体的操作机制。此外，《司马法》在其他部分的论述也提出了一些具体的操作机制，以帮助读者落实相关原则和制度，但是，这不是本书关注的重点。据此，我们建立了一个分析《司马法》伦理管理思想的逻辑结构框架，如图1-1所示。

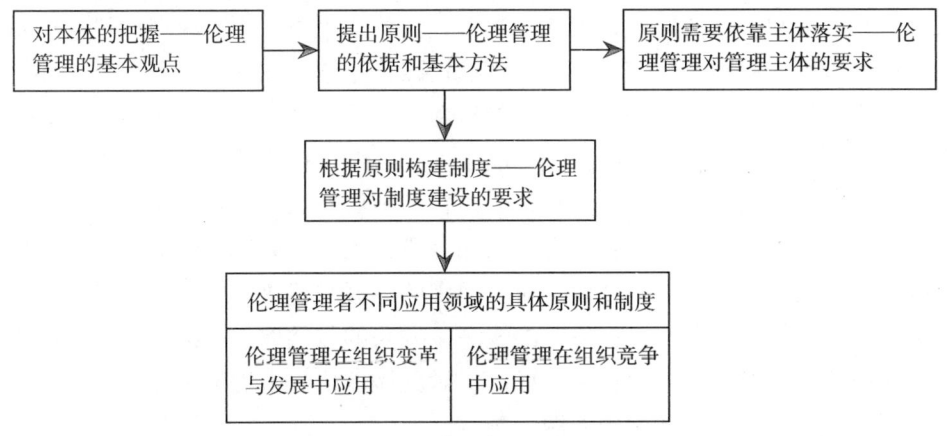

**图1-1　《司马法》伦理管理思想结构与分析框架**

当然，这只是一个大的结构框架，帮助我们把《司马法》伦理管理思想分解为几个逻辑上密切相关的部分。但是，被分解出来的每一个部分的思想内容相差很大，不一定都能够方便地运用这个框架对伦理管理思想进行更细致深入的分析。大体上，伦理管理在组织变革与发展中的应用和伦理管理者组织竞争中的应用这两个部分可以继续使用这个大的框架进行进一步的分析，而其他部分的内容应该对上述框架进行修正或者构建新的思想分析框架。

　　构建各章内容的分析框架当然主要还是需要依靠思辨分析，但是我们希望在分析《司马法》各部分的思想时，能够有一个相对统一的模式来构建或者修正分析框架。这样梳理出来的思想内容就很容易找出其逻辑关系，我们就能够比较轻松地把各部分的思想整合起来，使《司马法》伦理管理思想形成一个逻辑严谨内容完整的思想体系。那么，这个构建梳理伦理管理思想的分析框架的模式是怎样的呢？本研究项目负责人钟尉在研究兵家战略管理思想时，曾经把西蒙提出的管理决策目标—手段模式改进为目标/境界—手段—基础模式，作为分析兵家战略管理思想的分析框架。在这个框架中，基础主要指依据，也包括基本观念、基本观点、人性论等，相当于本书的本体和原则，手段相当于基本方法和制度构建，目标/境界也属于本体和原则。但是这个分析框架强行把兵家思想的各个部分都统一到一个框架中显得比较机械，特别是对于一些内容比较复杂的思想，强行运用这个分析框架有削足适履之感。因此，我们强调用统一的大框架和不同的小框架相结合的方式对《司马法》伦理管理思想进行分析。在具体分析各部分内容时，借用目标/境界—手段—基础这种分析模式，但并不强制要求使用这种模式。而且我们对这个模式还有一些改进，即目的/目标/境界—原则/方法/手段—情境/价值观/本体。在这些词汇中，大体目的是属于人的，是表达人们行为动机的概念，只有人才有目的，事情本身并没有目的。目标是属于事的，用一个标准来评判一件事情是否做到预期的程度就是目标。境界是纯粹属于人，是衡量人内在精神层次的概念。原则来自本体和价值观，在原则的指导下，我们有方法和手段，大体上方法是针对事情的，而手段是针对人的。对本体的把握、对于原则的掌握和境界的提升都是管理主体所必须承担的工作。而对于价值观的统一、方法的归纳以及目的整合，则是管理主体与被管理者在互动过程中完成的；做具体事情的情境、手段和目标则是处理具体管理事务必须考虑的问题。

　　我们在分析《司马法》伦理管理思想各个部分时，将根据具体情况选用这些词汇，以帮助我们更加准确地表述所梳理出来的思想。此外，在每章小节时还会用特质分析方法和 KJ 图（这两个方法，将在后文详细说明）来表示每一部分思想的主要内容和逻辑结构。

## （三）研究思路

　　研究思路主要涉及研究者如何从理论上展开自己的研究工作问题，包括研究的阶段、各个研究阶段的主题、需要解决的问题以及使用的研究方法等。我们的研究思路主要可以概括为以下五个步骤：

第一步，从《司马法》产生的历史背景出发，分析其语言文字特点和社会、政治、军事和文化特点，为全面梳理《司马法》伦理管理思想提供基础。任何重要的思想都和其产生的历史时代背景分不开，分析当时的时代背景，不仅可以深刻理解《司马法》伦理管理思想的内涵，也有助于我们分析其思想应用于当今社会的可能性和价值。

第二步，在整合前人研究成果的基础上，综合运用各种分析工具，对《司马法》文字和逻辑进行梳理和诠释。《司马法》文辞古奥难懂，诠释《司马法》原文是一项非常重要而艰巨的工作。我们在诠释《司马法》原文时，采取多层次对比综合的诠释方法，如《司马法》中有"官民之德"这样的文字，在这句话中"官"字可以有三种解释：一"使为官"，让民众中有才德的人为官；二"掌管"，掌管民众的道德教化；三通"观"，观察。观察民风习俗，道德水平，可能某种解释更为合理些，但另外两种解释也有价值。这些解释往往并不矛盾，综合起来、比较分析反而能更好地理解原文。这种情况在诠释《论语》、《老子》等经典时也能见到，这种现象反映出有些古代典籍并非一般的知识，乃是古人人生智慧的结晶，任何人都能够从中受益。

这两个阶段是研究的基础阶段，主要借鉴历史考据、哲学诠释的方法进行研究。以归纳演绎为主，强调价值判断，研究事物"应该是什么"。

第三步，从管理学视角出发，对相关基本概念进行跨文化拓展和中西概念、思维方式的比较，分析中国文化情境下"管理"、"伦理"与"伦理管理"等概念的内涵和特性；并在此基础上建构一个合理的分析框架。

第四步，运用分析框架与管理特质分析工具对《司马法》进行研究。本书将从伦理管理基本理念、伦理管理基本手段、伦理管理对管理主体、客体与管理环境的基本要求、组织变革与发展过程的伦理管理原则与方法、组织竞争中的伦理管理原则与方法等多个方面来探讨《司马法》伦理管理思想体系。

这两个阶段是理论建构阶段，主要使用东方管理学派学者所创立的管理特质分析方法进行研究。管理特质分析依据结构主义方法对《司马法》进行管理文化要素及其结构的建构，从而获得可以表述《司马法》伦理管理思想的特质结构。笔者在前期成果中就运用该方法对先秦兵家典籍中的战略管理思想进行了细致的研究。

第五步，探讨《司马法》伦理管理思想对当代中国管理实践的价值和指导意义。这个阶段主要采取案例分析方法进行研究。

以上研究思路、研究方法与研究内容之间的关系,可以用图 1-2 的技术路线表示。

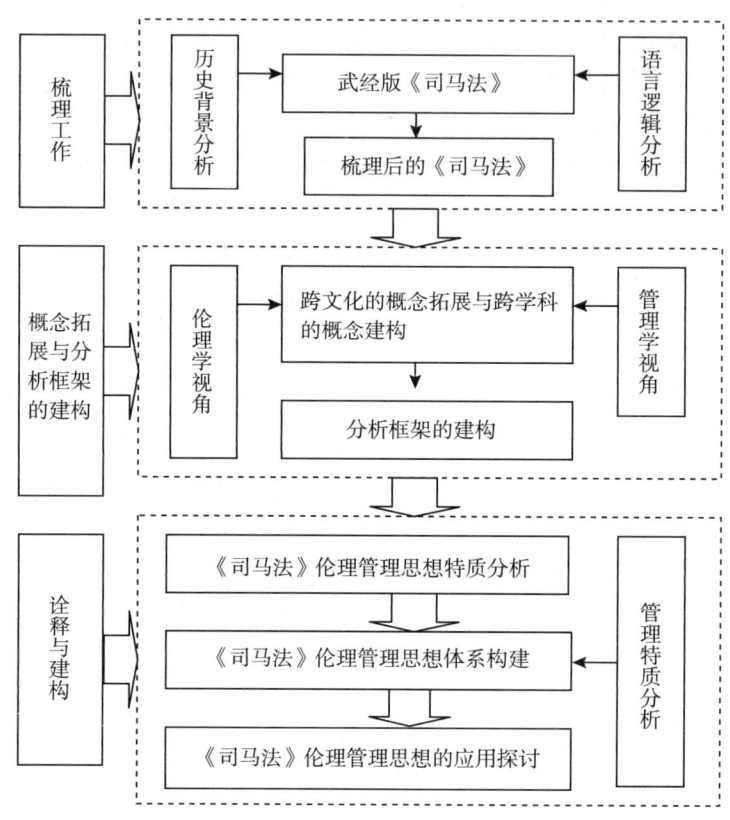

图 1-2 本书技术路线

### (四) 研究方法

本书涉及的具体研究方法主要有哲学诠释法和管理特质分析法,此外还有一些通用的研究方法,如历史研究法、文献研究法、比较研究法等。

**1. 哲学诠释法**

本书采用了两种不同的诠释研究方法:一是常见的哲学诠释方法,主要用于对《司马法》文本思想的把握;二是成中英提出的本体诠释法,主要用于《司马法》伦理管理思想体系的内在逻辑结构分析。

## 第一章　导论

研究《司马法》伦理管理思想离不开对《司马法》文本的诠释。长期以来，中国学术界研究传统思想一直采用的是哲学诠释的方法。虽然作为理解和说明艺术的现代诠释学体系在中国古代尚未确立，但是中国古代有经久不衰的注释学以及我注六经、六经注我的诠释传统，这为我们的研究提供了重要的方法论借鉴。而西方哲学诠释有多种表现形式，如狄尔泰对历史的诠释，把人在历史性方面的自我理解作为诠释的特征，以求得历史与自我的同一；海德格尔针对实存的本体论诠释，提出一切理解都是自我——理解，以回答实存的意义；加达默尔针对文本的诠释，提出诠释是一种"生产性"的努力，以达到"现在"和历史的"视界融合"。

研究《司马法》伦理管理思想，需要正确而全面地把握《司马法》文本的深刻内涵。这就涉及如何对《司马法》文本进行诠释的问题。《司马法》微言大义，具有丰富的哲学内涵，研究中我们将结合中国古代哲学思想，从具体、义理、真实三层次上运用句法、语义、关联性、历史性、统一性等手段诠释《司马法》中的一些重要思想、概念和哲学范畴，以达到正确把握《司马法》伦理管理思想的目的。这三个层面的哲学诠释含义如下：

第一层次，具体的诠释。一般具有固定的结构形式，亦即按照其思想逻辑范畴的资料、文本，做原原本本的实事求是的诠释，力求如实地显现范畴的固有含义。中国古代源远流长的训诂注疏之学便是企图原原本本地去了解思想家的原原本本的思想，虽然未对每个思想的诠释都做到原原本本，但某些方面做到了。在具体诠释中，主体与客体之间有着历史的关系，主客体相互作用的客观过程在历史中达到主客体的融合。

然而在研究《司马法》伦理管理思想的过程中，只有具体的诠释是不够的，因为对某个思想范畴的诠释因受某种条件的限制常常未必准确。或固于认识者已有的观点、角度、侧面，或由于古代哲学家自身思想的矛盾及内涵的混沌性（模糊性）、多层次性、游移性等，以及认知主体的素质和认知客体的显露，都需要有一个过程或有一定的偏差。在这个过程中，难免仁者见仁、智者见智，因此便需要有深层次的分析。

第二层次，义理的诠释。一般具有横断面的结构形式，它是指把哲学范畴放在一定的历史范围内，从一定历史时期的整个思潮中、从整体思想的网状联系中、从时代的精神和多向结构中揭示范畴的内涵。也就是说，在一定的历史时期内，由于理论思维的发展和时代的需要，使出现了显现该时代面貌的思潮。在这些思潮内部或外部的彼此论争中，从各个方面、各个角度或各个层次，说明每个范畴的时代含义。一个哲学家或思想家提出某种哲学理论时，未必就意识到这种哲学理论的价值，往往通过争论，同一意见者的发挥和不同意见者多层面的批评使范畴所包含的规定性更加明确和确定。而且各范畴在整个时代思潮和思想逻辑结构系统中则作用和地位亦更加明显，这样，便可以把握范畴深层内涵。同时，通过与同时代的各种不同思想家的对比研究，亦有助于把握范畴深层结构。

但是思想家、哲学家由于时代的局限，往往不能充分了解自己所建立的哲学思想的时代含义或种种丰富的哲理蕴含，而时人出于种种原因，或褒贬不一，或给予歪曲，致使其本来面目受到损害，这都是可能的。一个思想的理论价值被发现，固然是由于时代的需要，但也往往需经过历史的检验，这便需有再深一层的诠释。

第三层次，真实的诠释。一般具有纵断面或横断面与纵断面相结合的结构形式，乃是较之义理的诠释又为深层的诠释。随着历史的发展，材料、文本的积累，使能更全面、更清晰地呈现范畴的本质含义。历史的实践亦可清除掉避讳、隐私等障蔽。范畴的本质含义和历史意义通过这一过程显现出来，这里既有对范畴固有资料、文本的重新审查梳理，亦有对范畴在一定历史时期内的含义的重新发掘，使客观的诠释和义理的诠释相融合。这是横断面和纵断面相结合的总体思考。

具体的诠释、义理的诠释和真实的诠释是相互联系、相互渗透、相互转化的，构成一个完整的诠释体系。如果说具体的诠释注重原原本本的诠释的话，那么，义理的诠释则是范畴所内藏的种种哲理的发掘，真实的诠释是梳理出范畴本应理出而未理出的蕴含。三者相互结合就有可能分析出《司马法》伦理管理思想的内在逻辑与结构，从而为沟通中西伦理管理思想找到依据，为进一步建构中国伦理管理理论奠定坚实的基础。

另外，成中英在《文化·伦理与管理》一书中提出的本体诠释学也是本书研究的一种方法，前文在构建分析框架时，我们已经详细论述过，此处不再赘述。

2. 管理特质分析法

管理特质分析法是在管理文化转型中寻找蕴含在各种管理文化中的管理特质，以进行进一步创新的方法，它非常适合开拓某一管理原型所蕴含的管理知识体系，无论是对西方的管理理论还是中国传统管理思想都可以获得结构化的管理知识体系。管理特质分析依据结构主义方法进行管理文化要素及其结构的开拓，通过管理知识结构的建立获得可以表述某一管理思想的基本特质结构。管理特质分析法主要依据管理文献或相关的文献进行，是比较和分析中西管理思想、进行管理谐协创新研究的重要方法。本书运用管理特质分析方法对《司马法》伦理管理思想进行分析。

管理特质分析方法主要由下列一组操作所组成的过程或方法构成：

第一，仔细阅读与理解需研究的管理思想，把握该管理思想的真实含义。

第二，尽可能地细分该管理思想，以获得包含在该管理思想内的、各种具有管理学意义的单位。

第三，用管理特质概念进行检验以确定各种管理特质。

第四，用 KJ 法或其他逻辑归类方法合并不同特质，以得到新特质或特质群。

KJ 法是日本学者川喜二郎提出的。KJ 两字母取的是川喜（KAWAJI）英文名字的首尾字母。KJ 法是从错综复杂的现象中，用一定的方式来整理思路、抓住思想实质、找出解决问题新途径的方法。KJ 法不同于统计方法，统计方法强调一切用数据说话，而 KJ 法则主要用事实说话、靠"灵感"发现新思想、解决新问题，认为许多新思想、新理论往往是灵机一动、突然发现。KJ 法适合未知或未经检验过的领域中那些尚处于模糊、朦胧、混乱状态问题的分析，通过收集事实、意见及设想等方面的语言文字资料，并充分使用语言的"亲和性"对这些资料进行有机的组合与归纳，以找出解决问题的途径、设想、意见、方案。这种组合与归纳不是直接使用连接词将若干资料连接在一起，而是借助各种资料的含义本身所包含的这种"可连接性"，在更高层次上的抽象与概括。按 KJ 法原意，它要求主要使用大脑右半球的功能，要求人们直觉地利用过去已有过的知识、经验，借瞬时感知能力去发掘客观存在各种语言文字资料间的相互联系，借"亲和性"进行资料间的有机组合与归并，以求问题的解决。KJ 法的工作重点：一是功能含义的发掘；二是功能含义的组合与归并。其核心工作是：由特质分解（直觉的，瞬时的，超理性的）→组合和归并（逻辑的，理性的）。实质上已完成了 KJ 法的第一步——功能含义的发掘工作。将两张表中的所有要素用小卡片一一写好。然后，将所有卡片排列在一张大桌上，借助瞬时感知力将语言存在"亲和性"的卡片放在一起，这样就形成了许多的卡片堆。堆放完成后，分别针对每一小堆的卡片，再重新在桌上摆开，用逻辑归纳的方法确定其合理的名称，这便完成了 KJ 法的第二步——功能含义的组合与归并。

第五，寻找各特质、特质群之间所存在的整合结构，以获得该管理思想依靠不同特质、特质群所组成的复合体表征。

以泰罗的《科学管理原理》（参考北京大学出版社 2013 年出版的《科学管理原理》）为例，泰罗的科学管理思想具有哪些特质呢？通过阅读分析可以得出以下几点归纳：

科学管理的实质——工人与雇主应通过一场"完全的思想革命"，而做到：

$T_1$：寻求共同富裕——相信劳资双方具有共同利益，可以实现共同富裕。

$T_2$：合作增加盈余——用和平代替斗争，劳资双方合作努力增加盈余。

$T_3$：遵循经济理性——以最小的综合支出完成企业的工作，或每个人、每台机器制造出最大量的产品。

$T_4$：树立科学态度——对企业的一切事情，用科学研究和科学知识代替旧式的个人判断和个人意见。

由此可见，泰罗的《科学管理原理》中的"科学管理的实质"是一种特质，它可以独立存在并为管理人员提供指导，而且正因为这一特质的确立，奠定了泰罗"科学管理理论"的与众不同的内容和形式。若把特质 T 再细分为 $\{T_1, T_2, T_3, T_4\}$ 就得到了一群新的特质——特质群，它们中每一个都不代表 T 的新特质；反之，特质群 $\{T_i\}$（i=1, 2, 3, 4, …）又借助目的—手段链整合成特质 T。

根据上述对管理特质分析方法特点和操作步骤的描述，结合诠释的研究方法和比较管理的研究方法，我们对本书中管理特质分析方法的具体操作步骤如下：

第一步，仔细阅读与理解《司马法》文本，努力理解其思想内涵。在阅读过程中，努力综合其他学者和古人对《司马法》伦理管理思想诠释的研究成果，从多个层面对《司马法》原文进行诠释，把握《司马法》伦理管理思想的真实内涵。同时为了保证能够较完整而全面地获取《司马法》伦理管理思想的管理特质，尽可能借助团队的力量进行头脑风暴，在研究团队出现意见不统一或者问题难以解决的情况下，借助外部专家的力量，使用德尔菲法，并避免明显的主观偏见。此外，我们研究过程中还辅以内容分析方法，一般情况下使用计算机对文本进行关键词分析，但是《司马法》文字较少，直接把关键词分析意识融入我们的思辨与诠释过程中，特别关注一些可能反映《司马法》伦理管理思想的重要关键词出现的文字的多种诠释的可能性，判断哪种诠释更加合理、更加符合上下文的语境以及哪种诠释更加能够把《司马法》伦理管理思想贯穿成为一个相对完整的思想体系。

第二，找到《司马法》伦理管理思想的主要构成方面，尽可能地细分各个方面的主要思想，以获得包含在该思想内的、各种具有伦理管理意义的单位。

第三，用伦理管理特质概念进行检验以确定各种伦理管理特质。

第四，用 KJ 法或其他逻辑归类方法，合并不同特质以得到新特质或特质群。

第五，寻找各特质、特质群之间所存在的整合结构，以获得该伦理管理思想依靠不同特质、特质群所组成的复合体表征。

第六，构建具有内在逻辑结构、相对完整的《司马法》伦理管理思想体系。

3. 其他研究方法

（1）历史研究方法。在一门学科研究中，只有以学科的史学研究为基础，对每一理论问题的研究从历史渊源上加以追索，方可揭示理论内涵中的本质问题，把握这一理论的历史成因及历史进展，以及正确评价某一理论问题对实践的指导作用，这便是任何一门学科的研究都必须以历史研究作为起点的基本原因。对于《司马法》伦理管理思想的研究本身具有很强的史学研究的特点，《司马法》作为一部上古兵家典籍，其中有大量的文本、思想、概念、范畴都需要深入到其产生发展的历史语境中去，才能精确地把握其内涵。这就要求我们必须借助历史学界有关《司马法》考据、训诂的研究成果。为了使《司马法》能够在现代经济管理中继续发挥作用，不仅需要研究历史的继承性问题，而且有必要研究历史的延续性问题。

（2）文献研究方法。该方法注重对相关的重要论著和评论等文献资料进行综述、分析、比较和综合。文献研究方法是所有规范性研究所不可缺少的研究方法。相关研究成果越多，该研究方法的重要性也越大。相对于其他古代经典来说，对本研究的相关研究成果不多，每一个有深度的研究成果对本研究都具有非常重要的意义。因为不同的研究者由于各自经历、背景等方面的差异，都有自己特定的研究视角，观点角度各异的研究文献资料对于拓展我们的研究思路，总结《司马法》伦理管理思想体系是非常必要的。

（3）比较研究方法。该方法在管理学方面的运用是从 20 世纪 50 年代开始的，其宗旨是通过对不同经济制度、社会文化背景、政治法律环境等对管理模式和管理效果的影响，进行跨国度、跨文化的研究，以探讨先进的管理理论与实践的可转移性。本研究主要依据中国传统文化来构建伦理管理的相关概念和命题体系，而现代主流管理理论产生于西方企业管理实践，很多概念和命题带有西方文化的烙印。因此，我们的研究成果想要和现代主流管理理论进行沟通和对话，被主流管理学界所接受，就需要将《司马法》伦理管理思想和西方管理理论中的基本概念进行跨文化的比较分析，这种比较分析主要涉及不同文化根基、思维方式之间的比较和跨文化概念的构建，也就自然而然会用到比较研究方法。

# 第二章 《司马法》背景及文本

## 一、《司马法》背景分析

### （一）《司马法》一书的基本情况①

《司马法》是中国古代最古老的兵书，它的源头可以追溯到《易经》描述的上古时代的军事战争思想。《汉书·艺文志》说："《洪范》八政，八曰师。孔子曰为国者'足食足兵'，'以不教民战，是谓弃之'，明兵之重也。《易》曰'古者弦木为弧，剡木为矢，弧矢之利，以成天下'，其用上矣。后世耀金为刃，割革为甲，器械甚备。下及汤武受命，以师克乱而济百姓，动之以仁义，行之以礼让，《司马法》是其遗事也。"《司马法》一书的真正形成在西周时代。西周是中国古代礼乐文明的全盛时期，武王伐纣、周公东征、昭王南伐、穆王西巡、宣王中兴、幽王失国等一系列战争给军事思想的发展注入了新的生机，不仅《尚书》、《周易》、《逸周书》、《周礼》等典籍对军事问题有不同程度的探讨，而且出现了一些以专门记载和论述军事问题为主要内容的书籍，如《军志》、《军政》、《令典》等。它们对军事管理和军事竞争问题都做出了大量的分析与判断，提出了一系列重要的军事管理原则。西周时期，文献典籍"皆官府藏而世守之，民间无有"。在这样的历史条件下，兵学典籍系由官方统一编纂，专职传授，而非个人的创作。这类文献泛称为"司马兵法"，亦即司马之官治军用兵法典法令的总称，作为类名，它不是某部军事典籍的专指。这些文献内容十分丰富，流传颇为广泛，至少在两汉时期，人们还能看到

---

① 本部分主要参考陈宇、黄朴民、郑慧生、钮国平、李零等人的研究，见参考文献。

其中一部分零散材料，并为它所包含的军事理论原则、阵法战法要领、训练编制纲目之丰富和深刻而赞叹不已："余读《司马法》，闳廓深远，虽三代征伐，未能竟其义，如其文也，亦少褒矣。"(《史记·司马穰苴列传》)这些文献经刘向、任宏、刘歆等人的辑汇整理，以"司马法"之名列入《七略》中，入"兵权谋家"，班固撰作《汉书·艺文志》时，考虑到它的"军礼"、"军法"属性，改为列入"六艺略"之"礼"部，称"军礼司马法"，其篇数是"百五十五篇"。应该说，这是"古司马兵法"在汉代存世状况的大体反映。

可见，《司马法》至少总结了夏、商、周三代的战争经验，经历了无数人的修订，是一部规模宏大的古代军事典籍。但今人能够看到的《司马法》已非原貌，在几千年的流传过程中，古本《司马法》佚失严重。现今留存的《司马法》仅5篇，为《仁本》、《天子之义》、《定爵》、《严位》和《用众》，总字数3421字（不含标点符号的统计，若含标点符号，根据断句情况不同约为4250字）。另有一定数量的佚文散见于《御览》、《通典》、《文选》、《群书治要》等类书和政书中。汉朝以后，该书就多有散轶，至唐代编《隋书·经籍志》时录为3卷5篇，列入子部兵家类，称为《司马法》，即今本《司马法》3卷5篇的原形。

东汉以后，在马融、郑玄、曹操等人的著作中，都曾以《司马法》为重要文献资料而加以征引，据以考证西周和春秋时期的军制。晋唐之间，杜预、贾公彦、杜佑、杜牧等人也多以《司马法》为立说的根据。可见《司马法》一直都具有很大的影响力。宋元丰中（1078~1085年）把《司马法》列为《武经七书》之一，作为考试武臣、选拔将领、钻研军事的必读之书。明清时期《司马法》开始辗转向海外流传，日本天明七年（1787年）正式刊刻了《司马法治要》；法国刊行法文版《司马法》，并认为《司马法》是世界上最早的"国际法典"。

由于《司马法》年代久远，散轶严重，所以对于该书的真伪、成书年代、作者等问题，历代学者均有不同的看法，特别是明清以来，辨伪成风，《司马法》成了一部争议极大的兵书。有的学者认为史书中的《司马兵法》、《司马穰苴兵法》、《司马法》、《军礼司马法》是几种不同的书；有的认为今本《司马法》可分为两部分，前两篇为古《司马法》，后三篇为《司马穰苴兵法》；甚至有些人干脆认为《司马法》是后人伪托。如姚际恒在《古今伪书考》中说："今此书仅五篇，为后人伪造无疑。凡古传记所引《司马法》之文，今书皆无。其篇首但作仁义肤辞，亦无所谓揖让之文，间袭《礼记》数语而已。"另外姚鼐、龚自珍、康有为、张心澂等人也认为《司马法》系后人伪造。不过更多的学者都认为,今本《司马法》并非伪书。金建德在《古籍丛考》中说:"姚(际恒)、龚(自珍)二家虽都怀疑今本《司马法》为伪,可是他们并没有提出充分的证据。"刘建国在《〈司马法〉伪书辨正》一文中说:"经过考证,我们认为现存的今本《司马法》并非伪书,而是一部齐国大军事家司马穰苴撰述的兵法或兵法残篇。"

我们认为,今本《司马法》不是伪书,它是汉代的《司马法》的一部分,尽管散轶严重,但保存了自夏商周三代以来一直到战国时期许多重要的军事思想,从中可以大体了解中国上古时期和先秦时期的军事管理思想概貌。

## (二)《司马法》作者及其生平[①]

在《武经七书》中《司马法》的作者被标注为司马穰苴,也就是田穰苴。不过,还存在一些争议。因为根据司马迁的记载,"(齐)威王使大夫追论古者司马兵法而附穰苴於其中,因号曰司马穰苴兵法","自古王者而有司马法,穰苴能申明之。"齐威王的大夫们整理《古司马法》,将田穰苴的兵法也附于其中,名字叫《司马穰苴兵法》。那么,他们是将田穰苴的军事思想糅到《古司马法》中呢,还是将田穰苴的兵法附在《古司马法》的后面呢?如果将田穰苴的兵法附在《古司马法》的后面,那么,这本兵书实是《古司马法》与《司马穰苴兵法》的合集。既是合集,田穰苴就不能算是《司马法》的作者。如《四库全书总目题要》云:"(《司马法》)旧题司马穰苴撰。今考《史记·司马穰苴列传》,称齐威王使大夫追论古者《司马兵法》,而附穰苴于其中,因号曰《司马穰苴兵法》。然则是书乃齐国诸臣所追辑,隋、唐诸《志》皆以为穰苴之所自撰者,非也。"但如果说,兵书的整理者们是将司马穰苴的兵法与古司马法糅合到一起另成一书,那么,《司马法》当然包括司马穰苴的军事思想,司马穰苴就是《司马法》的作者之一。其实,无论齐威王的大夫们整理《古司马法》时是按照前一种方式进行还是按照后一种方式进行,到今天都一样,我们已经无法区分今本《司马法》中哪些内容属于《古司马法》,哪些内容属于田穰苴的兵法了。不过,田穰苴能申明古司马法,人们把他的用兵心得附在古司马法之中,说明当时人们就认同田穰苴是古司马法继承者和发扬

---

[①] 本节《司马法》作者田穰苴的生平事迹主要出自《史记》《东周列国志》,并参考了陈宇等当代人的著作。

者。甚至很可能自古以来，人们就是如此修订古司马法的。因此，我们认为汉代的155卷《司马法》乃是从上古时代到战国时田穰苴为止，经过无数军事家的创造与修订，才最终完成的一部宏大的军事著作。实际上这部书有无数的作者，只有作者田穰苴在历史上留下了名字。

田穰苴是春秋时期齐国齐景公当政时的军事家。《史记》中专门有《司马穰苴列传》，除此之外司马迁在《孙子吴起列传》中还引用李悝称赞吴起的话："起贪而好色，然用兵，司马穰苴不能过也。"说明，田穰苴在当时已经是公认的军事家了。另外，《晏子春秋》一书也有田穰苴事迹的记载。

根据历史记载，田穰苴出身于齐国的名门望族——田氏家族。田氏家族的老祖宗叫陈完，是陈厉公的儿子。齐桓公时，陈国发生内乱，陈完为避祸跑到了齐国，改姓田氏。关于陈完，在历史上还有一段非常神奇的记载，说的是陈完在出生时，周太史正好路过陈国，陈厉公便请他给陈完卜卦。卜的卦是"观卦"变为"否卦"，太史说："卦辞的意思是：观看国家风俗民情，利于做君王的上宾。这是说他将取得陈国君位拥有国家吧？也许是不在陈国而在他国吧？或者是不应验在他身上，而应验在他的子孙身上。如果是在他国，必定是姜姓国。姜姓是帝尧时四岳的后代。事物不可能是两个同时强大，陈国衰落后，他这一支将要昌盛起来吧！"陈完到齐国后，齐国的一位叫国懿仲的贵族想把女儿嫁给他，为此事进行占卜，占卜的结果说："这叫凤凰飞翔，和谐的鸣声锵锵。有妫氏的后代，将在姜氏那里成长。五代之后就要昌盛，和正卿的地位一样。八代之后，地位之高没人比得上。"国懿仲听后非常高兴，便把女儿嫁给陈完为妻。陈完到了齐国后，改陈为田，后来田姓的一支又改为孙姓，所以陈完是田氏、孙氏的祖先。像齐国历史上赫赫有名的田穰苴、孙武、孙膑、齐威王等都是他的后世子孙。

齐庄公时，陈完的后代田桓子颇有才能，受到国君的重用。齐景公即位后，田桓子继续得到重用，田桓子善于收买人心，经常派人去照顾国内的老弱病残，有人借粮食，就用大斗秤粮食借给对方，还的时候，就用小斗秤粮食。有人借钱，如果真的无力偿还，就干脆免掉对方的债务。这些行为得到了老百姓的交口称赞。同时，田桓子还在朝野大肆安插自己家族人员，在齐国形成了强大的家族势力，几乎无人能够抗衡，严重威胁到了齐国其他贵族的地位。导致齐国贵族鲍氏、高氏、国氏开始联合起来对付田氏，但仍然不及田氏力量强大。最后，连齐景公都感觉自己的统治受到了威胁，自此以后，他对田桓子由重用改为防范。

## 第二章 《司马法》背景及文本

齐景公是一个平庸君主,在位期间贪图淫乐,不恤民力。相国晏婴劝齐景公宽刑薄敛,广施恩惠于民众,和田氏家族争夺民心,齐景公却做不到。当时,田氏家族出了一个将军叫田开疆,此人有万夫不当之勇,曾率齐军大败徐军于蒲隧,吓得徐国国君赶忙遣使至齐求和。附近的小国郯、莒等国君皆来朝见齐景公,尊之为霸主。田开疆还和齐景公手下另外两位大将结拜为兄弟,一叫古冶子,一叫公孙捷,与田开疆并称"三杰"。相传古冶子曾入水斩鼋,公孙捷曾赤手杀虎,都对齐景公有救驾之功。这三人自恃曾立大功,趾高气扬,目中无人,连相国晏婴也不放在眼里。而且,他们在齐景公面前也无所顾忌,让齐景公心生畏惧。因为田氏家族的势力如此庞大,而田开疆手握兵权,他本人一向胆大妄为,加上这两个莽夫的推波助澜,万一犯上作乱,就麻烦了。于是相国晏婴决定想办法除掉田开疆,正好鲁昭公带着一位重要官员叔孙大夫一起访问齐国,齐景公设宴款待。晏婴知道这三人一向特别爱面子,如果让这三人在外宾面前丢脸,他们很可能会以死来维护自己尊严。于是,他定下了"二桃杀三士"的巧计。①

当两位君主酒至半酣时,晏婴让下人送来6个桃子,个个硕大新鲜,香气扑鼻,令人垂涎。齐景公问:"就结这几个吗?"晏婴说:"还有几个没太熟,只有这6个最合适。"说完恭恭敬敬地献给鲁昭公。齐景公和鲁昭公一人一个桃。鲁昭公边吃边夸奖桃味甘美。齐景公说:"这桃子实在难得,你身边的叔孙大夫天下闻名,当吃一个。"叔孙诺谦让道:"我哪里赶得上晏相国呢?相国内修国政,外服诸侯,功劳最大,这个桃应该他吃。"于是,齐景公便说:"既然二位谦让,那就每人饮酒一杯,食桃一个吧!"两位大臣谢过齐景公,把桃吃了。这时,盘中还剩有两个桃子。晏婴说道:"请君王传令群臣,谁的功劳大,谁就吃桃,如何?"齐景公自然明白晏婴的意图,于是传令下去。

公孙捷率先走了过来,拍着胸膛说:"有一次我陪大王打猎,突然从林中蹿出一头猛虎,是我冲上去,用尽平生之力将虎打死,救了国君。如此大功有资格吃桃吗?"晏婴说:"冒死救主,功比泰山,可赐酒一杯,桃一个。"公孙捷饮酒食桃,站在一旁,十分得意。

古冶子见状,厉声喝道:"当年我送国君过黄河时,一只大鼋兴风作浪,咬住了国君的马腿,一下子把马拖到急流中去了。是我跳进汹涌的河中,舍命杀死了大鼋,保住了国君的性命。像这样的功劳,该不该吃个桃子?"齐景公

---

① 该故事源于《晏子春秋·内篇·谏下第二》,有多个版本流传,本书选取了一个版本的内容。

说:"当时黄河波涛汹涌,要不是将军斩鼋除怪,我的命早就没了。这是盖世奇功,理应吃桃。"晏婴忙把剩下的一个桃子送给了古冶子。

一旁的田开疆眼看桃子分完了,急得大喊大叫:"当年我奉命讨伐徐国,舍生入死,斩其名将,俘虏徐兵五千余人,吓得徐国国君俯首称臣,就连邻近的郯国和莒国也望风归附。如此大功,难道就不能吃个桃子吗?"晏婴忙说:"田将军的功劳当然高出公孙捷和古冶子二位,然而桃子已经没有了,只好等树上的金桃熟了,再请您尝了。先喝酒吧。"田开疆手按剑把,气呼呼地说:"打虎、杀鼋有什么了不起。我南征北战,出生入死,反而吃不到桃子,在两位国君面前受到这样的羞辱,我还有什么面目站在朝廷之上呢?"说罢,竟挥剑自刎了。公孙捷大惊,也拔出剑来,说道:"我因小功而吃桃,田将军功大倒吃不到。我还有什么脸面活在世上?"说罢也自杀了;古冶子更沉不住气了,大喊道:"我们三人结为兄弟,誓同生死,亲如骨肉,如今他俩已死,我还苟活,于心何安?"说完,也拔剑自刎了。

不久,齐国邻邦的晋国、燕国听说齐国的三位勇士死了,以为有机可乘,遂先后入犯。晋军侵犯齐国的阿、甄两邑,燕军则一路打过齐国境内的黄河,齐军大败,齐都临淄顿时岌岌可危。假若三士尚在,晋、燕大军入侵,领兵御敌自然非三士莫属,如果三士获胜,很可能就会变得更加胆大妄为,无法制约。这时候,晏婴向齐景公荐用田穰苴为将,有意思的是被除掉的田开疆是田氏家族的人,被推荐的田穰苴也是田氏家族的人。齐景公不由得心存疑虑,晏婴告诉齐景公,田穰苴是田氏庶出的子孙,在田氏家族没有什么地位,但却是一个才德兼备的正人君子,不会像田氏家族中的其他人那样野心勃勃。

齐景公遂任命田穰苴为将军,令之率军抵御晋、燕的入犯。在强敌入境、国无良将之时,田穰苴可谓"受命于危难之际"了。田穰苴对齐景公说:"臣素卑贱,君擢之闾伍之中,加之大夫之上,士卒未附,百姓不信,人微权轻,愿得君之宠臣、国之所尊,以监军,乃可。"其意思是,他一向出身微贱,蒙齐景公从市井中发现了他并委以重任,位在大夫之上,不仅士卒不会死心塌地地听其指挥,朝中的大臣也不信任他。人微权轻是无法带兵出征的,因此他希望齐景公派一个宠臣到军中做监军,这样才能压得住阵角。对齐景公来说,派个宠臣做监军,正中其下怀:一来可以作为国君的耳目,随时向他报告军队的情况;二来可以朝中权贵的身份助出身微贱的田穰苴一臂之力。所以,齐景公不假思索便答应了。

齐景公有个最宠爱的佞臣叫庄贾,此人天天在齐景公身边"工作",虽然

## 第二章 《司马法》背景及文本

官职不高但地位特殊,满朝大臣都对他礼让三分。于是,做监军这个"光荣"的使命便落到了庄贾的头上。田穰苴辞别齐景公时,便与庄贾相约第二天中午到军营大门会面。庄贾漫不经心地答应了。次日晨,田穰苴先到军中,集合部队以待监军庄贾。谁知庄贾因为自己的亲戚设宴为之送行,喝醉了酒,把约定忘记了。直到傍晚,庄贾才醉醺醺地来到军中。田穰苴问:"你为什么迟到?"庄贾醉意朦胧地说:"我的亲戚朋友们设宴为我送行,所以我就留下喝酒了。"田穰苴立刻召来负责军法的军官——军正问道:"对于迟到这么久的人,按军法该如何处置?"军正回答道:"当斩!"于是,田穰苴立即喝令将庄贾推出斩首示众。庄贾万万想不到田穰苴居然会下令杀自己,顿时吓坏了赶紧请求,但是没有用。庄贾的手下见庄贾就要被杀,赶紧向齐景公报信。齐景公闻讯急忙遣使者持节杖到军中来赦庄贾之罪。然而已来不及了,等使者赶到的时候,庄贾已人头落地。三军之士见田穰苴毅然砍下了齐景公宠臣庄贾的头颅,并将庄贾的脑袋挑在竹竿上示众,均吓得两腿战栗。而齐景公的使者乘坐三驾马车到来后,传达齐景公的旨意,田穰苴威严地回答说:"将在军,君令有所不受!"然后厉声问军正:"军营中不能跑马。今使者在军营中奔驰,该当何罪?"军正回答:"当斩!"使者闻言,顿时吓得面无人色。田穰苴道:"国君的使者不可杀,可以将使者的马夫斩首,将马车左边的马杀死,并砍下马车的左驸(马车左边的立木),算是代替对使者的处罚。"三军将士见状,皆领教了这位田穰苴将军的厉害,不禁对田穰苴肃然生畏。田穰苴治军恩威并用,执法严明,杀庄贾让三军将士对他非常畏惧之后,他开始施恩了。司马迁在《史记》中记载说:"士卒次舍,井灶饮食,问疾医药,(穰苴)身自拊循之。悉取将军之资粮享士卒,身与士卒平分粮食,最比其羸弱者。"意思是,田穰苴对于士卒的营房和饮食甚至生病医药之类的事都非常关心,亲自检查、询问,并将自己的粮食俸禄拿出来分给士卒,自己分到的粮食是全军中最少的。士兵都非常感动,当田穰苴准备与敌人开战时,连生病的士兵也要求上阵了。出战之日,齐军士气极为高涨,以至晋军见状,不战而退;燕军闻讯,渡河而逃。田穰苴麾师追击敌军,夺回阿、甄二城,收复黄河两岸,然后凯旋而归。为了表彰田穰苴为齐国立下的大功,齐景公特意率朝中大臣迎出都门,拜穰苴为大司马,相当于今天的国防部长。所以,人们把田穰苴又称为司马穰苴。此后,齐国文有晏婴为相主持内政,武有田穰苴为将保卫疆土,二人德才兼备且关系良好,密切配合,竟使本已日趋衰败的齐国颇有振作之势。

如果齐景公是个英明的君主,齐国也许能够像当年齐桓公一样称霸天下,然而，胸无大志的齐景公却整日琢磨着怎么吃喝玩乐。他最宠信的庄贾被田穰苴杀了，一时竟找不到像庄贾那样的人陪他玩乐，未免觉得有些不能尽兴。一天，齐景公在宫中饮酒取乐，一直喝到晚上，意犹未尽，便带着随从来到相国晏婴的宅第，要与晏婴夜饮一番。齐景公的随从前去敲门，向晏婴通报："国君来了。"晏婴忙迎接出门，问齐景公："国君为何深更半夜来到臣家？"齐景公说："我带来了好酒还有美妙的音乐歌舞，我与相国你一起享受一番。"按说，国君亲自跑来找臣子喝酒，这是臣子莫大的荣耀，是求之不得的事。不料，晏婴对齐景公说："陪国君饮酒享乐，那是在国君身边侍奉国君的人的职责，我作为负责国家内政的大臣没有这样的义务。请恕我不能答应您。"在晏婴这儿吃了"闭门羹"，齐景公不免有些下不来台。没办法，国家大事他还要倚仗晏婴，也只好忍气吞声。离开晏婴的府第，齐景公想起了田穰苴。于是，君臣一行又来到田穰苴的家中。田穰苴听说齐景公深夜造访，忙穿上戎装，持戟迎接出门，非常紧张地问："大王，是不是有外敌入侵了？还是有大臣发动叛乱了？"齐景公笑嘻嘻地说："没有。"田穰苴问："那您为何晚上到我家里来呀？"齐景公说："没什么事，就是想起将军劳苦功高，平时非常辛苦，所以我带来了好酒还有美妙的音乐歌舞，想和你一起好好开心一回。"没想到田穰苴的回答与晏婴的回答如出一辙："陪国君饮酒享乐，那是在国君身边侍奉国君的人的职责，我作为负责国家军事的大臣没有这样的义务。请恕我不能答应您。"齐景公万万想不到在大臣的家门前竟两次吃了"闭门羹"，不由意兴索然。左右问他是否回宫，他想了想说："去梁丘大夫家看看吧。"梁丘大夫是个像庄贾之类的阿谀奉承之徒。听说齐景公来找他饮酒，顿时乐得手舞足蹈，慌忙左操琴、右持竽，口中唱着歌，跑出门来迎接齐景公。齐景公大喜，与梁丘相携入室，把酒言欢，喝了个通宵达旦。次日，晏婴与田穰苴都上朝进谏，劝齐景公不应该深夜到臣子家饮酒。齐景公老大不高兴地说："你们两个是国家的栋梁，你们时时刻刻想着国家，恪尽职守，昨天算我做得不对。但我是个普通人啊，我身边不仅需要你们这样的贤臣，也需要像梁丘大夫这样懂得享乐的人，不然，我这个国君做得有啥意思？我不敢妨碍你们职责，你们也不要干涉我找点生活乐趣。"

田穰苴担任大司马之后，引起了一直敌视田氏家族的齐国贵族鲍氏、高氏、国氏的忌妒。通过上面的事情，他们认定田穰苴和齐景公并没有建立良好的私人感情联系和牢固的信任关系，开始不断地向齐景公进谗言。与此同时，田氏家族的带头人田桓子在田穰苴当上司马之后，大力拉拢他，以抗衡鲍氏、高氏、国氏。田穰苴作为田氏家族的成员不可能不对田桓子一些友好行为表示善意，这就引发了齐景公深深的猜忌。本来田氏家族已经权倾朝野，而田穰苴掌管着齐国军队，万一他们联合起来对付自己怎么办。因为对田穰苴缺乏足够的信任，齐景公就找了一个借口罢免了田穰苴。

从血统上说，田穰苴是田氏家族的人，但田穰苴人品高尚，忠于君主，并没有个人野心，和田桓子完全不同。晏婴也正是看到了这一点才推荐了他。一向忠心耿耿的田穰苴一方面因为自己的理想破灭而失落，另一方面也为齐国和其家族的未来而担忧；因为田氏家族一直都掌控在一些野心勃勃的家族成员手中，本来身为大司马的他还有可能凭借自己的威望和地位制约这些野心勃勃的亲戚。但自己被罢免之后，形势的发展只有两种可能，一是田家取代齐国的国君成为齐国新的统治者；二是田家被消灭，而这两种可能都是他不愿意见到的。

一代卓越的军事家田穰苴因此抑郁成病，没有几年就去世了。应该说，田穰苴在处理和自己的上级齐景公关系的过程中可能太过于坚持原则了。其实，他是不能完全效仿晏婴的做法的，因为晏婴负责内政和齐景公交流沟通的机会很多，而且他们君臣相处的时间长，相互之间比较了解，建立了很好的私人感情和信任关系。所以，晏婴不需要在工作之外的时间和齐景公进一步加深感情。而田穰苴负责军事工作，没有战争或者叛乱的话，和齐景公交流的机会不多，君臣之间相处的时间也较短，加上他自己作为田氏家族的成员不可能不和田家人来往，这就给他人离间齐景公的君臣关系留下了机会。如果田穰苴能够认识到这一点，就不应该放弃和齐景公建立更加牢固的私人感情的机会。

田穰苴死后，田氏家族与齐国的其他贵族鲍氏、高氏、国氏的矛盾变得益发不可调和。司马迁在《史记·司马穰苴列传》中记载道："景公退穰苴，苴发疾而死。田乞、田豹之徒由此怨高、国等。其后及田常杀简公，尽灭高子、国子之族。至常曾孙和，因自立为齐威王。"不管怎么说，齐景公罢免田穰苴，激化了田氏与鲍氏、高氏、国氏的矛盾，反而使田氏加速了夺取齐国政权的步伐。鲍氏、高氏、国氏后来均被田氏所灭，田氏掌握了齐国的实权。到了公元前391年，田氏家族的田和把齐康公赶到一个海岛上，自立为齐国的国君。5年后，周王朝正式承认田氏为诸侯，姜齐遂变为田齐，史称"田氏代齐"。

值得一提的是，《孙子兵法》的作者孙武，也是田氏家族的人，[①] 论辈分，

---

[①] 考据界有一些争议，但是认为孙武是田氏家族的人的观点占主流，我们也认为这种观点比较合理。

田穰苴应该是孙武的族叔。《孙子兵法》中的很多内容明显地受到《司马法》思想的影响，由此可以推测，孙武写出了千古名篇《孙子兵法》，很可能是得到了田穰苴的指导和帮助。要不然，孙武在没有丰富实战经验的情况下，就能够写出《孙子兵法》十三篇，奉送给吴王，从而获得吴王的重用，就很难得到合理的解释。

### （三）《司马法》思想形成的时代背景及其管理价值

作为一部兵书，《司马法》和其他的兵书具有非常大的差异。从内容上来看，《司马法》有不少春秋后期和战国年间的军事思想，并不是纯粹的上古军事法规、条令条例材料之汇集，但其主体内容为以西周礼乐文化为指导的"军礼"，其思想的核心精神和周礼一致。《四库全书总目提要》说，"其言大抵据道依德，本仁祖义，三代军政之遗规，犹藉存什一于千百。盖其时去古未远，先王旧典，未尽无征，掇拾成编，亦汉文博士追述《王制》之类也"。可以说，《司马法》是周礼在军事竞争领域的应用的集中体现。

周朝的礼乐文化是《司马法》一书思想形成的基本时代背景。周朝的军事管理思想和周朝的封建宗法制度是紧密联系在一起的。而春秋时期各诸侯国之间的战争、争端也都受到周朝礼乐文化的深刻影响，形成了一系列的军事伦理规范，即所谓的军礼。大体上，在周礼约束下的诸侯国之间的军事竞争规则，即军礼和一般意义上的军事竞争有很大的不同，表现在以下几个方面：

第一，军礼是一种有限度的实力竞争，而一般军事竞争是无限度的暴力竞争。周朝时期，有一个至高无上的权威"天子"的力量在控制各个诸侯国之间的军事争端，使各个诸侯国不敢穷兵黩武。我们知道统治者发动任何战争，都有一个道义上的合法性问题，缺乏道义上合法性的战争行为会受到人们的广泛唾弃。而在周朝，一个普遍的观念就是只有经过天子同意而发动的战争，才是符合道义的。孔子在《论语·季氏》中明确指出："天下有道，则礼乐征伐自天子出；天下无道，则礼乐征伐自诸侯出"。出于天子的命令就是正义之战，而出于诸侯就是不义之战。"征伐自天子出"的实质就在于通过一个至高无上的权威力量达到天下统一、政出一门、消除内乱、保持社会有序的目的。当然，这里孔子讲的"天子"是指尧、舜、禹、周公这样德高望重的明君。如果用今天的语言解读孔子的话，"天子"就是指一个大家公认的具有道德合法性的机构。当代的联合国就有似于此，任何国家的军事行动和战争，如果得到联合国授权，一般都会被认为是合理的或者正义的战争。没有道义上合法性的战争虽然军事上胜利了，往往会使自己在政治经济上陷入被动。正因为如此，春秋时期许多诸侯国虽然军事实力远远强于周王室，但仍然要借周王室的名义发动战争，并且胜利了还向周王室禀报。这点和后世的军事竞争差别很大，某种程度上反而和现代的企业竞争比较相似，现代企业竞争都是在政府和市场秩序的控制下进行的，不择手段的竞争行为一定会遭到政府管理部门或者相关法律法规的制裁。

第二，军礼要运用战争手段之前必须在"周礼"中找到行动上的合法性，而一般军事竞争中运用战争手段之前虽然也会寻找行动上的合法性，但是，其可以从更广的范围内寻找合法性。周朝任何一个诸侯国要出兵作战必须要在维护周礼的名下找到合法性，才能获道义上的主动，否则可能引起其他诸侯国的公愤，甚至连自己内部都会因此不稳定。由于周天子统治的地域广大，很多小的争端，周天子不一定有足够的时间和精力去处理，因此，周天子会在所分封的诸侯国中委任王室功臣、懿亲为诸侯之长，代表王室镇抚一方，称为方伯。到了东周春秋时期，周天子的力量衰落，最高政治权力出现了真空，诸侯漫无纲纪，互相兼并，强大的诸侯国开始主动谋取方伯地位。《史记·周本纪》说："平王之时，周室衰微，诸侯强并弱，齐、楚、秦、晋始大，政由方伯。"也就是所谓的春秋诸侯国争霸，春秋五霸就是争霸成功的五个最著名的君主。争霸虽然以军事实力为基础，但是也需要以维护周礼的名义进行。如果为了一己私欲而发动战争，必定受到人们的唾弃。例如，《左传·僖公三十三年》记载，"先轸曰：'秦违蹇叔，而以贪勤民，天奉我也。奉不可失，敌不可纵。纵敌患生，违天不祥。必伐秦师。'栾枝曰：'未报秦施而伐其师，其为死君乎？'先轸曰：'秦不哀吾丧而伐吾同姓，秦则无礼，何施之为？'"于是，晋国决定出兵攻击秦军。我们可以看到晋国作出攻击秦军军事决策虽然有利益上的考量，但是还必须考虑行动的合法性，而晋国主将先轸提出的行动合法性理由就是秦国为了满足自己的贪欲而攻打晋国的同姓之国，违犯了周礼。

第三，军礼要求运用强大的军事上和道义上的压力迫使对方屈服，而尽量避免发生真正的战争。春秋时期很多战争在战前敌对的诸侯国之间往往会运用各种手段造势，让对手感受到巨大的压力，如果对方表示屈服则就不会发生真正的战争，而改为政治妥协以结束争端。根据《左传》记载，鲁僖公四年的春天，齐桓公率领7个诸侯国组成声势浩大的联军攻打楚国，理由是，"楚国应当进贡的包茅，却没有按时交纳，影响了周王室的祭祀工作"。战前，楚成王派使臣屈完到齐军中去交涉，齐桓公让诸侯国的军队摆开阵势炫耀武力说：

"我率领这些诸侯军队作战,谁能够抵挡他们?我让这些军队攻打城池,什么样的城攻不下?"没想到屈完回答说:"如果您用仁德来安抚诸侯,哪个敢不顺服?如果您用武力的话,那么楚国就把方城山当作城墙,把汉水当作护城河,您的兵马虽然众多,恐怕也没有用处!"后来,屈完代表楚国表示屈服认罪,犒劳齐桓公率领的联军,并且送上给周王室的贡品,与诸侯国订立了盟约,这场声势浩大的战争还没有开始就这样结束了。其实,楚国真正违背周礼的地方是自封为王,但是管仲认为,楚国僭号称王已经很久了,因为地方偏僻,周天子无力讨伐,因而一直也没人管,如果以此来问罪,楚国肯定不会屈服,这样必定要大打出手,楚国的实力非常强大,恐怕要打上好几年才能分出胜负,老百姓也会因此遭殃。只要楚国能够尊重周天子,这次出兵的目的就达到了。无独有偶,比齐桓公更早时,卫国、宋国、鲁国、陈国、蔡国5家曾经组成联军讨伐郑国,理由是,"郑伯无道,诛弟囚母"。然而,声势浩大的联军在仅仅小胜了一场、郑国满足了联军的一个要求后,这场战争就宣告结束了。

第四,军礼要求战争过程如果有可能应尽量遵守周礼,而一般的军事竞争在战争过程更认同兵不厌诈、不择手段。《司马法》说,"逐奔不过百步,纵绥不过三舍","不穷不能而哀怜伤病"。《左传·僖公二十二年》记载了这样一个故事,"冬十一月己巳朔,宋公及楚人战于泓。宋人既成列,楚人未既济"。司马曰:"彼众我寡,及其未既济也请击之。"公曰:"不可。"既济而未成列,又以告。公曰:"未可。"既陈而后击之,宋师败绩。公伤股,门官歼焉。国人皆咎公。公曰:"君子不重伤,不禽二毛。古之为军也,不以阻隘也。寡人虽亡国之余,不鼓不成列。"宋襄公因为遵守"不鼓不成列"的战争伦理导致失败,虽然被毛主席批评为"蠢猪式的仁义道德",然而这正是对周朝兵学的尊崇,反映了那个时代兵学的特色。

第五,军礼要求战争必须适可而止,不能完全从自身的利益出发去考虑问题。周朝的分封制目的是要建立天下一家的封建宗法制度,依靠血缘和亲情来保持国家的安定团结,诸侯国之间的战争被视作家庭内部的斗争,因此,战争必须适可而止。《司马法》就提出系列战争伦理道德规范。如选择作战时机要"不违时,不历民病"、"冬夏不兴师,以兼爱其民"等;"入罪人之地,无暴圣祇,无行田猎,无毁土功,无燔墙屋,无伐林木,无取六畜、禾黍、器械,见其老幼,奉归勿伤。虽遇壮者,不校勿敌,敌若伤之,医药归之"。在实践过程中,春秋时期很多战争都是以维护和平为目的(或者说至少名义上是以维护和平为目的），战争的结果往往是"取成而还"，即当对方同意和自己结盟，并承认自己在联盟中的领导地位，就立刻停止战争。号称春秋五霸之首的齐桓公总共只有3万军队，并且出兵的时候不会把3万人全派出去，而是轮番使用。春秋时期几次著名的战争如崤之战、城濮之战等参战的人数规模都不大，一般不会超过10万人，而且战争的延续时间也很短，往往几天就结束战斗。几十万参战的大规模军事战争在春秋早期、中期是看不到的。有时候即使发生了很惨烈的战争，最终却仍然是以对方的屈服而结束，而很少发生血腥的报复性屠杀。《东周列国志》记载，楚国因为郑国不认同自己的霸主地位而攻打郑国，很快包围了郑国的都城，郑国坚守了3个月，楚军在攻城过程中也遭受到很大的损失，最后都城被攻下，如果是后世的战争很有可能会发生屠城等报复性行为，即使不屠城也会彻底消灭敌对力量。然而楚庄王却下令，不许三军掳掠。进入城中后，郑国国君光着膀子牵着一头羊请求宽恕。楚庄王居然同意了，立刻退兵三十里，然后两国签订盟约。

在《司马法》一书中，多处体现了上述军礼的特征。可以说，《司马法》思想具有浓厚的周礼色彩，是周礼在军事竞争领域应用的集中体现。我们知道周朝的礼乐文化也是儒家思想的源头。周礼在修身、齐家、治国等管理领域的内容大量保存在儒家经典之中。从这个角度来说，儒家思想和《司马法》思想同一源头，具有相似的思想灵魂，只不过二者关注的管理领域不同而已。《司马法》原文有大量反映对儒家核心概念"仁义礼"的内容。如第一篇《仁本》就开宗明义地提出"古者，以仁为本，以义治之之谓正。"直接说明"仁义"是管理之本。后面《司马法》紧接着又说，"正不获意则权。权出于战，不出于中人。是故杀人安人，杀之可也；攻其国，爱其民，攻之可也；以战止战，虽战可也。"正是说明在战争中贯彻仁义精神需要权变，权变的目的还是仁义。《司马法》又说"战道：不违时，不历民病，所以爱吾民也；不加丧，不因凶，所以爱夫其民也；冬夏不兴师，所以兼爱其民也。"这些要求都是仁义精神的表现。后《司马法》又大段地引述古代礼来说明军事竞争领域的管理问题，"古者，逐奔不过百步，纵绥不过三舍，是以明其礼也。不穷不能而哀怜伤病，是以明其仁也。成列而鼓是以明其信也。争义不争利，是以明其义也。又能舍服，是以明其勇也。知终知始，是以明其智也。六德以时合教，以为民纪之道也，自古之政也。先王之治，顺天之道，设地之宜，官司之德，而正名治物，立国辨职，以爵分禄，诸侯说怀，海外来服，狱弭而兵寝，圣德之治也。其次，贤王制礼乐法度，乃作五刑，兴甲兵以讨不义。巡狩省方，会诸侯，考不同。其有失命、乱常、背德、逆天之时，而危有功之君，徧告于诸侯，彰明有罪。乃告于皇天上帝日月星辰，祷于后土四海神祇山川冢社，乃造于失王。然后冢宰征师于诸侯曰：某国为不道，征之，以某年月日师至于某国，会天于正刑。冢宰与百官布令于军曰：入罪人之地，无暴圣祇，无行田猎，无毁土功，无燔墙屋，无伐林木，无取六畜，禾黍、器械，见其老幼，奉归勿伤。虽遇壮者，不校勿敌，敌若伤之，医药归之。既诛有罪，王及诸侯修正其国，举贤立明，正复厥职。"

可见，《司马法》和儒家思想基本一致。明确这一点对我们后续研究的展开非常重要，因为今本《司马法》原文的文字较少，很多概念、观点仅仅依靠其自身文字的叙述难以阐释清楚其内涵，做不到经典的自我诠释。因此，我们会直接运用儒家经典中的概念来诠释《司马法》中的概念，直接运用儒家的观点去提炼《司马法》伦理管理思想的精神内涵。当然这样做可能会存在一些值得商榷的地方，但也是没有办法的办法。

## 二、本研究选用的《司马法》文本

《司马法》的版本甚多，我们选择最为通行的一个版本，即宋朝《武经七书》的版本为基本的研究对象，其他版本作为注解时的参考。北宋时期，国家开设了武学（军事学校），为了适应教学和军事训练的需要，宋神宗在元丰三年（1080年）组织相关人员对古代流传下来的《孙子》、《吴子》、《六韬》、《司马法》、《三略》、《尉缭子》、《唐李问对》7部兵书进行校订、刊行，作为考选武举和教学的必读的教材，统称《武经七书》。

我们相信宋朝官方在整理《司马法》文本时的态度应该是非常严谨的。但是，由于《司马法》在流传过程中散轶严重，从整个宋版《司马法》原文来看，若干地方还存在一些逻辑不连贯的地方，这从后人对《司马法》的校订和诠释可以得到证明。宋版《司马法》原文中还存在不少难以解读和诠释的句子和意思孤立的文字。这反映出宋人在整理《司马法》一书的过程中对于古《司马法》在流传过程中可能出现的错简、乱简等问题并没有完全得到解决。为了减轻这个问题对本研究的干扰，我们采取了两个办法：一是广泛参考历代研究《司马法》的文献著作，借鉴前人的研究成果。本研究在修订和诠释时主要参考的有代表性的前人研究成果有：朱服、何去非校《续古逸丛书武经七书司马法》,上海涵芬楼宋刻本影印,1935 年版;朱墉辑,《武经七书汇解》,中州古籍出版社,1989 年版;阎禹锡辑,《司马法集解》,国家图书馆出版社,2009 年版;刘寅辑,《马法直解》景印明本,1933 年影印明成化刻本等。另外,在勘定《司马法》原文文字时,我们还重点参考了陈宇、黄朴民、郑慧生、钮国平、邬可晶、李零等现代学者的著作,他们在勘定校对《司马法》文字方面都做了非常深入的研究。

二是从伦理管理的视角出发,大胆假设,小心求证,在总结历代专家学者研究成果的基础上,对宋版《司马法》原文若干地方做了一些修订,具体在后文对《司马法》伦理管理思想进行诠释和分析时,我们会详细说明。

## 三、《司马法》的逸文问题

如前所述,古本《司马法》有 155 卷,是一部规模宏大的军事典籍,然而在流传过程中散轶严重,今本《司马法》仅残存 3 卷 5 篇。不过,由于《司马法》的巨大影响,有不少古籍引用过古本《司马法》的文字,这些引文中有一些内容是今本《司马法》没有的。清代有一批学者专门把这些散见在其他古籍的引文、注文进行整理,形成了《司马法》逸文 66 条,共计 1466 字。①

不过这些逸文大多都是论述一些具体的军事制度和规范,这些论述对于研究先秦军事史可能有较大的意义,但是对于我们分析《司马法》的管理思想价值不大。而且这些逸文之间还有不少重复甚至是相互矛盾的地方,如有的逸文说"二十五乘为一偏",但另外的逸文却说"九乘为小偏,十五乘为大偏"。那么"偏"和"乘"到底如何换算就很难说得清楚了。还有的逸文说,"二十五人为两",另外的逸文说,"五十乘为两",如果二者都对,那么,一人就是两乘。按照其他地方的解释,乘应该指的是车,那么一人对应两辆车,该如何解释。我们认为正因为《司马法》的这些逸文价值不大,所以才会在传抄过程中被人们忽视或者被跳过。因此,在本研究中我们不对这些逸文进行讨论分析。

---

① 参考陈宇的《司马兵法破解》第 346 页附录 2,解放军出版社 2005 年版。

# 第三章 《司马法》伦理管理的基本观点

本章开门见山地提出了伦理管理的基本观点,并以我国上古时代圣贤君主的治国之道作为案例,来阐明伦理管理特点和境界。本章思想主要来自《司马法》原文第一篇《仁本》,其主要内容大体上可以分为两部分,第一部分阐释了伦理管理的基本原则和手段。从中可以管窥古代圣贤君王运用伦理治国治军的基本框架——"六德合时而教","正不获意则权。权出于战",也就是依据伦理道德教化治国,战时辅以权变之术。第二部分则以案例的形式,阐释了古代圣贤君王伦理治国治军的三个境界,提供了伦理管理的实际范例,并指出伦理管理特点和应该追求的境界,同时也表达了作者对古代圣贤君王伦理治国之道的仰慕之情。

## 一、伦理管理的基本观点

### (一) 管理必须以仁为本

"古者,以仁为本,以义治之之谓正。正不获意则权。"这是《司马法》开篇第一句话。基本意思是,古代圣贤君王治理国家的基本原则可以概括为以仁为本,用道义来治理,这是治理国家的正道。然而有时候,使用正道治理国家达不到"以仁为本"的目的,所以在不得已的情况下,为了更好地贯彻"以仁为本,用道义治国"的原则,他们治理国家也会使用权变的手段。需要说明的是"以仁为本"既是伦理管理的原则,也是伦理管理的目标。作为原则,"以仁为本"指的是管理者应该具有仁爱之心,任何管理行为和手段都不应该偏离仁爱之心;作为目标,"以仁为本"指的是管理者治国应该追求让尽可能多的人都感受到仁爱,都能够提升自己的仁爱之心。《司马法》要求管理者使用所有的管理手段都应该符合伦理道德,都应该"以仁为本",都应该有利于推动人的思想道德境界的发展。但是,管理情境千变万化,在一些特殊的情况下,强制要求管理手段在形式和本质上都符合"以仁为本",可能反而达不到"仁本"的目标,这个时候管理者就不得不使用权变的管理手段了。这句话中有几个重要的字,值得深入分析与思考,这几个字分别是"仁"、"义"、"权"。

首先是"仁"。"仁"是儒家思想的核心概念,也是儒家君子人格的核心品德。那么,什么是"仁"呢?《说文》说:"仁,亲也。"《礼记·经解》提出,"上下相亲谓之仁"。大体上,"仁"的本义是人与人之间能够相互关心、相互爱护的一种道德情感,即仁爱之心。所以,孔子在《论语》中提出"仁者爱人"。《中庸》和《孟子》则进一步提出"仁者,人也",认为"仁"是人的本质,仁爱之心是人区别于禽兽的基本特质。《孟子》说,"人异于禽兽者几稀,庶民去之,君子存之。舜明于庶物,察于人伦,由仁义行,非行仁义也"。从这个角度来说,"仁"是一个君子的核心品德,一个人的"仁爱之心"不断完善的过程也就是其人格不断发展与完善,最终成就君子人格的过程。《论语》还进一步指出,培养仁爱之心的一个重要方式是先培养人的孝悌之心,"孝悌也者,其为仁之本欤",发展仁爱之心的基本手段是,"夫仁者,己欲立而立人,己欲达而达人。能近取譬,可谓仁之方也已"。

《司马法》强调管理要"以仁为本"实际上就是要让管理者成为儒家的君子,进行伦理管理。具体而言就是管理者所做一切事情都必须以伦理道德为本,一切管理行为、管理手段和管理目标都不能偏离"仁爱之心",都应该是为了发展管理者和被管理者的"仁爱之心"。

为什么要"以仁为本"呢?因为仁爱之心是一切美德中的核心美德。《论语》说,"唯仁者能好人能恶人",意思是,区分好人和恶人的唯一的标准就是仁爱之心。有仁爱之心的人就是好人,缺乏仁爱之心的人就是恶人。又说:"苟志于仁矣,无恶也",一个人哪怕没有足够的仁爱之心,只要有追求仁爱的想法就能够避免做坏事。孔子在《论语》中还提出了一个重要观点:"子曰:'君子道三,我无能焉:仁者不忧,知者不惑,勇者不惧。'子贡曰:'夫子自道也。'"君子往往被解释为是有德行的人,其实在古代君子主要是指做官的人,只不过自孔子之后中国传统思想文化都提倡有德行的人做官,所以君子才被视为有德行的人。《论语》中"君子"同时具有这两个层面的含义,做官其实就是从事公共管理活动,那么君子之道完全可以解释为管理之道了。孔子这句话意思可以理解为,一个合格的管理者应当具备的三种素质,即"仁、知、勇"。孔夫子认为这三种素质乃是管理者最重要、最核心的德行,其中"仁"放在首位。关于这三种德行很多学者都做过研究,朱熹认为,"明足以烛理,故不惑;理足以胜私,故不忧;气足以配道义,故不惧"。(《四书集注》)荀悦说:"君子乐天知命,故不忧;审物明辨,故不惑;定心致公,故不惧"。(《申鉴·杂言下》)钱穆在《论语要略》中说"知当知识,仁当情感,勇当意志。而知情意三者之间,实以情为主。情感者,心理活动之中枢也。真情畅遂,一片天机。"我们从《论语》、《孟子》、《荀子》等儒家经典的论述来分析,会发现"仁"的本质其实包括了三方面:忠恕、克己复礼和力行。忠恕是由内心以推己及人;克己复礼则是以社会之行为规范约束自己;而忠恕与克己复礼皆以力行为基本,"仁"是最高层次的品德。在"仁"的统领下,孔子构建了一系列做人的道德规范,它包括忠、恕、孝、悌、温、良、恭、俭、让以及义、直、信、敬、宽、敏、惠、笃等。

所以,"以仁为本"可以说是儒家管理之道的核心特质,"仁"是儒家和《司马法》眼中管理者必须具备的最核心最基本的德行。值得一提的是,儒家和《司马法》强调的"以仁为本"思想和西方管理理论中人际关系学派提出的"以人为本"思想并不是一回事。在西方管理理论中谈到"以人为本"时,一般都强调尊重人、关心人,认为管理必须顺应人性的规律,违反人性规律的管理方法即使看上去很科学,但最终效果都不会好,也不可能达到效率的最大化。大体上西方管理理论强调"以人为本"的目标是通过这种手段激发人们的工作热情,从而提升效率。而儒家和《司马法》强调的"以仁为本"则是伦理管理思想的本质特点,没有"以仁为本"就没有所谓的儒家和《司马法》的伦理管理思想。儒家和《司马法》的"以仁为本"原则包含两个层面的意义:一是"以人为本",和西方管理理论一样,要求管理者要了解人性,顺应人性的规律,尊重人、关心人,这样才能激发人们工作的热情,提升工作的效率。二是"以仁爱之心为本",儒家和《司马法》认为人性是动态发展的,管理者仅仅尊重人、关心人是不够的。一个懂得伦理管理的管理者会在尊重人性规律的基础上,通过伦理道德教化和制度规范等手段,提升被管理者的素质和境界,使他们人性中的优点能够不断发展、不断完善,如变得更加有爱心、有智慧、有追求、有意志力等,同时,使他们人性中的弱点能够被减弱甚至完全不显示,如贪婪、暴躁、懒惰、自我中心等。只有不断地提升被管理者的素质和境界,组织的创造力和竞争力才会真正地得到提升,管理工作才能获得最大的效率和最好的效果。

其次是"义"。"义"也是儒家思想中的重要概念。《中庸》说："义者，宜也。"《孟子》说，"仁，人心也；义，人路也。舍其路而弗由，放其心而不知求，哀哉！"从《中庸》和《孟子》的描述来看，"义"乃是仁爱之心外化成为具体的行为表现，而且这种行为表现合乎环境要求，非常合理。同样的仁爱之心在不同环境下会有不同的"义"的行为表现。《说文解字》中段玉裁对"义"的注解是，"义之本训，谓礼容各得其宜。礼容得宜则善矣。"大意是"义"是能够根据环境的不同灵活地把握"礼"的要求，这样才是真正的善。可见，"义"和实践是紧密联系在一起的，它联系了"仁"和"礼"两种德行。无论是个人内在的"仁爱之心"和外在的礼仪制度，都需要人去践行。个人内在的"仁爱之心"没有践行，则无从表现；外在的礼仪制度无人践行，则只是一些器物而已。然而践行总是在一定的情境下进行的，这就需要践行者能够根据不同情境的要求，灵活地把握行为的尺度和具体的做法，这样才能保证"仁爱之心"和礼仪制度不被异化，这就是所谓的"义"。所谓异化就是本着"仁爱之心"去做事，有时候不一定能够得到预期的目标，本意是为了对方好，但由于选择的方法方式不合适，结果却可能是害了对方，好心反而办了坏事。礼仪制度也是如此，遵守礼仪制度去行事是培养人们内在的道德品行德行，但是如果不能根据环境的变化而变化，遵守礼仪制度行事的人可能仅仅是履行了形式，不能达到礼仪制度应有的效果，甚至还会遭到周围人的嘲笑。例如，在中国古代有不理发而把头发扎起来的礼仪，原因是当时的人们有这样一种普遍观念："身体发肤，受之父母，不敢毁伤，孝之始也"。不理发把头发扎起来是培养孝心的一种方式。但是，当今社会人们已经没有这种理念了，对于一个不信奉这种理念的人来说，即使他仍然像古人一样不理发把头发扎起来，也仅仅是具有了古人礼仪的形式，而绝对不能算是"义"行了。而且这种行为在当代很可能遭到人们的嘲笑。因此，"义"就是要根据具体情境来选择合适的行为方式或者做事的方法，使人们内在的道德情感和外在的道德规范在实践中被很好地贯彻。再如，父母对自己的子女基本都有爱护之心，但每一个父母爱子女的方式却大不相同。有的父母爱子女的方式非常直接，对孩子百依百顺、非常溺爱，这样做的结果反而可能害了孩子，让孩子变得自私自利傲慢自大，长大之后难以适应社会。而有的父母奉行"棍棒之下出孝子"，对子女非常严厉，认为只有这样将来子女才能成才，这样才是真正的爱子女。但这样做，子女往往感受不到父母的爱，有些子女可能因此成才，有些子女却可能因此出现心理问题或者产生叛逆心理。还有父母则像领导对待下属一样对待子女，奉行恩威并施的原则，也有父母像朋友一样对待子女，等等。到底哪种方式才是真正爱子女呢？其实，不能一概而论，需要根据社会环境、孩子的特点进行仔细分析，才能找到最合适的爱护和教育孩子的方法，这种最合适的方法就是父母的仁心展现出来的"义"行。

最后是"权"。"权"的本质是"义"的一种特殊的或者极端的表现形式。《孟子》解释说，"淳于髡曰：'男女授受不亲，礼与？'孟子曰：'礼也。'曰：'嫂溺，则援之以手乎？'孟子曰：'嫂溺不援，是豺狼也。男女授受不亲，礼也；嫂溺，援之以手者，权也。'"男女之间不亲手递接东西，这是"礼"的规定，按照这个要求，嫂子和小叔子不能有身体接触。但是如果嫂嫂掉进水里，小叔子就要去救她。这就避免不了身体的接触，如果是为了坚守"礼"的规定而不救自己的嫂子，那就和畜生差不多了。《庄子》讲述了一个相反的故事，大意是一个叫尾生的人和一个女子相约在一个叫蓝桥的地方见面，约好不见不散。到了见面的时间，尾生来到桥上，发现女子还没有来，这个时候河水正在上涨，很快就要淹没桥了。一般人都会赶紧避水，至于约会，可以等以后再说。但是，尾生因为事先和女子说好不见不散，为了自己的信誉，他冒着生命危险坚守在桥上，结果水淹没了桥，尾生淹死了。尾生守信是很好的一种品德，但是，为了守信却把自己的性命丢了，就显得有些愚蠢了。这就是不知道"权"造成的后果。难怪孔子说，"言必信，行必果，硁硁然小人哉！"①（《论语·子路》）

从上述两个故事我们可以发现，"权"在形式上一般都表现为违背"礼"或者某些美德的行为。由于在特殊环境下，要维护某种"礼"或者某种美德可能导致付出极大的代价甚至生命，那么暂时放弃某种"礼"或者某种美德的要求，从长期来看，反而是合理的、合宜的，也即符合"义"的。在上述两个案例中"权"似乎是常识，但实际上有些情况下，"权"是非常难以把握的。《论语》有这样一段对话，"陈司败问：昭公知礼乎？孔子曰：知礼。孔子退，揖巫马期而进之，曰：吾闻君子不党，君子亦党乎？君取于吴为同姓，谓之吴孟子。君而知礼，孰不知礼？巫马期以告。子曰：丘也幸。苟有过，人必知之。"大意是，陈司败问孔子鲁昭公是否懂得礼法，孔子回答说，"懂得"。

---

① 需要指出的是，在《论语》中小人是和君子相对的词汇，并不是道德上有问题的人。我们认为小人的原义指的是没有道德理想的普通人。

# 第三章 《司马法》伦理管理的基本观点

后来陈司败和孔子的学生巫马期说,"我听说君子不偏袒人,难道君子会偏袒国君吗?贵国国君娶了同姓的吴国女子为妻,按照'礼'的规定同姓不能结婚,他明显违背了'礼',导致都无法按照礼法给她合适的称呼,只好叫她'吴孟子'。如果贵国国君算懂礼法,还有谁不懂得礼法?"巫马期后来将这事告诉了孔子。孔子听了后说,"我真是幸运。偶然出现过错,人家就能告诉我"。其实,孔子不可能不知道鲁昭公违背"礼"的事情。但是,鲁昭公是一国之君,"为尊者讳"也是礼的要求。而且他如果在别人面前说昭公不知"礼",这种批评的话一旦传到国君耳朵里,很容易引起对方的记恨甚至报复。况且鲁昭公的德行总体上还是瑕不掩瑜的。因此,孔子只好说是自己弄错了。《论语·子罕》中孔子还说了这样一段话:"可与共学,未可与适道,可与适道,未可与立,可与立,未可与权。"大意是说,可以一起学习的人,不一定能够一起去践行所学;能够一起践行所学的人,不一定都能够长期坚守这种追求,从而获得某种美德;具有某种美德的人,遇到没有见到过的情况时,不一定能够变通处理。可见,作为一种行为,"权"变的行为是需要极高智慧的,而作为德行的"权"也是一种非常难以达到的极高境界。

"权"在形式上是违背"礼"和诸种美德的,但其实质却又必须符合"义",符合"仁爱之心"。所以,"权"实际上是一种形式表现与本质内容相悖的行为。我们知道形式和内容是会相互影响的,"文犹质也,质犹文也",长期坚持某种表现形式,就会改变本质内容,反过来也一样,二者只能够暂时背离,因此,"权"一定是暂时的,一定是针对某种特殊情境的临时行为。《司马法》也明白这一点,因此他提出,"权出于战,不出于中人。"这句话中的"中人"一词争议较多。何谓"中人"?有的学者把"中人"作为一个词来解释,认为"中人"就是普通人、平常人。这样,整句话就可以解释为权变之道是战时才能使用的,权变不能针对普通人,或者权变之道不是普通人能够掌握的。还有学者把"中人"分开来解释,比如"中"可以表示正常的情况;"人"可以表示普通的人民群众。意思就是权变手段只能在战时使用,不能在和平的时期使用,更不能针对普通民众。其实"中人"分开解释还可以把"中"解释为中庸;"人"通"仁",解释为仁爱。我们认为伦理管理的基本精神内涵就是"中庸"和"仁爱"。权变乃是为了适应战争的特殊情况而提出的不得已的管理手段,它在形式上是违背以"中庸"和"仁爱"为基本特征的伦理管理精神的。或者可以这样说,"权变"不属于伦理管理的基本手段,但是在战争这种特殊的状态下,却又是不可缺少的管理手段。在这个意义上，我们认为"中人"解释为"中庸"和"仁爱"更为合理，但是，其他解释也有一定的合理性和价值，这种特点是先秦经典的一个重要特色，即"微言大义"，一段文字，可以有多种合理的解释，这些解释并不矛盾，而是从不同视角的理解。综合这些视角，能够让我们看到先秦原典文字的深刻内涵。这种情况在当代的著作中比较罕见，但是在先秦典籍中却很常见，如《论语》、《老子》等经典中有很多文字都可以有多种合理的解释，只有把这些解释综合起来进行比较分析，才能更好地理解原文。这种现象反映出经典的原文乃是古人长期经验积累的人生大智慧的结晶，而非一般的知识观点，任何人都能够从中受益，只不过"仁者见仁，智者见智"，"贤者识其大者，不贤者识其小者"。(语出《论语》"卫公孙朝问于子贡曰：'仲尼焉学?'子贡曰：'文武之道，未坠于地，在人。贤者识其大者，不贤者识其小者，莫不有文武之道焉。夫子焉不学？而亦何常师之有？'")而且由于《司马法》是一本残书，有些非常重要的思想可能本来有很多内容，但在今本《司马法》中只能看到只言片语，这样就需要我们发挥想象力，推测原有思想的全貌。因此，我们在分析和解读《司马法》原文时，会尽量把多种解释综合起来，以挖掘《司马法》原文的深刻内涵。

　　这样，"权出于战，不出于中人"这句话我们可以综合解释为，从历史上看，这些古代圣贤君王们的权变行为，基本上都是为了应对战争状态下的一些特殊事情而临时使用的手段。他们绝对不会成为在和平时期、针对普通民众使用权变的治国手段。因为这种"权"的管理手段在形式上是违反以中庸和仁爱为基本特征的治理国家的正道精神的。

　　综上，我们可以对《司马法》伦理管理的基本观点做一个归纳。《司马法》认为古代圣贤君王管理国家的方式是以仁爱为本质特质的伦理管理。伦理管理主要是针对人进行管理。从伦理管理的方法上看，主要有两种基本方法，即"正"和"权"的管理。符合仁义精神的管理方法就是"正"的管理方法；反之就是"权"的管理方法；"权"的管理方法只是在不得已的情况下使用，而且其目的必须是维护"正"的管理方法能够得以正常实施。所以，有的时候，古代圣贤君王也会发动战争，这是君王"仁义"精神的一种特殊表现形式。因为他爱诸侯国的老百姓，所以看到这些老百姓受到其统治者的欺凌虐待时，才会发兵去讨伐有罪的诸侯。这种战争绝对不是针对人民的，对待人民是不可以用权变的方法。同时，在和平时期，统治者也不可以使用权变方法治理国家，这样做不仅违反伦理道德，也必定会招致系列严重的后果。因为

## 第三章 《司马法》伦理管理的基本观点

民众无法判断"权"变行为背后的合理性因素。如果统治者针对一般的民众使用权变的管理手段,很可能导致统治者在民众面前失去信用,损害政府的权威和影响力,最终导致对民众管理的失败。儒家思想家早就认识到这一点,在《论语·颜渊》中有一段话,"子贡问政。子曰:足食,足兵,民信之矣。子贡曰:必不得已而去,于斯三者何先?曰:去兵。子贡曰:必不得已而去,于斯二者何先?曰:去食。自古皆有死,民无信不立。"意思是,子贡向孔子请教治理国家的办法。孔子说,只要有充足的粮食、充足的战备以及人民的信任就可以了。子贡问,如果迫不得已要去掉一项,三项中先去掉哪一项?孔子说:去掉军备。子贡又问,如果迫不得已还要去掉一项,两项中去掉哪一项?孔子说,去掉粮食。自古人都难逃一死,但如果没有人民的信任,什么都谈不上了。孔子把人民对政府的信任看成立国之本,作为一个有道德操守的政府管理者,宁可不要粮食、不要武器装备,冒着失去权力甚至失去生命的危险,都要坚守治国的底线,即维护政府的公信力。然而当代政府部门的一些管理者却不明白这个道理,曾经出现过这样的事情,某个地方出现了某种谣言,当地政府有关部门没有经过认真调查、出于维护自身形象或某些方面的考虑,马上就派人出面辟谣。然而随着时间的推移,人们发现谣言最终变成了事实,政府有关部门的辟谣反而是在说假话。这样,以后政府有关部门可能就会丧失辟谣的能力了。不仅如此,甚至政府有关部门出台的相关引导政策与宣传工作都会受到怀疑。这对于政府管理社会无疑是非常糟糕的。所以,"权变"精神如果泛滥一定会反过来损害伦理管理目的的实现。管理者只能把权变作为一时不得已而使用的管理手段,而绝对不能把它作为管理目的或者一种常用的管理手段。

接下来,《司马法》提出了战争中可以使用权变管理手段的三种理由,"是故杀人安人,杀之可也;攻其国,爱其民,攻之可也;以战止战,虽战可也"。

第一种情况"杀人安人,杀之可也";从表面上看,杀人是不符合"以仁为本"伦理原则的行为。但是如果杀死少数人能够保护更多人的不被伤害、不被杀死,那么,杀掉危害大多数人利益和安全的少数人,使大多数人能够安居乐业,就是合乎"以仁为本"原则的权变手段。例如恐怖组织、极端势力或者占山为王的强盗集团,这些人无疑是社会的害群之马,如果不铲除他们,就会给社会安定和普通民众带来巨大的灾难。这时派遣军队去镇压他们,这种行为虽然是杀人,但是由于其目的是让广大人民群众能够安居乐业,所以发动这样的战争,杀死这样一些人,是不违反"以仁为本"伦理原则的。

第二种情况"攻其国,爱其民,攻之可也"。从表面上,攻打别的国家也是不符合"以仁为本"伦理原则的行为。但是派遣军队去攻打一个暴君专制统治下的国家,从而解救处在水深火热中的老百姓,这虽然是一种暴力行为。但因为其根本目的是广大民众的利益,因为关爱这个国家的民众,因而这样的行为也是符合"以仁为本"原则的权变行为。从这个角度来说,《司马法》似乎并不反对干涉他国内政的行为,不过这种干涉他国内政的行为和当前国际上某些发达国家干涉他国内政的行为是有本质区别的。因为,周天子相对于诸侯来说,具有更高的权威和合法性地位。诸侯国虽然称为国,实际上仍然是周王朝的组成部分。周天子自然有权去管理诸侯,特别是诸侯治下的地方政府出现了危害普通民众利益、动摇周王朝统治稳定的事情时,周天子号令天下诸侯出兵去征讨这个实行暴政的诸侯就是非常合理的行为。而且我们可以看到春秋时期,这种干涉诸侯国内政的行为,虽然也有不少利益纠葛在其中。但总体上不是以攻占诸侯国的土地、奴役诸侯国的人民为特征的,而是以对方认罪求和,表示听从天子号令,改正错误为结局的。另外,干涉他国内政的行为是否合理,学术界也一直存在争议。在经济全球化的时代世界上各个国家联系越来越紧密的情况下,什么是内政有时候也会有很多争议,很多政府的决策是会影响其他国家的政治经济的。例如某个政局动荡的国家,发展或研造核武器或者发生了自己难以控制的瘟疫,虽然是他的内政,但却给周围的邻国带来了极大的安全风险,从而引起周边国家的干涉乃至抗议也就不足为奇了。

如果从企业管理的角度来看,在市场竞争过程中,企业不论大小强弱,谁也没有权利去干涉其他企业的内部管理,但是政府作为市场经济的监督管理者,不仅要制订合理的市场规则,而且当某些企业违反市场规则时,政府有责任和权力干涉企业的内部管理,在实践操作过程中也正是如此。而且在某些情况下,政府部门的这种监督和干预如果缺失,很可能会造成极大的危害,如发生在国内的婴儿奶粉行业的"三聚氰胺"事件,不仅造成诸多无辜的婴儿受到伤害,也造成整个中国乳制品行业的巨大危机。而这和政府相关管理部门的监管不到位无疑有密切的关系。

第三种情况"以战止战,虽战可也"。从表面上,主动发起战争是不符合"以仁为本"伦理原则的行为,但是为了制止战争,在没有办法的情况下,主动发起战争,以小的、短期的战争来消除大的、长期的战争的爆发,也是符合"以仁为本"原则的权变行为。例如,"二战"前,德国疯狂扩军备战,并且进行了一系列军事冒险,吞并了捷克。然而英法等西方大国却因为害怕战争,采取了绥靖政策,使希特勒集团的野心不断地膨胀,最终导致了"二战"的爆发。可以想象如果英法等西方大国在德国开始扩军备战时,就对它进行军事打击,遏制希特勒集团的军事力量和影响力的发展,那么"二战"就有可能避免了。虽然在军事打击中可能会有成千上万的人牺牲,但是如果能够避免"二战"的爆发,那么就会有几千万无辜的生命被挽救。再如,春秋时期发生的晋楚城濮之战,当时楚国通过发动一系列的侵略战争不断地扩张自己领土和势力范围,在城濮之战之前,楚国已经基本上征服了南方地区的各个弱小国家,在中原除晋、齐、秦三大国外,也基本上成了楚国的势力范围。这时,楚国成为霸主甚至取代周天子的野心已经日益明显,于是,晋文公联合秦国、齐国等大国和楚国进行了一场争霸之战。楚国在城濮之战中被打败,之后也就停止了攻打其他国家的行为,诸侯国获得了一段时间的相对和平。

这三种情况可以说是"以仁为本"原则在战争中的三种权变形式了。

### (二)竞争中的伦理管理原则

《司马法》作者在提出伦理管理的基本观点之后,就开始讨论古代的圣贤君王是如何在非和平时期贯彻以仁为本的伦理管理基本原则的。

《司马法》说,"战道:不违时,不历民病,所以爱吾民也;不加丧,不因凶,所以爱夫其民也;冬夏不兴师,所以兼爱其民也。"意思是,古代圣贤君王作战的原则是:不违背农时、不在疾病流行时或者老百姓遭受各种自然灾害时兴兵作战,为的是爱护自己国家的民众;不越敌国国丧时去攻打它,也不趁敌国出现灾荒时去进攻它;这样做为的是爱护敌国的民众;不在冬夏两季兴师,为的是爱护双方的民众。

《司马法》的这个主张和另一本著名兵书——《孙子兵法》相比,似乎让人觉得有些迂腐。有人会觉得出兵打仗还要遵守"不违时,不历民病","冬夏不兴师"这样的原则,很多战机岂不是白白丧失了。战争中可是机不可失、失不再来呀。还有敌方如果出现国丧和灾荒,也不能攻打,这样岂不是养虎为患?《孙子兵法》提出的打仗时军队应该"侵掠如火";"掠乡分众,廓地分利,悬权而动";"掠于饶野,三军足食"的观点和《司马法》的观点背道而驰。其实,《司马法》提出这种观点是有特定背景的。当时周朝建立分封制度,被分封到各地的诸侯基本上都是周朝王室之后或者周朝重要的功臣之后,而且诸侯国君主家族之间还经常通婚,诸侯国之间往往都是亲戚关系,在利益冲突背后还有各种亲情的牵扯。例如,春秋时期秦国与晋国之间发生的崤之战,晋国出兵伏击秦军的理由就是秦国攻打了晋国的同姓之国——郑国,作为亲戚有义务(当然更有利益动机)为其报仇。而战后,晋国放走被俘的三位秦军统帅的原因却是,晋国君主夫人——原来秦国的公主在背后运作的结果。此外,诸侯国之上还有作为天下共主的周天子,诸侯国相互之间的战争活动如果过于频繁或者涉及范围过大,一定会引起周天子的注意,从而招致周天子的讨伐。特别是在周朝前期,周王室的实力和影响力足以让各个诸侯国不敢胡作非为。在周朝后期,虽然周天子的实力下降,但是,大国想要获得足够的影响力还是需要打着周天子的旗号,对周朝的封建秩序保持着一定程度上的尊重。因此,在这个背景下,诸侯国之间的军事竞争并不是那种不择手段、你死我活的战争,而是非常重视纵横捭阖的外交谋略,重视声誉和影响力运用的有限竞争。春秋五霸乃至想成为霸主的各个诸侯国无不是如此。而那些迷信武力,不讲道义,穷兵黩武的诸侯如宋郾王和齐湣王不仅没有成为霸主,反而遭到诸侯国围攻而亡。

因此,我们说《司马法》提出的竞争伦理原则乃是基于一种伦理秩序的适度竞争原则,这种貌似迂腐思想其实却比以《孙子兵法》为代表的竞争观更加适合现代商业社会。在现代商业社会中,企业竞争本质上是一种基于市场经济、法律秩序以及国家宏观调控政策下的适度竞争,绝对不是像《孙子兵法》中那种不择手段的竞争。当代企业竞争行为至少会受到两种力量的制约,一是国家法律和政策的制约,企业任何超越市场经济、法律规范和国家政策的竞争行为都将会被查处甚至被追究法律责任;二是社会道德和文化习俗的制约,企业的竞争行为虽然遵守国家法律和政策,但是却违背了社会道德或者不符合社会文化习俗,也会遭到社会公众的唾弃或者反感,导致竞争力下降。因此,企业在激烈的市场竞争中如果为了取胜,采取了一些不符合伦理道德的手段,如趁着竞争对手困难一味打击,或者钻法律的漏洞,不顾道义损害消费者利益,这些行为暂时能够得到一些利益,但从长远来看,一定会得不偿失。

另外,从后文来看《司马法》要求这样做也是有其相对前提条件和利益考量的。首先,这些符合"正"道的手段并不绝对。在特定的情况下,如果真的出现了非常好的战机,也是可以改变的。其次,大多数情况下采取一种军事行动时,"利"与"害"往往是同时存在的,如《司马法》要求不能趁敌国发生灾荒时去攻打敌国,这一方面是为了爱护敌国的百姓,以免给百姓造成巨大的痛苦;另一方面其实也有诸多利益上的考虑,因为,趁敌国发生灾荒时攻打敌国,有可能碰到因为吃不饱饭,而军心涣散的敌军,但是也可能遇到充满着仇恨为了能够活下来而拼死作战的敌军。例如，在春秋时期秦国与晋国的争霸战争中，晋惠公在未做晋国国君之前曾经得到过秦穆公的帮助，并许诺当上国君之后，把晋国黄河以西之地割让给秦国作为报答。然而晋惠公即位以后，背信弃义，派人到秦国致歉说："始夷吾以河西地许君，今幸得入立。大臣曰：'地者先君之地，君亡在外，何以得擅许秦者？'寡人争之弗能得，故谢秦。"表达了不肯割地给秦的意思。几年后晋国发生饥荒，请求秦国卖给自己一些粮食。秦穆公听从了百里奚的建设，不计较晋惠公悔约的前嫌，答应了晋国的要求。没想到第二年，秦国也遇上了天灾，发生了饥荒，秦穆公派人请晋国卖粮给秦国。然而，晋惠公不仅不卖粮给秦国，还趁机发兵攻打秦国。这就激起了秦国军民的强烈愤慨，两军作战时，秦军虽然人数少于晋军，但将士斗志旺盛，大家同仇敌忾；而晋军人数虽然众多，却君臣离心离德，很多将士都觉得自己是在打一场不义之战，因而士气低落。结果晋军大败，连晋惠公都做了秦军的俘虏。可见，《司马法》要求不趁敌国发生灾荒时去攻打敌人，并不是迂腐，其实也是有利益上的考量。

《司马法》还告诫诸侯国君主，"故国虽大，好战必亡；天下虽安，忘战必危。天下既平，天下大恺，春蒐秋狝，诸侯春振旅，秋治兵，所以不忘战也。"即使是国土面积很大总体实力很强的诸侯国，也绝对不可以穷兵黩武。因为再强大的国家也会因连年的战争而衰弱，最终走向灭亡；即使天下太平，国家的领导者也不可以忘记外部战争的危险，因为太平的时间越长，出现不安定因素的可能性越大。所以，国家领导者必须不好战同时又不忘战。《司马法》还举了上古时代的例子作为说明："天下既平，天下大恺，春蒐秋狝，诸侯春振旅，秋治兵，所以不忘战也。"意思是，天下的战乱已经全部平定了，全国人民欢腾，从此可以过太平日子了。然而天子在每年春秋两季还是要用打猎的形式来进行军事演习，各国诸侯也要在春天整顿军队，秋天训练士兵，这都是他们在太平时候不忘战争准备的表现。可见，作为国家的管理者一方面要搞好国家内部的管理；另一方面还必须搞好国防建设，时时刻刻关注外部竞争对手的动态。

《司马法》这一思想后来被兵家亚圣吴起继承，吴起在其专著《吴子》一书中总结说："故治国之道，必内修文德，外治武备。"三国时期著名军事家曹操还在《孙子》序中举了两个例子，"恃武者灭，恃文者亡，夫差、偃王是也。圣人之用兵，戢时而动，不得已而用之"。讲的就是春秋末年吴国君主夫差只凭武力争强斗胜，不修政治，结果终被勾践所灭，最后自己也自杀身亡；

周朝徐国的徐偃王，好行仁义却不尚武力，结果也为楚国所消灭。人们都非常熟悉夫差的故事，那么我们就讲讲徐偃王的故事。徐偃王是春秋时期徐国国君，大约生活在公元前1000年，徐偃王治国有方，素以仁义闻名于世，因此徐国五谷丰登，人民安居乐业，国力不断增强，来朝贡者日益增多，统治的范围也越来越大。据史料记载，各地来朝者"三十有六国"、"地方五百里"，范围涉及淮河、泗水流域的苏、鲁、豫、皖的部分地区。当时，周朝是周穆王统治时期，穆王西征，消耗了大量的财富，加剧了民族矛盾，加重了内部剥削。诸侯国对周穆王的暴虐统治甚为不满，于是徐偃王趁周穆王赴瑶池会西王母之际，率军西进，要求周穆王爱惜民力。周穆王不得不低头认错，让徐偃王做东方诸侯之长。后来一直怀恨在心的周穆王，命造父联合楚军进攻徐国，徐偃王因为主张仁义，手下军事力量薄弱，很快就被打败，徐国灭亡。据说徐偃王逃走时数万百姓感其义而跟随他一起逃走。徐偃王临终说，"吾赖于文德，而不明武务，以至于此"。

  在现代商业竞争中也同样存在这样的问题，一个企业如果热衷于竞争，以致影响到自身的发展，那么一定会得不偿失。而一个企业如果因为一时的发展顺利，忘记了随时可能到来的竞争，那么一定会遭遇到危机。长虹集团在20世纪80年代末开始打价格战，很快就荣登彩电行业销售冠军，获得了巨大的成功。后来它又多次打价格战，取得了不小的成绩，但也制造了大量的敌人，TCL、创维、康佳等其他彩电巨头组成了对抗长虹的联盟。1998年长虹为了遏制对手，采取囤积彩管的方式，事实证明这是昏招，导致长虹经营受到极大的影响。康佳等公司开始对长虹的价格战进行反击，降价幅度超过长虹达80~300元。长虹主营利润由1998年的31.6亿元下降到1999年的15.7亿元。进入21世纪之后，长虹还发动了一系列价格战。2001年2月，长虹再掀彩电降价狂潮，此后，TCL、厦华等开始跟进，然而这次降价并未引起购买热潮，反而使彩电行业进入了微利时代，全行业的平均利润已降至2%~3%，彩电业面临整体亏损。长虹在初期市场运作中取得成功后，错误估计了自己的实力和国内彩电市场的格局。电视机厂有政策的扶持，很多地方政府都希望以本地的电视机行业带动其他产业发展，因而对本地电视机品牌做了很多的扶持。所以第一轮降价后，各个电视机厂并未被淘汰，反而开始反击，与此同时，进口品牌也先后加入战团。如飞利浦电视与长虹的价格差在20%左右，长虹降价飞利浦也降。在不停的价格战中，消费者的预期在改变，原打算降价后再去购买，但刚买来，发现价格又降了。几轮下来，消费者都在观望，销量上不去，市场停滞起来。对于经销商而言,第一轮降价时,经销商的利润已经开始缩水,长虹只好采用补贴的方式。但后来不断降价,利润更是大幅降低,很多供应商开始拒卖长虹。而且率先降价的企业还面临一个困境,那就是当其他企业发起第二轮降价时,率先降价的品牌都必须通过再降价才能销售出去。价格战最终造成了全行业利润大幅下滑,这就导致企业没有足够的资金投入到技术研发上去,最终影响了整个行业的长远发展。可见,竞争是组织必须面对的情境,组织不能因为安逸忘记竞争,更不能一味地热衷竞争。"好战必亡,忘战必危"这不仅是对国家竞争的告诫,也是对所有组织的告诫。

## 二、伦理道德在竞争管理中的价值

《司马法》重视伦理道德,认为管理应该以仁为本,那么,除了"仁",管理中还有哪些重要的德行?这些德行在竞争中具有什么样的实用价值?如果伦理道德在竞争中没有实用价值甚至拖累组织取得竞争优势的话,那么人们就很难有动力去实施伦理管理。这些问题都是实施伦理管理必须明确的问题。

### (一)竞争中应该弘扬的六种核心德行及其表现

针对伦理道德的价值问题,《司马法》以古代的圣贤君主如何作战为例,提出了自己的观点,《司马法》指出"古者,逐奔不过百步,纵绥不过三舍,是以明其礼也。不穷不能而哀怜伤病,是以明其仁也。争义不争利,是以明其义也。知终知始,是以明其智也。又能舍服,是以明其勇也。成列而鼓,是以明其信也。"意思是,古代打仗,追击敌人不超过100步,撤退不超过90里地,这表明对阵的双方都懂得"礼";不过分逼迫失败的一方,同时对受伤和生病的士兵倍加关心爱护,这表明即使是在战争中也不能违背仁爱之心。为道义而战,而不是为利益而战,这表明战争的正义性。对战争的开始和结束,都有预见,故能够从容应对,这表明了领导者的高度智慧。宽厚的对待失败者,而不赶尽杀绝,不怕敌人报复,这表明我方的勇敢。不搞突然袭击和阴谋诡计,等到双方都列好了阵之后才开始进攻,这表明我方的信誉。

此处《司马法》借助古代君王作战的情形,提出了与伦理管理密切相关的六种德行,即"礼"、"仁"、"义"、"智"、"勇"、"信"。《司马法》认为这六种德行用于管理具有极大的价值,是任何组织都应该弘扬的基本伦理道德精神。下面我们具体分析这六种德行在管理中的价值。

1. "礼"

《司马法》说,"逐奔不过百步,纵绥不过三舍,是以明其礼也"。

"礼"是儒家经常使用的一个概念,也是一个极端重要的概念。《司马法》原本称《军礼·司马法》,可见,"礼"在《司马法》中的重要地位。"礼"在当代一般被解释为"中国古代的等级制度,以及与之相适应的道德规范和社会规范"。但实际上,"礼"的内涵非常丰富,远非人们一般理解得那么简单。从起源的角度来说,"礼"原本是宗教祭祀仪式上的各种规范和行为态度要求,《说文解字》就说:"礼,履也,所以事福致福也。"在孔子以前已有夏礼、殷礼、周礼。夏、殷、周三代之礼,因革相沿,到周公时代的周礼,已比较完善。

从伦理的角度来说,"礼"作为诸种德行之一,其本质上是"仁"心外化的产物,是"仁"德的表现形式。孔子说:"人而不仁,如礼何?"没有"仁","礼"就是一种形式,没有了伦理管理的作用。但是光有"仁"心,没有"礼"也不行,"礼"使仁心在不同的环境中有最合适的表现形式。懂得"礼",就能够很好地处理社会上的各种事务。所以,《论语》说,"不学礼,无以立。""礼"对人与人之间的关系、组织中的行为规范、社会运行秩序和价值导向都做了合适的界定。这样对人、对组织和整个社会的管理就会变得非常容易。因此,《礼记·礼运》说,"礼之於人也,犹酒之有蘖也。君子以厚,小人以薄。"《礼记·曲礼》说,"君子恭敬撙节,退让以明礼,曰:鹦鹉能言,不离飞鸟;猩猩能言,不离禽兽。今人而无礼,虽能言,不亦禽兽之心乎?"可见,在儒家心目中,"礼"乃是人的立身之本,人要是没有"礼"简直不能算一个人。

从管理的角度来说,"礼"是一种管理制度、管理文化。《礼运》还说:"夫礼,先王以承天之道,以治人之情,故失之者死,得之者生。《诗》曰:'相鼠有体,人而无礼;人而无礼,胡不遄死?'是故礼必本于天,肴于地,列于鬼神,达于丧祭射御,冠昏朝聘。圣人以礼示之,天下国家可得而正也。"从这段文字可以得出一个结论,"礼"乃是来自天道,用来约束人情。人要是失去了来自天道的"礼",就相当于死了。因此,"礼"是天道赋予人性的一部分,任何人都不可以没有,其作用就是约束人情,包括各种情感、欲望。一个人心中"礼"的力量强大,就能成为君子,反之就是小人。可见,"礼"是伦理管理的基本工具,礼治本质上就是伦理管理。

# 第三章 《司马法》伦理管理的基本观点

《司马法》描述了当时诸侯国与诸侯国之间存在的军事战争之"礼",这种"礼"要求人们把战争限定在一定范围内,以免伤及无辜、动摇"以仁为本"的社会伦理基础。在战争过程中,参战的任何一方都不能过分地逼迫失败的一方,而且要对任何一方受伤或者生病的士兵倍加关心爱护,要保护周围的无辜民众的生命与财产安全。《司马法》描述的这种"礼",正是当时战争不能违背仁爱之心的基本伦理理念的体现。其实,在某种意义上,这种"礼"在当今时代也存在,如当今世界的国际人道法的许多条款都被接受为习惯法,即是所有国家均受其约束的一般规则。国际人道法的贯彻主要是通过相关国家经过谈判,签署公约来实现的,《禁止化学武器公约》现有184个缔约国。公约审议大会每5年举行一次,旨在全面审议公约实施情况及科技发展对履约的影响,并制订未来5年的履约计划。迄今已证实销毁2.4万吨化学武器,占申报储存化学武器的33%。拥有化学武器的两个主要国家俄罗斯和美国销毁化武的期限是2012年4月,俄罗斯已经销毁22%,美国销毁46%,印度销毁了84%。国际人道法中反对使用化学武器和大规模杀伤性武器等相关条款无疑也是一种仁爱之心的体现。

《司马法》又说,"古者,逐奔不远,纵绥不及,不远则难诱,不及则难陷。"意思是,古时候人们打仗,打了胜仗,追击败逃的敌人不过远;打了败仗,撤退也不过快。不过远追击敌人就不易被敌人诱骗,以致陷入敌人的图套。撤退慢,军队就不会陷入崩溃。可见,"礼"不仅体现了"仁"心的要求,同时也内含着深刻的智慧。古代军礼"逐奔不远,纵绥不及"这种做法不仅是为了表达作战双方的仁心,同时也有利益上的考量,防止遭受意外的损失。不过,《司马法》在后文《用众》篇还说,"凡从奔勿息,敌人或止于路,则虑之。"意思是,凡是追击溃败的敌人,一定不要停息,不给敌人喘息的机会。但是如果发现敌人主动在中途停止,就要慎重考虑它的企图。这是一个容易引起误解的问题。《司马法》在前文中,有"古者,逐奔不过百步"的说法,后又说"凡从奔勿息",这是否有矛盾呢?其实,作者已经很明确地说了,"逐奔不过百步"是古代圣王治世的时候,那个时候人们道德水平普遍较高,所以不会过分逼迫敌人,造成更多的杀戮。而且敌人受到了教训之后,可能就会意识到自己的错误,从而改过自新;而作者所处的时代,人们的道德水平已经下降了,在敌人还有一定实力的情况下,是很难指望其能够改过自新的。这时候只能是彻底将其打垮,让他没有实力兴风作浪,之后再用伦理教化的手段才可能有效,这是从伦理的角度来说。而从利害的角度来说,其实应该分三种情况来考虑,第一种情况,敌人的军队战败了,但是军心没散,实力还在,如果过分追击,可能会让敌人狗急跳墙,破釜沉舟进行反击。第二种情况,敌人表面上是战败了,但实际上却是用小股兵力来引诱我方进入他们的圈套,加以围歼。这两种情况下都不能乘胜追击敌人。第三种情况,敌人实力不强,战败之后,军心已散,那么就应该坚决追击扩大胜利的果实。"敌人或止于路,则虑之"讲的正是第一、第二种情况,敌人虽然打了败仗或者表面上打了败仗,但实际上还有很强的实力,所以它才能在败退过程中主动停下来,组织起来,而不是仓皇逃窜。这个时候就要认真观察和分析敌人的意图。

从"逐奔不远,不远则难诱"和"从奔勿息,敌人或止于路,则虑之"这两句话来看《司马法》的军礼完全没有迂腐之处,而是充满了辩证法的智慧。

2. "仁"

《司马法》说,"不穷不能而哀怜伤病,是以明其仁也"。仁爱之心是"礼"的本质,也是儒家伦理道德体系的核心德行。

仁爱之心在军事竞争中有重大的作用。例如在抗日战争和解放战争中,我军一贯有优待俘虏的政策,早在 1929 年 12 月,古田会议做出的《中国共产党红军第四军第九次代表大会决议案》就指出:"优待俘虏兵的方法:第一,是不搜查他们身上的钱和一切物件,过去红军的士兵搜查俘虏兵的财物的行为要坚决的废掉。第二,是要以极大的热情来欢迎俘虏兵,使他们感觉到精神上的欢乐,反对于俘虏兵以任何言语上的或行动上的侮辱。第三,是给俘虏兵以和老兵一样的物质上的平等待遇。第四,是不愿留的,在经过宣传之后,发给路费放他们回去,使他们在白军中散布红军的影响,反对只贪兵多把不愿留的分子勉强地留下来。以上各项,对俘虏过来的官长,除特殊情况下均适用。"优待俘虏的政策,不仅为我军带来了道义上的主动,而且争取到大量的俘虏参加我方的战斗,为解放战争的胜利打下了坚实的基础。在国外也有这样的案例,例如"一战"时期德国著名海军将领费利克斯·冯·卢克纳尔伯爵(Felix Graf von Luckner)指挥着一搜名"SMS 海鹰号"(SMS Seeadler)的帆船,在 8 个月内共击沉 14 艘敌船,俘获 462 名敌人,获得了令人惊讶的辉煌战绩,被人称为"海上幽灵"。然而更让人惊讶的是,在这么多次的战斗中,他的敌人只有 1 人在作战中死亡,而且据说还是死于炮击中的意外,卢克纳尔将军为此事还感到非常伤心,不仅为此人举行了隆重的海上葬礼,还给其家人写了慰问信。至于他的部下则无一伤亡。而在对待俘虏方面,几乎没有人能够像他那样平等对待。据说在卢克纳尔的船上,只要没有战斗和被发现的危险,大多数俘虏们可以像客船上的旅客一样在甲板上散步。同时,各种从俘虏船上夺来的食物,卢克纳尔也总是和所有人一起分享,以致很多被俘的船员后来回忆说,被俘期间的伙食和床铺比被俘前还好。而被俘虏的船长们则组成了一个"船长俱乐部",他们可以每天和卢克纳尔船长共进晚餐,并开展各种娱乐活动。卢克纳尔和他们都成了很好的朋友。在他的船装不下俘虏之后,卢克纳尔打算释放他们,但是希望俘虏们发誓不要泄露他的船的情况。只要愿意发誓就立刻可以放他们回家,然而很多俘虏都拒绝发誓。虽然这些俘虏完全可以假装发誓,获得自由后再违背誓言,但是鉴于卢克纳尔的真诚,他们都不愿意欺骗他。最后,卢克纳尔无奈让步了,无条件放走了所有的俘虏。"二战"时期,卢克纳尔没有参战,因为他无法接受纳粹的理念和残酷的做法,而且还因为营救被纳粹迫害的人士,被希特勒政府冻结了账户。后来,他不得不流亡海外。当盟军的轰炸机开始轰炸德国本土的时候,卢克纳尔找到了他当年的几位俘虏朋友。他们在盟军中已经身居高位,卢克纳尔请求他们看在当年友情的份上不要轰炸他的故乡哈勒尔。"二战"结束以后,卢克纳尔返回他的故乡时,发现盟军中的俘虏朋友恪守了对他的诺言,哈勒尔城完好无损。

3. "义"

《司马法》说,"争义不争利,是以明其义也。"为道义而战,而不是为利益而战,这是向人民表明战争的正义性,这样就能够得到人们的拥护。例如,春秋时期的齐桓公曾经帮助燕国打败山戎,后来又帮助邢国和卫国打败狄人的侵犯。并且帮助邢国重筑了城墙、帮助卫国在黄河南岸重建国都。齐桓公数次出兵,耗费了大量的财力、物力,没有得到任何土地和财物,然而他的行为却赢得了诸侯国的一致赞赏,都认为他是一个能够维护诸侯国之间正义的英明君主。正是这种道义上的优势,为齐桓公在诸侯国中获得了强大的号召力和影响力,为齐桓公的称霸提供了坚实的基础。

4. "智"

《司马法》说,"知终知始,是以明其智也。"对战争的开始和结束都有预见,故能够从容应对,这就向人民表明了领导者的高度智慧。战争中情况瞬息万变,只有具有高度智慧和远见的领导者才能够对战争的开始和结束有预见。《三国演义》中的诸葛亮为什么被人们觉得有智慧,主要原因就是和他能够对许多事情有一个正确的预见。他在初出茅庐时就预见了三分天下的格局,在赤壁之战前就预见了关羽会在华容道放走曹操,还预见了周瑜会和刘备争夺城池。在很多事情尚未发生前，诸葛亮就会拿出装有妙计的锦囊交给将领，让他们在关键的时候打开。几乎所有关于诸葛亮具有超人智慧的叙述都和诸葛亮对事物发展的预见性有关，诸葛亮也因为超强的预见性而获得了手下将领的信任和依赖。可见，真正的智慧就在于对事物的发展有着超强的预见能力，从而能够制订合理的应对方案。

5."勇"

《司马法》说，"又能舍服，是以明其勇也。"宽厚对待失败者，而不赶尽杀绝，也不怕敌人报复，这是向人民表明自己的勇敢。在战争中，军事将领对敌人赶尽杀绝一般有两种可能：一是这位军事将领是凶狠残暴、缺乏仁爱之心的人；二是这位军事将领害怕敌人以后会卷土重来，对自己进行报复，而这正是缺乏勇气的表现。真正勇敢而有仁爱之心的人，不会对对手赶尽杀绝，更多的是希望对方幡然悔悟，成为自己一方的力量。例如，春秋时期晋文公重耳在逃难时，他的下属头须偷走了他的盘缠，弄得他接下来几天如丧家之犬，差一点饿死。晋文公即位之处，政敌的残余势力还很强大，人数众多。如果把这些残余势力都抓来杀掉，不仅有困难而且可能引起长时间的动乱，给老百姓带来巨大的苦难。于是晋文公决定赦免他们，然而这些人看了赦令，仍然不安，有顽固分子造谣说，晋文公只是为了麻痹大家，然后就会搞突然袭击。这让晋文公非常苦恼。正好此时，当年背叛他的头须来了，头须对晋文公说："我偷走了您的财物，使您遭受到饥饿。我的罪行，国人都知道。如果您出行的时候，仍然让我给您驾车，使全国的人耳闻目睹，都知道您不念旧恶，那些谣言就会自动消失。"晋文公说："好。"就以巡城为名，让头须为自己驾车。晋文公政敌手下的党徒见到后，都不再怀疑赦令的真假了，并为晋文公的宽宏大量所感动，自此以后，这些敌对势力自然瓦解了。应该说当时的晋文公完全有实力彻底消灭政敌的残余势力。如果晋文公真的害怕政敌的残余势力，那么用赶尽杀绝的方法最保险，尽管会付出一定的代价，但是能够彻底解决问题。然而晋文公却采用了宽恕的方法，不仅宽恕敌人，而且宽恕背叛过自己的人。晋文公的行为不仅是仁爱之心的体现，更是一种勇气的体现。

6."信"

《司马法》说，"成列而鼓，是以明其信也。"等对方做好了战斗准备之后再敲响进攻战鼓。《司马法》这个观点和提倡"诡道"和"出其不意，攻其不备"的《孙子兵法》似乎背道而驰，战争中不搞突然袭击和阴谋诡计，等到双方都列好了阵之后才开始进攻，是不是太过迂腐了呢？《左传》记载了这样

## 第三章 《司马法》伦理管理的基本观点

一场战争:楚人伐宋以救郑。宋公将战。大司马固谏曰:"天之弃商久矣,君将兴之,弗可赦也已。"弗听。冬十一月己巳朔,宋公及楚人战于泓。宋人既成列,楚人未既济。司马曰:"彼众我寡,及其未既济也,请击之。"公曰:"不可。"既济而未成列,又以告。公曰:"未可。"既陈而后击之,宋师败绩。公伤股,门官歼焉。国人皆咎公。公曰:"君子不重伤,不禽二毛。古之为军也,不以阻隘也。寡人虽亡国之余,不鼓不成列。"这场战争的主角宋襄公的行为和《司马法》提出的观念似乎是一致的,可以说是古代战争秩序的忠实践行者。然而他这样做的后果却是遭到了惨败甚至还因此受重伤而殒命。以致他的部下和老百姓都骂他,有人甚至评价宋襄公是蠢猪式的仁义。宋襄公真的很愚蠢吗,他的观念真的有问题吗?恐怕其中还是有很多值得思考的问题。首先,春秋时代,有着和后世完全不同的战争观念。一场战役一般要经历四个过程:首先是两军先扎营驻军,准备约期会战,让双方都做好准备;其次是以单车或少量部队对敌进行挑战,相当于热身战,比拼个体作战能力;再次是列阵作战,比拼双方的团队作战能力;最后是两军展开决战,比拼总体实力,以定胜负。交战的方式大致有三种:一是己方先敌发动进攻;二是己方固守阵形待敌来攻;三是双方同时发起攻击。交战的双方,以炫耀实力让对方屈服为主要任务,不以杀人为宗旨,所以很快胜负就能见分晓。一场战役可能几个时辰就结束了,长则一天内见分晓;碰上旗鼓相当,当天未决胜负,夜间暂行休战,等待次日再战;超过三天的战役,在春秋时期都是很少见的。从某种程度上说,当时一场战役的场面和现代的体育比赛有些类似,有各种规范,点到为止,对手一旦倒地,分出胜负,你就不能再打,否则就违规了,即使胜利了也会被人唾弃。然而从宋襄公被骂那一刻起,标志着中国的战争已经进入新阶段。古代军礼被抛弃,不择手段,使用各种阴谋诡计成为战争的常规手法。宋襄公此战是一个转折,之前,贵族战争的礼仪是常态;之后,诡诈与残忍的战争,开始成为一种趋势。①

可以这样说,古代军礼是一种有限度的威慑性战争。古人并非不知道突然袭击可能带来的巨大优势,然而搞突然袭击,必定会和敌方结下难以化解的仇怨,对方如果因为被突袭而失败是很难心服的,必定会想方设法反击从而使双方都陷入冤冤相报的死循环。最后,战争只能以双方中某一方彻底垮台的方式

---

① 参考黄朴民的《"以礼为固"到"兵以诈立"——对春秋时期战争观念与作战方式的考察》一文的观点。

而结束。所以，不搞突然袭击和点到为止的作战方式，大体上能够让失败的一方面心服口服，这样双方在战后化解冤仇比较容易，从而避免战争的扩大化。因此，这种军礼可以说是把仁爱之心寓于战争行为之中了。

### （二）六种核心德行的管理价值

《司马法》总结了六种核心德行的管理价值，指出，"故（礼见节①），仁见亲，义见说，智见恃，勇见方，信见信。"意思是，所以，一般来说，懂得礼的人，做事就会有分寸；心中仁爱的人，会让人们亲近他；做事符合道义的人，说话就会有说服力；做事的过程能够表现出高智慧的人，就会让人们对其产生依恃；做事的过程中显示出意志坚定、一往无前的人，就会成为带头人，成为人们的效法榜样；平素信誉好的人，能够得到人们的信任。从《司马法》的这段话中可以看到，在竞争过程中，如果善于运用"礼"、"仁"、"义"、"智"、"信"、"勇"等道德元素，对于增强组织的竞争实力获取竞争优势有非常大的价值。

"仁见亲"，一般来说，领导者肯定希望下属亲近自己、爱戴自己，那么领导者需要具备什么素质，才能让人亲近和爱戴呢？这就是"仁"！有仁爱之心的管理者，会真心地去关爱他人、帮助他人，自然也就容易赢得他人的亲近。下级感受到上级是真诚地在关心、爱护自己，无疑很容易对上级产生亲近的感情，所以说，"仁"能够让人们亲近。战国时期，兵家亚圣吴起就非常善于运用"仁"的德行来获得士兵们的亲近与爱戴。吴起做将军时，和最下层的士卒同衣同食。睡觉时不铺席子，行军时不骑马坐车，亲自背干粮，和士卒共担劳苦。士卒中有人生疮，吴起就用嘴为他吸脓。据说，那个得到吴起帮助的士卒母亲知道这事后大哭起来。别人说："你儿子是个士卒，而将军亲自为他吸取疮上的脓，你为什么还要哭呢？"母亲说："你哪里知道呀，往年吴起将军曾经为他父亲吸过疮上的脓，他父亲为此感动无比，作战时非常拼命，所以就战死了。现在吴起将军又为我儿子吸疮上的脓，我恐怕我的儿子也会像他的父亲一样战死呀！"

"义见说"，一般来说，领导者肯定希望自己在下属面前说话有分量，下属能够心悦诚服地接受自己的观点和命令。那么领导者需要具备什么素质才能

---

① 原文未见此三字，但是前文讲了六种德行，后文又讲到"六德合时而教"，但这里仅仅有五种德行，我们判断应该是遗漏了一种德行，根据前后文，猜测应该是"礼见节"。

## 第三章 《司马法》伦理管理的基本观点

让下属对自己的观点和行为心悦诚服呢？这就是"义"！领导者如果时时刻刻说话做事都符合道义，并且处理问题一贯公正合理，这样的管理者在下属面前说话就会非常有说服力，所以说"义"能够让人们悦服。《孟子》记载了这样一个故事，有一年邹国与鲁国发生了战争。邹国败仗，死伤了不少将士。邹穆公很不高兴，问孟子道："在这次战争中，我手下的将军被杀死了33个，然而老百姓却没有一个为他们去拼命的，他们眼看长官被杀，而不去营救，可恨得很。要是杀了这些人吧，他们人太多，杀也杀不完；要是不杀吧，却又十分可恨。您说该怎么办才好呢？"孟子回答说："记得有一年闹灾荒，年老体弱的百姓饿死在山沟荒野之中，壮年人外出逃荒的有千人之多，而大王的粮仓还是满满的，国库也很充足，管钱粮的官员并不把这么严重的灾情报告给您。他们高高在上，不关心百姓的疾苦，而且残害百姓。"孟子又说："您记得孔子的弟子曾子说过的话吗？他说，要警惕呀！你怎样对待别人，别人也会这样对待你。如今百姓有了一个报复的机会，就要用同样的手段来对待那些长官了。"邹国的老百姓为什么不爱国，不爱政府，不愿意保护他们的长官呢？这就是因为统治者不根据道义来治理国家，虽然制定了严厉的制度，但是老百姓却是口服心不服，遇到了可以报复和发泄的机会，自然不会放过。所以领导者按照道义来管理下属、按照道义来制定各种规章制度，下属和普通民众才会心服口服、才会有执行力。

"智见恃"，一般来说，如果下属能够觉得领导可以成为他们人生和事业的依恃，他们就会坚定不移地跟随自己一起奋斗。那么领导者需要具备什么素质才能让下属坚定不移地跟随自己、依恃自己呢？这就是"智"。管理者如果平时做事的过程就表现出高智慧，判断问题准确，能够高瞻远瞩，那么下属就会觉得跟着这样的领导有前途，能够取得发展和事业的成功，下属遇到问题也会很愿意向他请教，从而对其产生依恃心理，所以说，"智"能够让人依恃。三国时期蜀国的诸葛亮为什么会成为蜀国君臣上下都依恃的人呢？就在于他有过人的智慧。

"勇见方"，一般来说，领导者肯定希望自己，振臂一呼，下属就会群起而响应。那么领导者需要具备什么素质才能让他人效仿和追随呢？这就是"勇"。"勇"并不是胆大，而是领导者做人做事的过程中始终都显示出意志坚定、一往无前的形象，这样就很容易成为带头人，成为人们的效仿榜样。

"信见信"，平素信誉好的领导者，在关键的时候才能够得到人们的信任。这里两个"信"字，意思有所不同，前一个"信"字指的是信誉，后一个

"信"字指的是信任。作为领导者要想获得下属的亲近与信任，就必须重视自己的个人信誉，不能说话不算数；领导做到说到做到，一诺千金，信誉好，那么人们就会对他产生信任，他所说的话，人们就会相信，他所做的事，下属、员工就会尽量配合。《论语》说"人而无信不知其可"，一个人不能得到他人的信任，那么，就什么事也做不成，管理者更是如此。只有信誉好的人，才能获得人们的信任，才有机会成为领导者或者管理者。

《司马法》中还有一句话，"唯仁有亲。有仁无信，反败厥身。"意思是，唯一能够让人们亲近的德行就是心存仁爱。但是在竞争中，管理者光有仁爱之心，忽视了树立个人信誉或者还没有取得下属的信任，那么做事情很容易失败。可见"仁"和"信"两种德行在特定领域是相互依赖的。虽然"仁"非常重要，是《司马法》伦理管理的核心德行。但在战争领域"仁"必须和"信"结合，一个充满仁爱之心的将军还必须同时具有极高的威信、深受下属信赖，能够做到令行禁止，才是合格的将军。否则用孙子的话说就是"厚而不能使，爱而不能令，乱而不能治，譬若骄子，不可用也"，这样的将军领兵就无法打胜仗。另外，根据这句话，我们可以推测在汉朝以前的古本《司马法》应该有关于六种德行之间相互关系的论述，不然仅仅分析"仁"和"信"之间的关系，而不探讨其他德行之间的关系，显得很不合理。

《司马法》总结说，"六德以时合教，以为民纪之道也，自古之政也。内得爱焉，所以守也；外得威焉，所以战也。"意思是，运用"礼"、"仁"、"信"、"义"、"勇"、"智"这六种德行来治理国家、教化民众，让人民慢慢都拥有这六种德行，国家就很容易治理好了。这就是古代圣明君主的为政之道。因此，优秀的领导者懂得运用道德的力量，使自己及其领导团队在组织内部能够得到人们的爱戴，这样他就不惧怕外部敌对力量的威胁（因为他手下的员工都会团结在他身边，和他一起应对外部的威胁）。同时，他在组织外部也能建立很高的威信，这样，他发动战争就有了胜利的基础（因为他一旦发动战争，各种中间力量都会因为他极高威信的影响而成为他可以团结和利用的力量）。由此可见，"六德以时合教"，不仅是说领导者要运用这六种德行对老百姓进行教化，更重要是领导者要通过认真的修身行动，提高内在修养和道德境界，拥有这六种德行。因此，领导者要明白这样一个道理：在组织内部得到了人们的拥戴才能保证在外部竞争环境中保持稳定；己方实力强大，在外部环境中树立了自己的威势，才能保证出战顺利。根据上面的论述，我们可以看到《司马法》伦理管理思想是以伦理为本的管理思想，伦理道德不仅是管理的手段，同时也是管理的目的。《司马法》伦理管理思想的核心内容就是管理者要在不断提升自身伦理道德修养的基础上，综合使用各种德行作为管理手段，想方设法提升被管理者的素质，从而能够比较轻松地建立组织内外的和谐秩序。

对各种德行的追求和运用是《司马法》伦理管理的核心。所以，我们有必要对《司马法》中的各种德行进行归纳和梳理。《司马法》中涉及的各种德行中最重要的德行就是上述"六德"："礼"、"仁"、"信"、"义"、"勇"、"智"，培养和运用这六种德行的管理就是伦理管理，就是"正"道的管理或者说管理的"正"道。理解这六种德行的含义、作用以及相互之间的关系对于掌握《司马法》伦理管理有着极为重要的意义。如果从组织行为学的角度来看，这六种德行大体上可以分为三组：第一组是个人层次的德行，有三种，即"仁、智、勇"。这三种德行分别对应了个人心理的三个方面，即感性、知性、意志。《论语·宪问》篇说，"子曰，君子道者三，我无能焉，仁者不忧，知者不惑，勇者不惧。"孔子把"仁、智、勇"作为君子的三个基本德行，在这三个基本德行中，"仁"是根本，"智"和"勇"是辅助"仁"的个人层面的最重要的两种德行。第二组是人际层次的德行，有两种，即"信、义"。"信"和"义"这两种德行一般需要在人际关系中才能表现出来，而且"信"和"义"也是建立良好人际关系的基本德行。值得一提的是，"信"这种德行如果细分，还可以分为"信誉"和"信任"两个递进的层次，首先要成为一个有信誉的人，为人处事守信用，拥有"信誉"才能逐渐获得人们的"信任"。第三组是群体、组织与社会层次的德行，即"礼"。"礼"一般表现为各种制度与行为规范，而这正是组织管理最基本。大体上，这三组德行有由内向外的递进关系，即由个人出发拓展到人际关系再拓展到群体、组织与社会。六种德行的相互关系可以用图3-1表示如下。

在这六种德行中"仁"和"礼"一个在起点，另一个在终点，二者可以说是《司马法》伦理管理思想体系的两大核心要素，一个是对君子内心的德行的核心要求，可以从人的心灵内部建立对人们行为约束的自律机制；另一个是一套反映"仁"心的行为规范，可以从外部建立对人们行为约束的他律机制。因此，《司马法》说，"以礼为固，以仁为胜，既胜之后，其教可复，是以君子贵之也。"这句话可以说是《司马法》整个伦理管理思想体系中的核心命题，意思是在竞争行动中时时都以"礼"来约束自己，这样能够避免各种意外的危险，使组织立于不败之地。而始终本着"以仁为本"的精神去追求胜利就能够获得道义上的主动权，吸引有正义感的人加入及得到广大人民群众

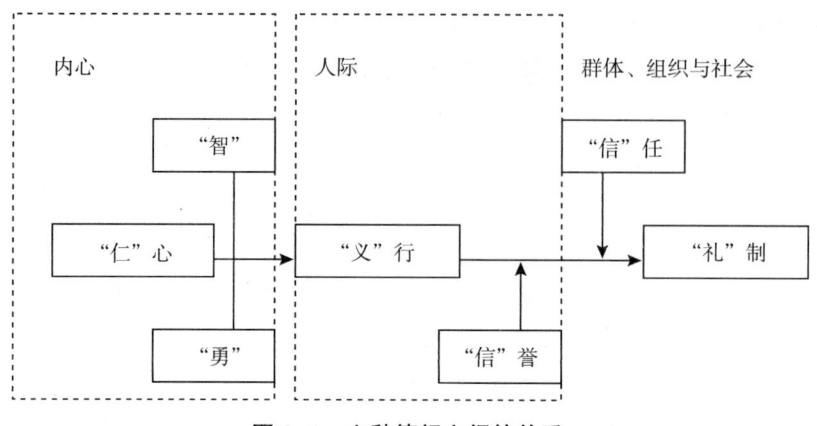

图 3-1　六种德行之间的关系

的支持，就能够不断增强自己的力量，最终战胜敌人。使用这种方法取胜以后，还可以反复运用，因而有德有才的领导者一定会重视这种方法。

由此可见，《司马法》非常反对为了获取胜利或者成功而不择手段的做法，任何不择手段带来的胜利或者成功都只能是短期利益，从长期来看，它最终会给自己带来很大的危害。在《司马法》看来不合乎道德的手段只能得逞于一时，只有对内本着仁爱之心，建立合乎伦理道德的管理制度，用不违背仁爱之心的竞争手段参与竞争，才能够获得无后遗症的长久胜利。所以明智的管理者非常看重伦理管理的力量。蒙牛老板牛根生曾经说，"小胜靠智，大胜靠德"也是这个意思。德是本，权变的智慧是末。要做一件事可以耍手腕，但做好一辈子的事就要先做好人。谁也不比谁傻，一个人如果被周围的人认为缺德，那他就会失去所有的朋友和机会。当然蒙牛集团在"三聚氰胺事件"中未能独善其身，这也告诉我们知道一个道理很容易，但要实践却非常难。

最后，《司马法》归纳说，"凡大善用本，其次用末。执略守微，本末惟权。战也"。这句话中有几个词汇不好理解，首先是"大善"。"大"可以有时间长和空间范围广两方面的含义；"大善"可以解释为受益范围广、可持续时间很长的善行或善政，这样"大善"可以引申为组织管理的一种极高的境界。其次是"本"和"末"。"本"指的是符合"以仁为本"原则的管理手段，"末"是和"本"相对立的概念，可以理解为违背"以仁为本"原则的管理手段。再次是"执略守微"，大体意思是执着于"大善用本，其次用末"这个基本方略，哪怕在最微小的地方都应该尽量贯彻"以仁为本"原则。因此，这句话可以解释为，"大善"的管理境界必须始终遵循"以仁为本"的原则，使用伦理管理手段才能达到。次一等的管理境界就有可能使用一些不具有伦理精神的管理手段；所以我们在管理过程中应尽量使用具有伦理精神的管理手段，少用不具有伦理精神的管理手段。一个优秀的管理者要牢记这个原则，哪怕在极为微小的地方都尽量遵守这个原则。因此，在打仗时，一位优秀的领导者经常会进行这样的反省与权衡："在目前这种情境下是否还能够坚持使用伦理管理手段，如果不能如何寻找一个从长期来看不违反'以仁为本'精神的权变管理手段"。

"用本"最大的优点就是"其教可复"，这样就有可能实现组织的持续性发展。而"用末"只能获得一时的成功，长远看来甚至有可能出现不好的后果。但在战争时期，领导者可能经常会面对不得不"用末"的情境，这也是没有办法的事情。至于何时"用本"何时"用末"只能具体情况具体分析了。

## 三、伦理管理的三个境界及实例

讨论了伦理在竞争中的价值和作用之后，《司马法》通过三个案例来说明组织进行伦理管理可以达到的三重境界。境界一般是指人的思想觉悟和精神修养的总体表现，一般用来区分人与人之间内在的道德修养的水平或者智慧的高低。在本书中，我们用伦理管理境界表示组织伦理管理水平的差异。

### （一）第一重伦理管理境界

《司马法》最推崇的管理境界是古代圣贤君主治国的伦理管理境界。这种境界乃是根据天地人三才的特点来进行管理，《司马法》说，"先王之治，顺天之道，设地之宜，官民之德。而正名治物，立国辨职，以爵分禄。诸侯说怀，海外来服，狱弭而兵寝，圣德之治也"。这段话有三个层次：一是提出伦理治国的基本思路，"先王之治，顺天之道，设地之宜，官民之德"；二是提出伦理治国的基本步骤，"而正名治物，立国辨职，以爵分禄"；三是提出伦理治国的目标"诸侯说怀，海外来服，狱弭而兵寝，圣德之治也。"

《司马法》伦理治国的基本思路是，"先王之治，顺天之道，设地之宜，官民之德。"意思是古代圣王治理国家有三个基本出发点：一是顺应天道；二是充分利用本国具体地理环境；三是观察民众的道德素质。治理国家的基本思路就是要了解这三个方面和充分利用这三个方面。这三个方面在古代也被称为

"三才"，即"天、地、人"。《周易·说卦》说："是以立天之道，曰阴与阳；立地之道，曰柔与刚；立人之道，曰善与恶；兼三才而两之，故《易》六画而成卦"。大意是构成天、地、人的都是两种相互对立的因素，而卦是《周易》中象征自然现象和人事变化的一系列符号，以阳爻、阴爻配合而成，三个爻组成一个卦。一个卦中有三才，三才各有两种性质，就形成了六爻。《素问·六微旨大论》说："天枢之上，天气主之；天枢之下，地气主之；气交之分，人气从之，万物由之。"人与万物生于天地气交之中，人气从之则生长壮老已，万物从之则生长化收藏。人虽有自身特殊的运动方式，但其基本形式——升降出入、阖辟往来是与天地万物相同、相通的。因此，圣贤可以根据天地运行的规律来推导社会发展的规律，从而对组织、社会进行管理和规范。三才是治理国家的三个基本点，充分了解三才的情况才能建立合理的国家发展规划和政策，搞好国家的管理。

首先是"顺天之道"，即依据天道治国。所谓天道就是自然与社会的基本规律，顺天之道就是要不断地去探索和发现自然和社会的发展基本规律，顺应和利用自然的规律和社会的规律来治理国家。最基本的要求就是做事情不能违背自然和社会的基本规律。

其次是"设地之宜"，即依据地道治国。所谓地道就是自然环境，设地之宜就是要充分利用本国地理环境，根据不同地方的气候、资源等特点进行资源环境的开发和利用，发展地方经济。例如，春秋时期的齐国兴起就和其地利有关，当初周王朝初封给齐国始祖姜太公分封的齐地，土质条件较差，人口少，地方也小。《汉书·地理志》云："齐地负海潟卤，少五谷，而人民寡。"《盐铁论·轻重》亦云："昔太公封营丘之墟，辟草莱而居焉，地薄人少。"但是姜太公发现齐地北靠渤海，有鱼盐之利，且西近中原各国，东通胶东半岛，对发展工商业非常有利。因此，姜太公便提出了"因其俗，简其礼，通商工之业，便鱼盐之利"的经济方针，使齐国获得了快速的发展，"是以邻国交于齐，财畜货殖，世为强国"。新加坡的经济腾飞主要原因除了政府运作高效之外，也有地利因素。新加坡是一个小国，地下无矿藏，地上也无可耕的农田。但它是马六甲海峡上的天然优良港口。马六甲海峡是印度洋与太平洋之间的重要通道，连接了世界上人口众多的三个国家：中国、印度与印度尼西亚。另外马六甲海峡也是西亚到东亚的重要通道，日本常称马六甲海峡是其"生命线"。每年通过马六甲海峡的航船占了世界海上贸易1/4的份额。新加坡充分利用了这种地利优势，发展成为电子产业的制造中心、世界第三大炼油工业中

## 第三章 《司马法》伦理管理的基本观点

心、第四大国际金融中心、世界闻名的旅游胜地和世界第二大海港,成为世界知名的富国,超过了英国和新西兰。美国《纽约人》周刊撰文说:"新加坡几乎没有贫穷,没有无家可归的人,没有乞丐,罪案很少,失业现象几乎完全不存在……新加坡的繁荣是广泛分享的,新加坡人的生活连许多日本人也甚为羡慕。"

最后是"官民之德",即依据人道治国。这里"官"字至少可以有三种理解,一种解释认为"官"是通假字,通"观",观察、考察;"官民之德"就是观察当地的民风习俗、道德水平,然后依据当地民众现有的道德水平,制定合理的治理方法;另一种解释认为"官"为使动用法,即"使为官","官民之德"就是让民众中有才德的人为官。还有一种解释认为"官"为"掌管","官民之德"就是掌管当地民众的道德。我们认为三种解释可以结合起来,会更加圆满。"官民之德"就是要求领导者要了解民众的道德素质情况,然后根据民众道德素质选择合适的管理方式(民众的道德素质高一般应该以道德教化为主、奖惩为辅,民众的道德素质低则更多应该以严厉的奖惩为主、教化为辅)。同时,领导者要善于挑选德才兼备的人来做自己的下级管理者,努力推动民众的道德素质和社会文明水平的提升。从后文我们可以看到,夏商周三代民众的道德素质是有很大差异的,因此,三代君王的管理风格和管理手段也就有了很大不同。

其实,"顺天之道,设地之宜,官民之德"对于企业管理来说也是适用的,在企业中"天"就是外部社会环境和行业竞争;"地"就是企业拥有货币资本以及品牌、专利、技术诀窍等各种特定资源;"人"就是企业内部的人力资本和社会资本。只有对这些情况进行充分的分析和了解,企业才能够有针对性地建立自己的企业战略和竞争战略。

《司马法》提出了伦理治国的基本思路之后,又继续阐释了伦理治国的基本步骤,"而正名治物,立国辨职,以爵分禄。"意思是,理顺各种权责关系来保证各种事情都有人管理,建立不同类型的组织和各种岗位,合理地确定各个岗位的级别和薪酬待遇。

伦理治国的第一个基本步骤是"正名治物"。在传统文化观念中,各种社会关系如"君臣、父子、夫妻"等称为"名",而在这些关系背后,按照传统伦理道德规范应该享有的相关权利和应该承担的相应义务就称为"分"。人们都习惯在"名分"的思想下进行道德判断。如果人人都能够遵守自己的名分,管理者不需要花太多的精力,就能够实现组织或社会的和谐。反之,如果人们不按照自己的名分行动的话，管理者即使花费巨大社会成本也很难维持组织或社会的秩序。正如《管子·正第》说，"守慎正名，伪诈自止"。《司马法》把"正名"当成治国的第一个基本步骤，这个想法和孔子不谋而合。《论语·子路》篇记载，子路问孔子，"卫国君等着您去治理国政，你若治国，第一件要做的事情是什么？"孔子说："必也正名乎！"结果子路非常不理解，他说，"有是哉，子之迂也！奚其正？"意思是，哪有这样的做法？您真是迂腐！名有什么好正的？结果引起孔子的批评和一番议论，孔子说，"野哉由也！君子与其所不知，盖阙如也。名不正则言不顺，言不顺则事不成；事不成，则礼乐不兴；礼乐不兴，则刑罚不中；刑罚不中，则民无所措手足。故君子名之必可言也，言之必可行也。君子于其言，无所苟而已矣。"意思是，子路，你太粗野鲁莽了！君子对于他所不懂的，大概都会谨慎存疑，你怎能如此乱说！名分不正，则所言便不顺，言不顺则事便难成，事不成则无序而不和，故礼乐不兴。礼乐不兴，则施之政事皆失其道，故刑罚便不得当，刑罚不当则百姓便惶惶不安不知所措。因此君子所言人言事，必名实相符，可言必亦可行。君子对于其言辞，必无一点马虎的地方。孔子的观点非常值得深思，名正才能言顺，这个问题对管理者来说非常重要。所谓不在其位，不谋其政，有能力的人如果不在其位，没有取得合法的权力就没有话语权，即使想要发挥自己的能力，也会遭到诸多的怀疑，周围的人也很难主动配合他做事。

"正名"的观点很早就出现在经济管理领域，在《慎子》有一个"百人逐兔"的故事："一兔走，百人逐之，非以兔可分以为百也，由名分之未定也。夫卖兔者满市，而盗不敢取，由名分已定也。"意思是，一只野兔子在跑，百多人在追逐，都打算自己占有它。这些人为什么会打算自己一个人去占有这只兔子呢？不是因为兔子不能分成百多份平均分给每一个人，而是因为这只兔子是没有名分的无主之物。在市场上就算有很多卖兔子的人，但是就连那些强盗都不敢明目张胆地去抢取这些兔子，这是因为那些被卖的兔子是有名分的有主之物。按照慎到的观点，名分实际上就是产权关系，"正名"就是要明确产权关系。而"治物"就是要在明确产权关系之后建立好组织的治理结构。可见，"正名"并非仅仅是要有一个合适的名称，更加重要的是要确定组织中利益相关者之间的关系和权责，明确产权关系。产权关系是产权主体之间在财产的占有、支配、使用、收益、处置中发生的各种关系的总和。西方经济学中的产权理论认为，一切经济交往活动的前提是制度安排，这种制度实质上是一种人们之间行使一定行为的权力。因此，经济分析的首要任务是界定产权，明确规定当事人可以做什么，然后通过权利的交易达到社会总产品的最大化。在企业中"正名"就是要解决公司治理结构问题。公司治理结构是一种联系并规范股东、董事会、高级管理人员权利和义务分配，以及与此有关的聘选、监督等问题的制度框架。简单地说，就是如何在公司内部划分权力。良好的公司治理结构可解决公司各方利益分配问题，对公司能否高效运转、是否具有竞争力起到决定性的作用。公司治理结构要解决涉及公司成败的三个基本问题。一是如何保证投资者的投资回报，即协调股东与企业的利益关系。在所有权与经营权分离的情况下，由于股权分散，股东有可能失去控制权，企业被内部人（管理者）所控制。这时控制了企业的内部人有可能做出违背股东利益的决策，侵犯了股东的利益。公司治理结构正是要从制度上保证所有者（股东）的控制与利益。二是企业内各利益集团的关系协调。包括对经理层与其他员工的激励以及对高层管理者的制约。这个问题的解决有助于处理企业各集团的利益关系，又可以避免因高管决策失误给企业造成的不利影响。三是提高企业自身抗风险能力。随着企业的发展，股东与企业的利益关系、企业内各利益集团的关系、企业与其他企业关系以及企业与政府的关系将越来越复杂。合理的公司治理结构能缓解各利益关系的冲突，增强企业自身的抗风险能力。我国的国有企业曾经一度出现巨大的问题，主要原因就是产权不明晰，治理结构有问题，在政治领域，正名就是合法性身份的获得问题。如果说一般管理者的身份是上级领导赋予的，那么政治组织合法性身份有的是依靠暴力获得的，有的是通过民主选举获得的，如西方国家的民主选举制度；有前任推荐、贵族认可而获得的，如中国古代的禅让制度；还有是通过世袭获得的，如封建社会王公贵族的父子相传的世袭制度。尽管这些都是获得合法性身份的方法，但人们是否认可这种合法性身份却受到不同时代的文化的影响。例如，封建世袭制度在古代被人们广泛认可，人们都觉得君主把王位传给自己的子女是再正常不过的事情，如果传给外人反而不正常。而到了现代，除了那种没有实际权力的王室世袭制度还能够被接受之外，一般的世袭制度都很难被认可。而依靠暴力获得合法性身份，只有在社会急剧动荡，人们对现有的政权失去了信任和信心时才有可能成功。而且暴力活动往往会给整个社会造成巨大的破坏。因此，在当代政治组织中，民主选举制度和前任领导推荐的禅让制度可以是获得合法性权力的最主要途径。前者权力的合法性来自下层支持者，后者权力的合法性来自旧的权力阶层支持。

完成"正名治物"的工作之后，治国的第二个步骤就是要"立国辨职，以爵分禄",意思是,建立诸侯国,明确各种管理职务,确定担任各种职务的人员的待遇和地位。爵即爵位,原本是指诸侯获封赐的封建等级,与封建制度密切相关。我国比较典型的爵位是周朝的公、侯、伯、子、男五个层次的爵位,均世袭罔替,封地均称国,在封国内行使统治权。各诸侯国内,置卿、大夫、士等爵位,楚国等置执圭、执帛等爵。卿、大夫有封邑,对封邑也可以行使统治权、唯受命于诸侯。爵位在当代管理中很少见,实际上它是一种荣誉,也是附加的待遇。在某些国家,如英国在封建制度没落之后依然沿用爵位体系,作为一种荣誉制度。在现代组织中,所谓"国"就是一个相对独立的组织或部门,而所谓"辨职"就是要设立各种岗位,明确不同岗位的职责和权利;所谓"爵"就是组织中不同的岗位级别,"禄"就是薪酬待遇。"以爵分禄"就是要明确划分不同的岗位级别,然后对不同级别的岗位进行合理的评价,从而确定各个岗位的相对价值,继而决策应该给予该岗位工作人员薪酬待遇。可以看到,《司马法》给出古代圣王治国的手段和当代企业管理的手段基本一致。

最后《司马法》提出了伦理治国的目标,"诸侯说怀,海外来服,狱弭而兵寝,圣德之治也。"意思是,当时的国家治理得非常好,大家都能够安心工作和生活,圣贤君主手下的每一位诸侯都心悦诚服。周围的国家臣服我国,周围的人民投奔我国。那时候,国内基本消除了违法犯罪的现象,监狱完全可以取消;国外也没有军事争端,军队根本用不上,那个时代真是一个伟大的太平盛世啊。然而这种管理境界,是建立在两个基础上的:一是作为被管理者的民众具有很高的道德素质;二是作为管理者的君主具有圣德。这两个条件都非常难得,因此,这是一种理想的伦理管理境界,在现实中很难实现。

### (二)第二重伦理管理境界

接下来,《司马法》提出了第二重伦理管理境界,即贤王的治国境界。《司马法》说,"其次,贤王制礼乐法度,乃作五刑,兴甲兵以讨不义。"意思是,后来人们的道德水平下降了,君主的治国才能也有所不足,达不到圣王的水平,只能算是贤王,仅仅依靠伦理道德已经难以管理这些道德素质较低的民众。于是,贤王就创立了各种复杂的礼乐法度来约束人们,可是国内犯罪行为更多了。故此贤王又不得不建立5种刑罚,去惩罚各种违法犯罪的行为。这个时候,在诸侯国中违反伦理道德的"不义"之事大量出现。故此,贤王又不得不去建立一支强大的军队来维护整个社会的正义。那么贤王具体该如何做呢?

# 第三章 《司马法》伦理管理的基本观点

《司马法》说,"巡狩省方,会诸侯,考不同。其有失命、乱常、背德、逆天之时,而危有功之君,徧告于诸侯,彰明有罪。乃告于皇天上帝日月星辰,祷于后土四海神祇山川冢社,乃造于失王。然后冢宰征师于诸侯曰:某国为不道,征之,以某年月日师至于某国,会天于正刑。冢宰与百官布令于军曰:'入罪人之地,无暴圣祇,无行田猎,无毁土功,无燔墙屋,无伐林木,无取六畜、禾黍、器械,见其老幼,奉归勿伤。虽遇壮者,不校勿敌,敌若伤之,医药归之。'既诛有罪,王及诸侯修正其国,举贤立明,正复厥职。"意思是,那个时候贤王不得不经常出巡四方,召见诸侯,对他们进行监督和考核;如果发现有玩忽职守、违反规定、违背伦理道德,乃至违背自然规律、刚愎自用蛮干的诸侯,贤王就会发布告示,让所有诸侯都知道某些诸侯的罪行。之后,贤王会郑重无比地向天地神灵以及祖先祷告,请求他们同意发动讨伐罪人的战争。然后,贤王会派出使者到其他诸侯国去,要求其他的诸侯一起出兵讨伐有罪的诸侯,并且宣布说,"某个诸侯国的诸侯违背了伦理道德,有重大的罪行,必须征讨。请于某年某月出兵去某国,和君王一起讨伐他。"军队出征时贤王的使者和相关的官员会在军队中宣布命令:"进入有罪的诸侯所在封地时,不可以侵犯祭祀神灵的庙宇,不可以随便打猎,不可以损毁庄稼,不可以焚烧房屋,不可以随便砍伐林木,不可以拿老百姓的牲口、粮食以及相关器械。遇到老人与小孩,要把他们送回家中去,不可以伤害他们。就算是遇到了身强力壮的人,如果他不攻击我们,就不可以把他当作敌人。遇到受伤的敌人应当给予医治。"等到战争结束、惩罚了有罪之人之后,贤王和其他的诸侯就会重新建立这个诸侯国的政治秩序,选出有才能有德行的人来担任相关空缺的职位。

根据上述,对比第一重伦理管理境界,我们发现第二重伦理管理境界明显较低,组织内外出现了大量在第一重伦理管理境界中见不到的问题。这些问题使领导者和管理者不得不去做很多复杂的工作。监狱、军队这些暴力管理手段都派上了用场,而且是必不可少的管理手段。其实,当管理者开始使用各种带有暴力性质的管理手段时,"诸侯说怀,海外来服"的管理理想就基本不可能实现了。然而,在第二重伦理管理境界中,我们还是可以看到伦理道德仍然被广泛遵守,使用各种暴力手段的目标仍然是维护伦理道德和社会秩序,即使在战争过程中,管理者也是严厉禁止违反伦理道德行为的出现。从这个角度来说,在第二重伦理管理境界中,"以仁为本"的观念仍然占据了社会的主流,管理者和被管理者的伦理道德素质虽然比第一重伦理管理境界有所下降,但是在总体上，人们的道德素质还较高，堕落的只是一小部分人。

### （三）第三重伦理管理境界

讨论完圣王、贤王的治国境界之后，《司马法》提出了第三重伦理管理境界，即王霸的治国境界。当一个社会的整体伦理道德水平都开始下滑，管理者和被管理者的道德水平和能力都大不如前时，王霸管理之道就会流行起来。《司马法》提出王霸治国有六种手段和九种禁令："王霸之所以治诸侯者六：以土地形诸侯，以政令平诸侯，以礼信亲诸侯，以财力说诸侯，以谋人维诸侯，以兵革服诸侯。"意思是，统御诸侯国的天子或者霸主主要依靠六种方法治理诸侯国。第一，通过赐予和剥夺诸侯的封地来控制诸侯国的大小（还有一种解释是，通过自己拥有广阔的土地和控制险要的战略要地，来形成自己对其他诸侯国强大的形势；两种解释都能够说得通，大体上可以认为前一种解释是从作为诸侯共主的天子的角度来说的，后一种解释从称霸诸侯国的霸主的角度来说的，因为霸主并没有直接赐予和剥夺其他诸侯封地的权力）。第二，通过运用天子或者霸主的权威向诸侯发布行政命令的方式来维持诸侯国之间的和平与稳定。第三，用礼仪和信誉来赢得诸侯国的亲近与爱戴。第四，用强大的经济实力来使诸侯国归附。第五，用善于纵横捭阖的外交人员来监视与维系诸侯国之间的力量均衡。第六，用强大的军事实力来威慑那些有野心的诸侯（在必要的时候就用武力讨伐那些不老实的诸侯）。

"王霸"的"王"指代周天子，而"霸"在古代通"伯"，《说文》，"伯，长也"，伯为诸侯之长，可以为周天子讨伐违反天子命令和周礼规范的其他诸侯。春秋五霸也称为五伯。可见霸乃是为了维护王的统治而设置的一种管理职位。我们把王的管理之道称为王道，那么霸主的管理之道就可以称为霸道。霸道实际上是王道的一种辅助管理手段，其本质还是要遵循王道。所以在很多古文献中是王霸并称，而不是把他们对立起来。今天所说的霸道往往指依靠权势，蛮横逞强，颐指气使，巧取豪夺。这个霸道和古代所谓的"霸道"不是一回事。关于王道和霸道，司马迁在《史记·商君列传》中有精彩的记载："（商鞅也叫卫鞅）西入秦，因孝公宠臣景监，以求见孝公。孝公既见卫鞅，语事良久。孝公时时睡弗听。罢，而孝公怒景监曰：子之客妄人耳，安足用邪？景监以让卫鞅。卫鞅曰：吾说公以帝道，其志不开悟矣。后五日，复求见鞅，鞅复见孝公，益愈，然而未中旨。罢，而孝公复让景监。景监亦让鞅。鞅曰：吾语公以王道而未入也，请复见鞅。鞅复见孝公，孝公善之而未用也，罢

## 第三章 《司马法》伦理管理的基本观点

而去。孝公谓景监曰：汝客善，可与语矣。鞅曰：吾说公以霸道，其意欲用之矣；诚复见我，我知之矣。卫鞅复见孝公，公与语，不自知膝之前于席也。"同是一个商鞅，他前后四次见到秦孝公，说的话却变化。第一次，他说了一通所谓"帝道"，结果被秦孝公认为是妄人，碰了一鼻子灰；第二次，他开始向秦孝公推销"王道"，结果仍然不被欣赏。第三次，商鞅和秦孝公谈论"霸道"，显然这个话题秦孝公非常感兴趣。很快，他另找时间和商鞅来专门讨论如何实现"霸道"，可见，当时，王道已经衰落，领导者更加欣赏的是霸道。不过司马迁并没有细说什么是王道、什么是霸道。其实，关于王道和霸道一直有两种观点：一种是以孟子为代表的，认为王道和霸道对立；另一种是以荀子为代表的，认为王道和霸道并不对立，施行霸道的君主只是在德行方面比不上施行王道的君主。

《孟子》是这样描述王道政治的，"不违农时，谷不可胜食也；数罟不入洿池，鱼鳖不可胜食也；斧斤以时入山林，材木不可胜用也。谷与鱼鳖不可胜食，材木不可胜用，是使民养生丧死无憾也。养生丧死无憾，王道之始也"。王道首先是要减轻人民负担，遵循自然规律，人们丰衣足食，虽死无憾。孟子还举了周文王治国的情况作为王道的范例，"昔者文王之治岐也，耕者九一，仕者世禄，关市讥而不征，泽梁无禁，罪人不孥。老而无妻曰鳏。老而无夫曰寡。老而无子曰独。幼而无父曰孤。此四者，天下之穷民而无告者。文王发政施仁，必先斯四者。"轻徭薄役，减少刑罚，关心鳏寡孤独，穷民无告者，这些都是王道政治的重要内容。《孟子》对比了王和霸，"以力假仁者霸，霸必有大国；以德行仁者王，王不待大。汤以七十里，文王以百里。以力服人者，非心服也，力不赡也；以德服人者，中心悦而诚服也，如七十子之服孔子也。"可见，在孟子看来霸道是虚伪的，表面上宣扬仁义，其实，还是依靠武力来压制别人，必定造成别人口服心不服。而要施行霸道必须要成为大国，富国强兵，开疆拓土。但这些都是孟子极为痛恨的行为，孟子甚至说"善战者服上刑，连诸侯者次之，辟草莱任土地者次之。"可见，在孟子心中，王道和霸道是表面相似而实际上对立的两种治国思路。大体上孟子王道治国的思路在他那个时代是得不到君主认同的。

荀子和孟子的观点有很大的差异。《荀子》中专门有《王霸》篇，并且对王霸的差异进行了详细的描述："挈国以呼礼义而无以害之，行一不义、杀一无罪而得天下，仁者不为也，然扶持心国，且若是其固也。之所与为之者之人，则举义士也；之所以为布陈于国家刑法者，则举义法也；主之所极然帅群臣而首乡之者，则举义志也。如是，则下仰上以义矣，是綦定也。綦定而国定，国定而天下定。仲尼无置锥之地，诚义乎志意，加意乎身行，著之言语，济之日，不隐乎天下，名垂乎后世。今亦以天下之显诸侯，诚义乎志意，加义乎法则度量，著之以政事，案申重之以贵贱杀生，使袭然终始犹一也。如是，则夫名声之部发于天地之间也，岂不如日月雷霆然矣哉！故曰：以国齐义，一日而白，汤、武是也。汤以亳，武王以鄗，皆百里之地也，天下为一，诸侯为臣，通达之属莫不从服，无它故焉，以济义矣。是所谓义立而王也。德虽未至也，义虽未济也，然而天下之理略奏矣，刑赏已、诺，信乎天下矣，臣下晓然皆知其可要也。政令已陈，虽睹利败，不欺其民；约结已定，虽睹利败，不欺其与。如是，则兵劲城固，敌国畏之，国一綦明，与国信之，虽在僻陋之国，威动天下，五伯是也。非本政教也，非致隆高也，非綦文理也，非服人之心也；乡方略，审劳佚，谨畜积，修战备，然上下相信，而天下莫之敢当。故齐桓、晋文、楚庄、吴阖闾、越勾践，是皆僻陋之国也，威动天下，强殆中国，无它故焉，略信也。是所谓信立而霸也。"意思是，奉行王道的君主治理国家的一个基本原则就是要在全国倡导礼义，他坚定地用礼义治理国家。他选拔的大臣都是奉行道义的人；他颁布法律都是合乎道义的法律；他率领群臣所追求的都是合乎道义的理想。这样，就会形成君臣民上下都尊崇道义的文化。有了这样的文化，国家就安定，国家安定了，天下就能平定。孔子没有立锥之地，但他真诚地把道义贯彻到思想中、落实在立身行事上、表白在言语中，到成功的时候，他就显扬于天下，名声流传到后代。如果那些显赫的诸侯能够真诚地把道义贯彻到自己的思想中、落实到法律制度上、体现在管理中，用提拔、废黜、处死、赦免等手段来反复强调它，使它连续不断地始终如一。如能这样，他的名声就能够传遍各个诸侯国，商汤、周武王就是这样而统一天下的。当时，凡交通能到达的地方，没有不服从他们的，别无他故，而是因为他们完全遵行了道义。所以把道义确立了就能称王天下。如果领导者德行没有尽善尽美，道义也没有完全做到，然而天下的事理大体上掌握了，刑罚、奖赏、禁止、许诺在天下已取得了信用，有足够的才能可以让下属追随。政令已经发布，即使看到自己的利益将要有所损害也不失信于他的民众；盟约已经签订，即使看到自己的利益将要有所损害也不失信于他的盟友。领导者像这样守信，军队就会强大，道义就会彰显，同盟国就会信任他。即使他领导的是偏僻落后的国家，他的威势也可震动天下，五霸就是这样。他们虽然没有把政治教化作为立国之本，没有达到最崇高的政治境界，没有健全礼仪制度，没有使人心悦

# 第三章 《司马法》伦理管理的基本观点

诚服；但他们注重方法策略，注意使民众有劳有逸，认真积蓄，加强战备，君臣上下互相信任，配合得当，因而天下也就没有人能够抵挡他们。春秋五霸就是这样，这没有别的缘故，就是因为他们取得了信用。所以把信用确立了就能称霸诸侯。

荀子这么一大段话，其核心内容就是王道和霸道的本质差异并不是孟子所说的，"王"道比较重视仁爱，霸道比较重视力量。而是因为作为领导者的"王"，他在"德"和"义"方面都非常高明，如果达不到这种高度，那么，只能去追求"霸"道。霸道的关键就是要懂得基本的自然与社会规律，并且坚守信用。

王霸治国最终实现这样的目标，"同患同利以台诸侯，比小事大以和诸侯"，即王霸和诸侯之间形成一种良好的共生关系，彼此之间"一荣俱荣一损俱损"，使诸侯能够主动团结在王霸周围；并且大的诸侯国不仅不去欺压小的诸侯国而且还会主动去关心帮助小的诸侯国，小的诸侯国则能够诚心诚意侍奉、追随大的诸侯国，一起维护国际秩序，从而实现诸侯国之间的和谐相处。

为了达到这样的目标，王霸必须禁止的9种情况的发生，如果有哪个诸侯胆敢违背就要讨伐他。《司马法》说："会之以发禁者九。凭弱犯寡则眚之。贼贤害民则伐之。暴内陵外则坛之。野荒民散则削之。负固不服则侵之。贼杀其亲则正之。放弑其君则残之。犯令陵政则杜之。外内乱，禽兽行，则灭之。"意思是，第一，凡是恃强凌弱的诸侯，就教训他，让他也尝尝被欺负的滋味；第二，凡是伤害贤德之人和良民百姓的诸侯，就出兵讨伐他，让他知道自己已经犯罪，需要接受惩罚；第三，凡是对内残暴不仁，对外恃强凌弱的诸侯，就要废黜他，另立新君，因为他已经不配做一个国家的国君了；第四，凡是国内田地荒芜，人民不能安居乐业的诸侯，就削减他的土地，因为他缺乏治理大的国家的能力，那就试着做一个比较小的国家的国君吧；第五，顽固不化，不服从天子或者霸主命令的诸侯，就攻打他，让他知道天子或者霸主的权威不可以侵犯；第六，凡是杀害至亲、伤害伦理道德的诸侯，就派人去把他抓起来，按照律法治罪，绝不会因为他是诸侯国的君主而可以超然于天子的法律之外；第七，凡是驱逐或者杀害自己国家的国君自立为诸侯的人，就必须把他抓起来施以极刑，以儆效尤，从而让那些胆大妄为，有犯上作乱想法的人害怕；第八，凡是违抗天子或者霸主的命令，使王霸的权威受到影响的诸侯，就制裁他；第九，凡是内外淫乱，行为如同禽兽一般的诸侯，就诛灭他。从中可以看到，贤王时代主要是依靠各种烦琐的礼仪规范和法律来治理国家，权谋和暴力非常少见，对于诸侯国的管理也比较松散，偶尔会有征讨不义的战争行为，也要严格限制暴力的使用范围，即仅仅是针对有罪的诸侯本人。而到了王霸时代，各种权谋和暴力盛行，天子在很多时候甚至无力管理诸侯，于是就不得不选出霸主来辅助天子管理一部分诸侯。天子和霸主之管理诸侯时经常需要使用各种权谋和暴力，对诸侯国的管理变得越来越严格和规范，讨伐诸侯国的行为变得越来越频繁。

## 四、《司马法》伦理管理的基本观点特质分析

本章《司马法》对从本质、原则、价值、境界等方面提出伦理管理的基本观点，并且引用古代圣贤君王治国的案例说明自己的观点。

我们把伦理管理的基本观点作为 $T_1$，那么，构成 $T_1$ 主要内容的子特质主要有四个：

子特质 $T_{11}$：伦理管理的本质就是仁。仁有两种表现形式：一是其基本表现形式，即"以仁为本，以义治之"，记为 $T_{111}$；二是其在战争或者竞争中的表现形式，或者说是特殊表现形式，即"正不获意则权"，"是故杀人安人，杀之可也；攻其国，爱其民，攻之可也；以战止战，虽战可也。"记为 $T_{112}$。

子特质 $T_{12}$：竞争中伦理管理的基本原则和价值。竞争中伦理管理的基本原则是"好战必亡，忘战必危"，记为 $T_{121}$。竞争中伦理管理的价值表现为："礼见节，仁见亲，义见说，智见恃，勇见方，信见信。"记为 $T_{122}$。

子特质 $T_{13}$：伦理管理的三重境界。具体而言就是，第一，伦理管理的最高境界"圣德之治"："诸侯说怀，海外来服，狱弭而兵寝。"记为 $T_{131}$。第二，伦理管理的次高境界"贤王之治"："制礼乐法度，乃作五刑，兴甲兵以讨不义。"记为 $T_{132}$。第三，伦理管理的第三境界"王霸之治"："同患同利以台诸侯，比小事大以和诸侯。"记为 $T_{133}$。

子特质 $T_{14}$：伦理管理的三重境界的具体表现，也可以说是对伦理管理三重境界的案例分析，描述了不同伦理境界中具体的管理手段和方法的差异。

这样，伦理管理的基本观点特质 $T_1$ 的四个子特质：伦理管理的本质是仁 $T_{11}$、竞争中伦理管理的基本原则和价值 $T_{12}$、伦理管理的三重境界 $T_{13}$、伦理管理的三重境界的具体表现 $T_{14}$。可以记为 $T_1：\{T_{11}，T_{12}，T_{13}，T_{14}\}$。

我们归纳《司马法》伦理管理思想特质群 $T_1$ 伦理管理的基本观点 KJ 图

第三章 《司马法》伦理管理的基本观点

如图 3-2 所示。

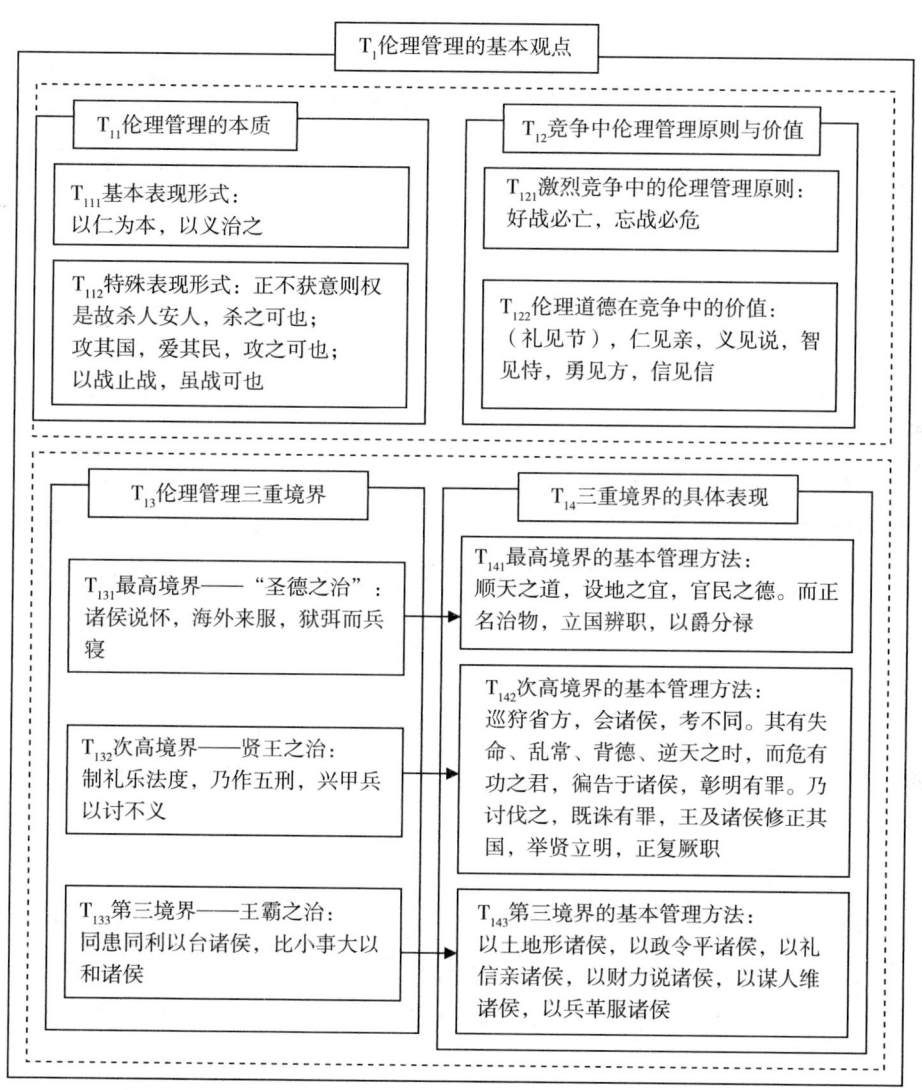

图 3-2 《司马法》伦理管理思想特质群 $T_1$ 伦理管理的基本观点

# 第四章 《司马法》伦理管理的依据和手段

　　本章主要讨论伦理管理的依据和手段。人性论是伦理管理的基本依据，伦理教化是伦理管理的基本手段。《司马法》认为管理者要进行伦理管理就必须对被管理者不断地进行伦理道德教化，而伦理教化的关键就是要在尊重人性、顺应人性的基础上不断提升人的伦理道德素质。《司马法》认为人的后天习性是可以通过长期的教育改变的。伦理管理就是要根据人性的特点开展伦理道德教育和设计制度进行激励，通过道德教育和制度激励实现组织成员行为的自律和自动以及思想境界的提升。

## 一、伦理管理的依据——人性论

### （一）《司马法》的人性论

　　管理的核心是对人的管理，要对人进行管理，就离不开对人性的认识。人性假设是管理理论赖以建立的基石，任何管理学者都不能不认真思考这个问题。西方管理理论在其发展的短短100多年历程中产生了各种人性假设，如经济人假设、社会人假设、自我实现的人假设、文化人假设等，几乎每一个人性假设的提出都会导致一个新的管理理论的出现。表面上好像说明西方管理理论发展迅猛，但是实际上却表明西方管理理论界对人性假设的研究还不成熟。有学者指出，"当前西方管理学中的各种人性假设都在不同程度和不同方式上具有片面性、孤立性、静态性、实体性、超验性和抽象性"（刘友红，2004）。西方管理学者很少吸收哲学界博大精深的研究成果去探讨人性假设问题，直到后现代管理理论出现才略有改变。而后现代管理理论更多被管理学者视为一种

## 第四章 《司马法》伦理管理的依据和手段

哲学研究，在西方主流管理学界仍然缺乏足够的话语权。这种情况应该说和西方人过于强调专业分工不无关系。西方管理学家往往在哲学上造诣有限，而西方的哲学家却又很少从形而上的研究中走出来，去关注与实践紧密结合的管理理论。

中国古代正好相反，如孔子、孟子、荀子、韩非子等古代思想家，他们不仅具有深刻的管理思想，同时也是了不起的哲学家，他们玄妙而高远的哲学思想是其管理主张的不竭源泉。他们提出的管理思想基本上都有着深刻的人性哲学思考，因而具有旺盛的生命力，使中国传统管理思想能够延续数千年而长盛不衰。中国古代思想家关于人性的观点比较典型的有孟子的性善论、荀子的性恶论、韩非子的性自利论等。孟子认为人性是善的，他说，"恻隐之心，人皆有之；羞恶之心，人皆有之；恭敬之心，人皆有之；是非之心，人皆有之。恻隐之心，仁也；羞恶之心，义也；恭敬之心，礼也；是非之心，智也。仁义礼智非由外铄我也，我固有之也。"他还进一步举例来说明"人皆有不忍人之心"，"今人乍见孺子将入于井，皆有怵惕恻隐之心。非所以内交于孺子之父母也，非所以要誉于乡党朋友也，非恶其声而然也。"孟子通过观察发现，人们看到小孩要掉到井里去时，都会有惊惧和同情的心理。这种同情心并不是为了讨好小孩的父母，也不是要在乡亲朋友中获得好名声，更不是讨厌小孩子的哭叫声，而完全是从人天生的本性中发出来的善心。所以人性是善的，因为人性是善的，所以管理的重点是发展人性，伦理道德都是人性本善的表现。只要把人性善的一面弘扬了，伦理道德自然就会建立，社会各种矛盾也会自然消失，社会管理或者组织也会变得非常容易。而同为孔子崇拜者的荀子却认为人性恶，《荀子》说，"今人之性，生而有好利焉，顺是，故争生而辞让亡焉。""生而有耳目之欲，有好声色焉，顺是，故淫乱生而礼义文理亡焉。"大意是说，人性生来就好利，人生来就有各种欲望，喜欢声色犬马，不用学就会。顺应人性一定会导致争端，伦理道德也就不复存在。伦理道德是教育的结果。因此，荀子的管理主张是由于人性本来是恶的，必须通过礼仪制度和教育来化性起伪、消除性恶的影响，管理才会变得容易，不然这个世界就会乱套。有意思的是，孟子和荀子虽然对人性的认识差异很大，但是他们提出的管理方法却差不多，都是要积极推行礼治和道德教化。而韩非子则举出一堆例子来证明人性是自私自利的，不过自私自利不等于人性恶。《韩非子》说，"故王良爱马，越王勾践爱人，为战与驰。医善吮人之伤，含人之血，非骨肉之亲也，利所加也。故舆人成舆，则欲人之富贵；匠人成棺，则欲人之夭死也。非舆人仁而

· 99 ·

匠人贼也，人不贵，则舆不售；人不死，则棺不卖。"意思是，王良爱马、越王勾践爱民，是为了奔驰和打仗。医生愿意吸吮病人的伤口，口含病人的污血，不是因为他和病人有骨肉之亲，而是因为利益所在。所以车匠造好车子就希望别人富贵；棺材匠做好棺材就希望别人早死。并不是车匠仁慈而棺材匠狠毒，而是因为别人不富贵，车子就卖不掉；别人不死，棺材就没人买。这些现象都充分证明人性是自私自利的，即使看起来似乎"很善良、很正直"的人，也可能在利益的诱惑下做出邪恶的事情。因此韩非子提出，君主治国必须依靠严格法律来约束人的自私自利之心。同时，君主还要学会建立自己的权势并且运用自己的权势以及各种权术来控制各种势力和应对各种可能的威胁。韩非子的管理之道概括起来就是要把"法"、"术"、"势"结合起来，才能治理好国家。

那么，《司马法》是如何看待人性问题的呢？《司马法》说，"人方①有性，性州异；教成俗，俗州异，道化俗。"意思是，人人天生都有人性，但是人性因地域的不同而有差异。人们从小受到的教化可以造就一定的风俗习惯，不同地方的人们接受的教化不同，因而风俗也不同。各地的风俗习惯有些比较良好，符合道义的要求，但也有一些地方的风俗习惯不太好，使管理当地的人们非常困难。管理者可以运用道义的力量去改变一个地方的不良风俗习惯。

这句话虽然只有短短16个字，但是其思想内涵却非常深刻，《司马法》用这16个字很好地概括了教育学、伦理学与管理学的共同核心问题——人性与文化的关系问题。人性这个概念在不同的学者和不同的典籍中有不同的概念界定和内涵，我们把最常见的人性概念内涵整合起来，统称为广义的人性概念。大体上，广义的人性概念最少有三个层次的内容：

第一，本性。这是深层次的人性概念，指的是人和宇宙本体一致的东西，是形而上的人性概念，用于建立人的信仰体系，难以进行直接的探索。

第二，狭义的人性，也叫普遍人性。这是中间层次的人性概念，界定为人之所以为人的特性，如果这些特性不存在或者发生了明显的改变，那么，他就不会被认为是普通人或正常人，可能会被认为是禽兽、疯子或者圣人、神灵。这个层次的人性概念具有普遍性，其基本内容很难改变。

第三，习性。这是表层的人性概念由外部环境和狭义人性的内容互动而形成。这种互动可能是自觉的学习或不自觉的熏陶，包括接受教育、受到各种社

---

① 《说文解字》说，方，并船也。象两舟总头形。与"方虑及物"类似，表示普遍的意思。

## 第四章 《司马法》伦理管理的依据和手段

会文化的影响、特殊的个人经历等。人与人之间的习性差异很大,但一般不会背离狭义人性的基本内容。习性是在狭义人性基础上发挥作用的,狭义人性中的基本内容依靠习性来彰显。没有狭义人性,习性的形成与变化就失去了依据。而离开了习性,狭义人性的很多特点就无法展现出来。

当我们谈到人性是可塑的时候,指的就是对习性的改变。而我们谈到人性具有普遍性和稳定性的时候,指的就是狭义的人性概念,其基本内容难以改变。

《司马法》的人性论主要涉及普遍人性和习性。《司马法》认为普遍人性是存在的,即"人方有性"。但是我们直接很难观察普遍人性,只能看到具体某个地方人们的习性,我们会发现不同地区的人们习性有很大差异,即"性州异"。这里的"性"就是习性的概念。不同地区群体习性的差异往往被称为风俗习惯。这些风俗习惯的差异并不代表普遍人性有差异,相反它是建立在普遍人性基础上的。《司马法》认为,"教成俗,俗州异",人在出生之后,其普遍人性都是差不多的,但是个人因为受其家庭、学校和社会等环境的影响,就在普遍人性的基础上衍生了各种习性,群体共同的习性就是风俗习惯。

《司马法》的这个观点和孔子所说的"性相近,习相远"是一致的。人们的习性和人们所处的地理环境以及人文环境有密切的关系。一个地方的人由于相近的地理气候特点和经常交流等原因往往会有相似的习性,这就形成了一个地方的风俗。风俗在一个地方依靠一代代人正式或非正式的教化或者熏陶传承下去,就形成一个个地方的文化传统。从人类发展历史来看,地理环境对于文明形成与文化传承有着至关重要的作用。与我们地理位置与生存环境差异性越大的国家或民族,和我们的文化差异性也越大。例如,美索不达米亚的文明起源于幼发拉底河和底格里斯河,这两条河经常暴发洪水而给周边的居民带来深重的灾难,这种生存环境使苏美尔人对于自然和未来充满了恐惧。因而造就了占星术文化在当地非常流行,当地人希望以某种方式与自然之神进行沟通,并预测未来可能发生的灾难。而古埃及文明则恰好与之相反。古埃及人生活的尼罗河流域有着非常规律的汛期,尼罗河水的泛滥不但没有给埃及人带来灾难,反而富足了当地的农业。同时古埃及四周的沙漠地带使其免受了异族人的骚扰。在这种相对封闭的环境中,古埃及文明持续的时间非常长。这就使古埃及文明崇尚至高的秩序,发展出能够赋予法老无上权力的宗教。再如,我国温州地区浓厚的商业文化和温州的地理环境分不开。温州处于浙江省南部,三面都是高山阻隔,唯有东面邻海,另外还有一条瓯江贯穿东西。温州人均耕地面积严重不足,农业不发达,历史上还时常遭受倭寇侵入,这就迫使温州人不得不想方设法去外地谋生。因此,温州的商业自古以来就比农业发达,而且温州知识精英的阶层还形成了以叶适为代表的重视事功、讲求实利的永嘉学派。可以说,商业文化已经融入了温州人的风俗习惯。我们了解一个地方的风俗习惯的目的是能够更好地管理这个地方。有的地方有着良好的风俗习惯,当地人也具有很高的道德觉悟,因此,管理起来也会简单。而有些地方的风俗习惯却存在诸多问题,甚至会释放人性恶的一面,这种地方的人管理起来就会非常困难。那么,什么是良好的风俗习惯、什么是不好的风俗习惯呢?这个问题在学术界还存在着一些争议,西方伦理学中的道德相对主义学派认为,不能对风俗习惯做普遍道德判断,因为在不同文化情境下,人们有不同的道德判断标准。最典型的就是古代思想家希罗多德的《历史》中记载的例子:波斯帝国统治者大流士(Darius)在与不同的部族接触中发现,不同部族的丧葬方式不同。希腊人(Greeks)是火葬,而Callatians是吃掉死者。大流士找来希腊人,问道,"满足你们什么样的条件,你们愿意吃掉自己父亲的遗体"?希腊人回答道,"这太可怕了!任何条件都不行,绝无可能"。大流士又找来Callatians,问道,"满足你们什么样的条件,你们愿意火化自己父亲的遗体"?Callatians的回答一样是"这太可怕了!任何条件都不行,绝无可能"。在希腊人眼里对死者表示尊重的葬礼,在Callatians看来却是非常可怕的事,因为他们认为只有吃掉最亲近人的遗体才是真正让他的灵魂在其家族延续,不然死者灵魂就无所归依。

不过我们认为道德相对主义提出的这个案例只能证明不存在普遍的道德表现形式,并不能证明不存在普遍的道德标准。因为对于Callatians人来说,他们认为只有吃掉亲人的遗体才是真正让他的灵魂在其家族延续,不然死者灵魂就无所归依;这种观念背后反映了他们对亲人的关爱,其实就是"仁"这种德行的一种特殊表现形式。只是这种表现形式比较落后,因为我们很难找到有说服力的证据来支持这种文化观念,特别在是科学昌明的今天,吃掉亲人的遗体可以让他的灵魂在其家族延续的观念基本上不会有人接受。而与此同时,分割尸体吃死人肉的做法却有可能激发人性中恶的一面。所以,从这个角度来说,他们的丧葬习俗明显是落后的,是不好的风俗习惯,只是我们不能说这种文化是恶的文化。

那么什么是恶的文化呢?我们认为有两个标准,一是没有仁爱之心,能够激发人性"恶"的文化。《论语》说,"唯仁者,能好人能恶人",区分善与恶的唯一标准就是看这个人有没有仁爱之心，做事情能不能做到"以仁为本"。有仁爱之心的人就是好人，没有仁爱之心的人就是恶人、坏人。按照这个判断标准，最典型的这种恶的文化就是在历史上曾经一度流行的军国主义文化。这种文化崇尚武力，经常侵略其他民族甚至进行大屠杀，毁灭和自己不一致的文明，导致了人类的巨大灾难。在古希腊的斯巴达王国、蒙古帝国，近代的纳粹德国都有这种文化的影子。二是没有进取精神、激发人性弱点的文化。最典型的这种恶的文化就是享乐主义文化。中国历史上的西晋王朝的灭亡就和这种不良文化有密切的关系。有人总结过西晋王朝时期一些非常不好的文化习俗。第一，权贵们贪婪奢侈，荒淫残暴。西晋统治集团荒淫无度、纵情享乐，朝廷高官何曾，每天吃的费用多达一万元。面对无比丰盛的食物，他居然说："简直没有值得下筷子的东西！"西晋另外两个官僚石崇和王恺多次比富，石崇听说王恺家里洗锅用饴糖水，就命令他家厨房用蜡烛当柴烧。这件事一传开，都说石崇家比王恺家阔气。王恺听了不服气，就在他家门前的大路两旁，夹道四十里，用紫丝编成屏障，要去王恺家都要经过这四十里紫丝屏障。这个奢华的装饰把洛阳城轰动了。另外，王恺在宴请宾客时常安排一些女伎奏乐助兴，一次一位吹笛的女子吹得有些走调，王恺便当众把她处死。石崇知道之后，每次请客饮酒时，就常让美女斟酒劝客人喝酒，如果客人不喝，他就把美女杀掉。一次大官僚王敦与他的从兄王导一道去石崇家赴宴。美女劝王敦喝酒，王敦硬是不喝，结果石崇一连斩了三个美女。第二，知识分子清谈虚浮，不干实事。西晋的知识分子弥漫着一股清谈虚浮之风。清谈又称谈玄，就是专门讨论一些抽象的脱离实际的问题。如琅琊大族王衍历任中领军、尚书令，职务很高却不干实事，"口不论世事，唯雅咏玄虚而已"，被誉为玄谈领袖。由于清谈之风盛行，使西晋的知识分子们终日谈论玄远、喝酒放纵，不处理和解决实际问题，当官的不干实事，即使办事也不认真去办、敷衍了事。没当官的知识分子往往放浪形骸，如被称为竹林七贤之一的刘伶以好酒而闻名，《晋书》记载他经常乘鹿车，手里抱着一壶酒，命仆人提着锄头跟在车子的后面跑，并说，"如果我醉死了，便就地把我埋葬了。"第三，全社会崇拜金钱，贪污腐败。西晋是中国古代金钱拜物教最盛行的时期，西晋的官僚富豪们不遗余力地追求利益，贪婪地搜刮民财，金钱对他们最有吸引力。当时一位叫鲁褒的人写了一篇《钱神论》说，"钱之所在，危可使安，死可使活，钱之所去，贵可使贱，生可使杀。是故忿争辩讼非钱不胜，孤弱幽滞非钱不发，怨仇嫌恨非钱不解"，辛辣地讥讽一切为钱、一切向钱看的社会现象。腐败问题历朝皆有，但像西晋这样自上而下、大面积的恶性腐败并不多见。《晋书·惠帝纪》讲到西晋的社会风气时说："纲纪大坏，货赂公行，势位之家，以贵陵物，忠贤路绝，谗邪得志，更相荐举，天下谓之互市焉。"所谓"互市"就是交换。权与钱、权与色、权与所有有用的东西都可以交换，道德无底线、游戏无规则使西晋王朝建立之后短短几十年就在内乱和外患的煎熬下寿终正寝了。

正因为文化风俗有优劣之分，所以在文化不好的环境中，管理者有必要做移风易俗的事情。大体上，我们可以把一个组织或者一个群体的文化分为三类，一是无所谓好与坏的文化。如中国传统的婚礼仪式和西方基督教的婚礼仪式，我们不能说谁的仪式更加先进或者更加文明，对于这一类文化风俗，伦理管理者一般不需要过多地关注。二是好的文化，或者说善的、先进的文化。即组织提倡的或者虽然未正式提倡但符合组织目标，有利于组织持续发展或者增进组织成员幸福感的文化。这类文化是伦理管理者需要大力弘扬的文化。三是不好的文化或者恶的、落后的文化。即不符合组织目标，不利于组织持续发展和增进组织成员总体幸福的文化。这类文化是伦理管理者需要努力去除或改变的文化。

那么，如何改变一个组织或者一个群体的文化习俗呢？管理者首先要明白仅仅依靠行政或者暴力的力量来改变文化习俗是不会有效果的。例如国内曾经有企业的总裁希望引进国外企业的平等文化，于是推出了一项政策：让员工对他直呼其名，不要叫他某总，政策推出了，可是他发现没有一个人敢这样叫。于是，第二天他特意起了一个大早，站在公司大楼的入口处，看到员工来上班就让对方叫他的名字，不叫就不让进。大家不得已都叫了，可是大家心里还是觉得别扭，之后仍然叫他某总。后来，他一气之下又推出了一项政策，再听到员工叫他某总要罚款，这样一来，员工们才喊他名字。可是虽然大家都喊他名字了，但平等的观念真的在公司建立起来了吗？其实，员工正是因为这位总裁高人一等的权威才不得不违心地喊他名字，谁会真正觉得自己和领导平等呢？可见，移风易俗不是一件容易的事情，仅仅依靠个人权威和赏罚制度很难有满意效果。那么移风易俗该如何做才会有效果呢？

《司马法》提出"道化俗"。只有"道"才能转变一个地方不好的风俗习惯，使之符合伦理管理的要求。管理者只有运用合乎"道"的观念、方法和手段才能有效地改变传统中不合理的、落后的风俗习惯，使之有利于国家长治久安和人民幸福。那么，具体什么是"道"呢？综合先秦时期儒家和道家的论述，"道"的概念内涵大体上可以分为三个层次：第一，形而上的本体之

## 第四章 《司马法》伦理管理的依据和手段

"道"。这个层次的"道"是宇宙的本体,也是生命的本体,一切都在它的范畴内,正如《道德经》所说,"道生一、一生二、二生三,三生万物"。人的思维和语言也是"道"衍生的,故此用思维和语言来描述它、推测它就很困难,正如《道德经》所说,"道可道,非常道"。第二,天道和人道之"道"。形而上的本体之"道"落实到自然界和人类社会就变成了所谓的"天道"和"人道"。无法言说的本体一旦落实到自然界和人类社会就变成可以言说的规律了。一般,"天道"被诠释为宇宙和自然运行的基本规律。而"人道"就可以被诠释为社会运行的基本规律和人生的基本规律;大体上,道家比较关注"天道",而儒家比较关注"人道"。第三,道义之"道"。儒家眼中的"道义"就是"人道"之义,是"人道"在具体的情境中的展开。做人做事符合"道义"就是在践行"人道"。"道义"一般表现为符合"人道"的各种行为准则、各种社会规范和伦理道德要求,但是"道义"不等于这些。因为"义"者"宜"也,有合理化的意思,具体化的行为准则、社会规范和伦理道德不能僵化,必须与时俱进,适应时空的变化才能真正反映"人道"。在不同时代、不同情境下,道义的具体表现形式可以有不同,以帮助人们能够更好地落实人道。可见,道义是具体化、情境化、与时俱进的各种行为准则、社会规范和伦理道德要求的指导原则。

《司马法》提出的"道化俗"中的"道"就是第三层次的道义之"道"。《司马法》秉承儒家的观点,认为只有遵循"道义"才能践行好人道,在此基础上,才有可能进一步做到践行天道。而能够践行人道和天道就能够进一步体悟本体之"道"。

《司马法》强调伦理道德教化,正是通过教化的力量改变各种不符合道义的风俗习惯,从而使人们能够明白什么是道义,继而明白什么是人道,继而体悟天道,最终体悟本体之"道"。如果教化的内容不符合人道或者不能与时俱进,符合具体情况,那么,即使管理者满口仁义道德,不停地对被管理者进行道德灌输,最终也不会有好效果。因为"道"是超越风俗文化,符合人性本质。管理者要想改变一个地方或者一个组织的风俗文化,仅仅靠行政力量是不行的,必须要对被管理者进行不断的教化,而且教化的内容必须符合道义和具体情境的要求。长时间地进行这种以道义为准则,以伦理道德为核心内容的伦理教化,才可能移风易俗,这就是所谓的"教成俗"。这也是《司马法》倡导的伦理管理的基本手段。至于具体如何进行伦理教化,我们在下节将详细论述。

《司马法》还说,"凡战:若胜,若否。若天,若人"。这句话有些难解,"若"在当代有"或者"的意思。"若胜,若否"可以取这个意思,但是这个意思还不足以解释"若天,若人"。其实,"若"字是象形文字,甲骨文的形象是一个女人跪着梳发,表示"顺从"。《尔雅·释名》说"若,顺也"。故此"若胜,若否"取其现代意义"或者","若天,若人"取其本义"顺从"。因此这句话的意思就是,战争的胜利或者失败取决于是否顺应天道、是否顺应人心。天道就是万事万物的基本规律,只有了解了基本规律,才可能找到正确的做事方法;人心各不相同,想要人们积极参加战斗,就必须掌握人性的规律,根据人性规律对人进行教化和激励才能取得成功。从这里我们还可以得出一个观点,既然战争的胜利或者失败取决于天道和人心,那么一个优秀的管理者必须努力去体悟天道和琢磨人心,他对下属进行教化的主要内容也就是根据天道和人心规律推导出来的各种伦理道德规范和做事情的基本规律。

### (二)《司马法》人性论在竞争中的应用

在古代战争中,士兵们如果能够发挥主动性,拼死作战,那么军队的战斗力就会增强很多,① 如何才能让士兵们拼死作战呢?《司马法》从人性的视角出发,总结三代以来战争的经验,提出激励士兵们拼死作战的五个主要原因。《司马法》说,"凡人,死爱,死怒,死威,死义,死利。"意思是,一般情况下,士兵们会为其所爱的东西或者人而去拼死作战;士兵们会因为被愤怒冲昏头脑而不顾生命安全拼死作战;士兵们会因为畏惧某些非常可怕的东西或者人而不得不去拼死作战;士兵们会为实现自己理想或维护自己心中的道义而去拼死作战;士兵们会为自己的利益而去拼死作战。这可以说是《司马法》非常有特色的一套激励理论。

西方的激励理论基本上都是从理性的角度来思考如何让组织成员完成任务。然而在军事竞争中,人们面临的是生死存亡的问题,如果从理性的角度来看,显然很少有什么会比自己的生命更有价值。因此,对于一些极端利己主义者来说,即使"拔一毛以利天下"也不愿意,如果想让他们不顾自己的生命去完成某项任务基本上是不可能的。因此,为了激励士兵拼死作战,《司马法》不仅考虑了人的理性因素,还考虑了人的感性因素。《司马法》认为可以

---

① 当然在现代战争中,由于各种武器的出现,士兵个人拼死作战的精神对于战争胜利的影响变得不再重要,但是在企业竞争中,员工的努力拼搏精神仍然是企业在激烈的市场竞争中制胜的重要因素之一。

## 第四章 《司马法》伦理管理的依据和手段

通过某些方式激发士兵们的感情，从而让其处于非理性的亢奋状态，这样他们就有可能不顾生命安全而拼死去完成有危险的任务。

今本《司马法》中并没有具体分析如何运用这五个方面的激励因素。但可以想象在古本《司马法》中这部分内容应该是相当重要的。下面我们试着对这五个方面逐一进行分析：

第一，"死爱"，一般情况下人们会为了所爱而拼死作战。那么，主将就要分析将士们到底爱什么？只有正确分析了将士爱什么，激励才有效果。我们把人们愿意为了某种人或事物而不惜拼命的心理情节称为执着的爱。战斗中激发士卒们这种执着的爱是将领必须掌握的技能。

大体上人们比较执着热爱的东西有祖国、家园、亲人、信仰、名声、权力、金钱等。相比之下，虽然人们都爱金钱，但是愿意为金钱而牺牲生命的人其实并不多，而且要钱不要命的行为也一直为人们所不齿。记得有一部抗战的电影，将军为了激励敢死队的士兵奋勇作战，让人挑着两箩筐大洋从敢死队队员前面走过，每个队员可以抓一把大洋。有一个士兵抓了一把大洋扔到了地上，说命都保不住了要钱有什么用，很快其他的士兵也同样把大洋扔到了地上。这说明这位将军不懂得分析士兵的心理，不会激励士兵。反而是士兵们说出了自己愿意拼死作战的原因，不愿意当亡国奴，要保卫自己深深热爱的、世世代代生活的家园。显然，对祖国、家乡的热爱是一大部分人常见的心理情结。此外，对亲人的热爱也是人们最常见的心理。大部分人对自己的亲人特别是子女、父母、夫妻等特别的执着，历史上为了救自己的孩子而牺牲的父母不计其数，而为了保护自己的父母和家人而拼死作战的人也非常多。还有的对个人名声或者荣誉的热爱，例如春秋时期齐国晏子"二桃杀三士"的故事中，三位勇士就是死于对个人荣誉的过分执着。还有春秋时期晋国太子申生则同时为了对亲人的爱和对自己名声的爱而死。据《史记·晋世家》记载，晋献公被宠妃骊姬的毒计迷惑，以为太子申生要害自己，打算杀掉申生，让骊姬的儿子奚齐做太子，但是心中仍然有所犹豫。申生的手下问申生说，"您根本没有做这种大逆不道的事情，为什么不申辩呢？"申生说："我父亲老了，我又不讨他喜欢，如果我成功辩白，父亲知道我是被骊姬陷害的，那么他就不得不把骊姬下狱治罪。然而他是那样喜欢骊姬，出现这样的结果，他一定会非常愤怒和痛苦，我不想让他痛苦。"手下人又说："那您就逃跑吧。"申生说："如果我逃走了，就是向天下之人揭示我父亲的短处，我不愿意让咱们晋国被人笑话。"想了一会儿他又说，"父亲和骊姬现在一定都希望我死，但是碍于父子

· 107 ·

关系，父亲无法下这种命令，我不如就顺从他们心意去死吧，这样他们大概就会满意了。"于是，申生就自杀了。除了这些比较常见的人们所爱的对象，还有一些只存在于部分群体中的执着的爱，如虔诚的宗教信徒对某个信仰的热爱。

第二，"死怒"，一般情况下人们会因为愤怒而拼死作战。其实，爱和怒，是一体两面。日本的武士道精神有一个特点就是特别爱惜自己的名声和面子，一名武士受到了侮辱，他们会变得极其愤怒，不惜牺牲性命来维护自己的自尊。所以，知道了"爱"的原因，也就能够找到激发"怒"的办法，让士兵们拼死作战。战国时期齐国大将田单曾经运用这种心理大败燕国军队，挽救了处于灭亡边缘的齐国。根据史籍记载公元前284~前279年，燕国将领乐毅联合多国军队攻打齐国，齐国仅剩莒城和即墨两座孤城未被攻克。公元前279年燕昭王逝世，燕惠王继位。田单使反间计让燕惠王派了一个平庸的主将换掉了名将乐毅。为了激发士兵们的斗气，田单派人去燕国军队散布流言说，"即墨的守军最害怕燕军将所俘虏的齐国士兵割掉鼻子，并把他们放在燕军前面的行列来同齐军作战，如果燕军这样做的话，即墨就守不住了。"燕国主将听说之后居然完全相信，就按照田单散布的话去做。城中的人看见齐国那些投降燕军的人被割掉了鼻子，都非常愤怒而害怕，怕自己一旦当了俘虏也被割掉鼻子。田单继续派人散布流言说，"即墨的守军最害怕燕军挖掘城外的守军家族的墓地，侮辱他们祖先，如果燕军这样做，即墨的守军一定会害怕得投降"。燕军主将听了，马上如法炮制，派人去挖掘坟墓，焚烧死尸。即墨守军从城上望见，无不流泪哭泣。顿时齐国士兵人人言战，对燕军的痛恨达到了顶点。随后，田单使用火牛阵攻破燕军，收复齐国丢失的70余城。田单用计谋让燕军挖掉齐国即墨守军的祖坟正是利用了齐国人对亲人、对祖先的执着之爱来激发齐军的怒火，从而让他们愿意拼死作战。而用计谋让燕军割掉齐国俘虏的鼻子，则是利用了人们的害怕心理，从而激发齐军拼死作战的决心。

第三，"死威"，一般情况下人们会为了害怕某个事物而不得不拼死作战。《司马法》虽然提倡"以仁为本"，但是也同时提出"位欲严，政欲栗"要求军队领导者树立军令的绝对权威，这样士兵才会因为畏惧军令而拼死作战。我们在前文讲述田穰苴的生平事迹时，曾经谈到田穰苴担任齐国司马之初就通过斩杀违抗军令的监军庄贾而树立了自己的权威，之后谁也不敢违抗他的军令。《尉缭子》也说，"夫民无两畏也，畏我侮敌，畏敌侮我。见侮者败，立威者胜"。意思是士兵们不会对敌我双方都畏惧，如果畏惧自己的将帅和军令就会

## 第四章 《司马法》伦理管理的依据和手段

蔑视敌人，畏惧敌人就会轻慢自己的将帅和军令。将帅和军令如果被士兵轻慢，出兵打仗就种下了失败祸根，将帅和军令的权威性在士卒心中建立了，出兵打仗就有了取胜的基础。据《隋书·杨素列传》记载，隋朝大将杨素"多权略，乘机赴敌，应变无方"。他治军严整而残酷，其部如有违犯军令者立斩不赦，而绝不宽容。每次作战前都寻找士兵的过失，然后杀之。每次多者百余人，少也不下十几人。由于杀人过多，以致"流血盈前"，而杨素却言笑自若。两军对阵时，杨素先令一二百人前去迎敌，若取胜也就罢了，如不胜而败逃者，无论多少全部斩首。然后再令二三百人迎敌，不胜则照杀不误。所以杨素的部下对他极其敬畏，作战时皆抱必死之心，战无不胜，称为名将。

第四，"死义"，一般情况下人们会为了道义而拼死作战。战争的正义性非常重要，几乎在所有战争中，参战各方都会想方设法来表明自己出兵作战是正义的。最典型的案例就是武王伐纣的牧野之战，据考证在这场战役中，周武王的军队只有4万多人，商纣王却组织了大约17万人的军队来应战。但纣王的军队中有很多都是临时拉来的奴隶，虽然人多但都无心作战。而周武王在战前做了大量的宣传工作，让商朝的人民认为纣王是一个无道的暴君，而武王是一个有道明君，武王率领的军队是为了解除老百姓痛苦的正义之师。这些宣传使商军中的奴隶们在战斗中倒戈一击，商军很快就土崩瓦解，纣王不得不自焚而死。再如飞夺泸定桥是红军长征时期关系到生死存亡的一场关键战役。这场战役极度危险，事先也没有说明会给参战士兵报酬，而且在当时，以红军的条件也无法期望有很高的报酬。可是参战士兵却个个神勇无比，经过九死一生的战斗最终取得了胜利。据说，当时这场战役的指挥官林彪给飞夺泸定桥的勇士们的奖励仅仅是每人一套衣服和一支钢笔。这种物质激励无疑是微弱的，那是什么在激励红军勇士拼死作战呢？除了士兵们对红军组织和领袖的爱戴，对红军严格的军纪的畏惧，道义的激励力量也是最重要的因素之一。因为红军对战士们进行了长期的思想教育，让他们对共产主义伟大理想有了深深的向往和信仰，对旧社会黑暗统治有了深深的痛恨，因而他们坚信他们的军队是正义之师，他们是为了正义而战斗，这种信念给了他们无穷的勇气。不过，对于"义"的把握是相当不容易的，一方面，几乎所有的战争参与方都会把自己宣传成为正义之师，妖魔化敌对势力。而普通民众和士兵由于信息不对称不了解真相，往往只能被动地接受己方的宣传和教化。另一方面，把握"义"有时候需要很高的智慧。例如孔子的弟子子路之死，就是因为没有很好地把握"义"。子路为人忠直，为正义奋不顾身。当时，卫国国君去世，太子蒯聩因得罪过父亲的宠妃而逃亡在外,大臣欲立公子郢为君。公子郢推让,认为太子的长子姬辄还在,而且已经成人,按照宗法制应当立其为国君。于是太子蒯聩的儿子姬辄便顺利即位,这便是卫出公。多年后,作为父亲的蒯聩心理严重失衡,便悄悄溜回卫国,勾结大夫孔悝发动军事政变,赶跑了自己的儿子卫出公。此时,子路正在孔悝的采邑当总管,子路听说这件事后义愤填膺,立刻去都城。当时一个叫子羔的人告诉子路,形势已定,出公都已逃跑了,你进城不可能改变局面。但子路还是义无反顾地冲进了城,见到新立的国君蒯聩之后,子路要求蒯聩不要重用参与叛乱的孔悝,在得不到答应的情况下,他采取了放火焚烧蒯聩和孔悝所登之台的鲁莽行为,结果被蒯聩手下的武士杀死。子路爱憎分明,死得很壮烈,但也死得很迂腐。

第五,"死利",一般情况下人们会为了利益而拼死作战。追逐利益是人性的特点,特别是温饱问题都没有完全解决的下层老百姓,他们当中很多人可以为了利益而不怕牺牲。因此,在军事竞争中,运用利益来激励士兵拼死作战的情况屡见不鲜。最典型的案例就是战国时期的魏武卒制度和秦国的农战制度。战国时期的魏武卒制度是兵家亚圣吴起建立的,吴起认为治军的关键是要使士卒能够"乐闻"(军令)、"乐战"和"乐死",军队形成高昂的士气。为此,吴起主张奖励有功、激励无功。他提出对有功将士,国君要用隆重的仪式和丰厚的待遇来激励,功劳越大,规格也越高,仪式越隆重,并且这种仪式和待遇还可以推及家属。国君每年要对阵亡将士亲属进行慰问和赏赐,以示君主不忘他们。而对于未立战功的将士也应给予一定的犒赏,以示鼓励。魏武侯接受了他的意见,这个措施仅仅实行了3年就取得了明显的成效。有一次秦军进犯魏国的西河地区,上级官员还未来得及动员,自动穿上盔甲参战的魏军将士就有上万人。后来,吴起还亲率5万士气高昂的将士击败50万秦军。秦国的农战制度是商鞅建立的,实行二十等爵制来奖励军功,秦军官兵只要立了军功,爵位就逐级递升,按爵位高低,享受极高的物质待遇和种种特权。没有军功就无法晋升,也无法享受特权。此外,秦国还制定相关法律对胆小怯战的人进行严厉的处罚,秦律规定,军有千人以上,有战而北、守而降、离地逃者,处如下刑罚:"身戮家残,男女公于官"。军队实行连坐制度:一伍中有1人逃跑,其余4人就要受罚,如果能斩敌首级一颗,就可免除刑罚。这种强有力的奖惩制度使秦军变得非常勇猛好战,为将来秦朝统一天下打下了坚实的基础。

了解人性是为了引导人朝着管理者希望的方向去努力。对于军队来说,打仗就意味着流血牺牲，一般人都是不愿意流血牺牲的，这就必须进行思想教育。《司马法》说，"凡战，教约人轻死，道约人死正。"意思是，军队为了提升战斗力，要加强对士兵的教育，教育的核心内容就是要引导士兵们看轻死亡，不怕死，引导士兵们愿意为了正义而死。这一观点和我们党的军队思想政治工作的思路非常相似。我们党在进行战前动员时有些非常经典的口号，如"保家卫国"，"为了正义与和平而战"，"宁死不做亡国奴"，"为我们牺牲的兄弟报仇"，"为了建立新中国而战"，"为了祖国、为了人民、为了军人的荣耀、为了我们的子孙后代不受别人的欺负而战"，等等，这些口号基本上都是围绕着道义而设计，鼓励士兵们不怕死，愿意为道义而死，实践也证明我们党的军队思想政治工作是非常成功的。

虽然《司马法》是围绕着如何让士兵们拼死作战这个问题来提出相关激励手段的，但是这种激励思想对于其他组织管理工作来说也是非常有价值的。因为人性是普遍的，在诸如企业这样的组织中，我们也可以考虑从"爱"、"怒"、"威"、"义"、"利"这五个方面去设计相关的激励措施。传统的激励理论一直对利益激励比较关注，激励员工往往更重视运用金钱的激励。有很多情况运用金钱进行激励确实有一定的效果，但是根据马斯洛的需求理论，人们的生理、安全等底层的需求满足之后，就会开始追求尊重、交往以及自我实现需求的满足，在这种情况下金钱的激励作用就会减弱，因为高层次的需求很难用金钱来满足。另外，即使人们对于低层次的需求尚未完全满足，仍然非常需要金钱来改善自己的生活条件时，诸如"爱"、"怒"、"义"等这样一些非经济激励因素也仍然能够发挥巨大的作用。在当代像美国等不少国家大量地使用高薪来激励企业高管的方式，但是其激励效果却并不好。究其根本原因就是没有全面考虑人性问题，而一味迷信经济激励的作用。

## 二、伦理管理的基本手段——伦理教化

伦理管理的基本手段是管理者对被管理者进行伦理道德规范和行为的示范、教育与熏陶，简称为伦理教化。《司马法》针对此问题提出了伦理教化的不同层次、原则、目标、基础和内容，并指出在完成伦理教化之后，领导者应如何运用管理手段提升组织的管理境界。

## (一) 伦理教化的层次、原则与目标

《司马法》说，"天子之义，必纯取法天地，而观于先圣。士庶之义，必奉于父母，而正于君长。故虽有明君，士不先教，不可用也。"意思是，组织最高管理者（领导者）——"天子"应有的行为准则一定是完全效法天地运行之道，同时考察古代圣贤君王的治国之道而得出来的。而社会的中坚力量和普通老百姓——"士庶"应有的行为准则一定离不开在家孝顺奉养父母、在工作单位中听从上级的指令，尽职尽责的工作。即使最高管理者是一个非常贤明的人，如果他不对自己的下属进行一番教育和训练，也很难开展工作。这段文字要说明的核心观点就是一个管理者，即使有着丰富的管理经验和超强的能力，如果不对下属进行教育，很难做成事情。而在国家管理中，上至天子、下至士庶都必须接受伦理道德教育，整个社会才能正常运作。

《司马法》把组织中的人分成天子、士（大夫）、庶（民）三类，和当代管理理论把组织中的人员分为高层、中层和基层三类是对应的。作为组织领导的"天子"应该首先教育好他的干部，也就是"士（大夫）"，提高他们的素质和才能，然后再让士大夫去教化广大普通民众，也就是"庶（民）"。这样一级一级的教化，全面提升整个组织的素质和能力。反之，领导者如果不先行对干部进行教育，那么干部就不能真正明白领导者的管理理念，普通成员更是如此，即使领导者的决策非常正确，但是员工的执行力却很差，正确的决策无法落实，整个组织的工作也就无法做好。

《司马法》认为想要成为一个组织中合格的领导者（最高管理者）就应当效法天地之道，并且观察古圣先贤的事迹进行自我教育或自我管理。观察古圣先贤的事迹比较好理解，《司马法》花了大量的篇幅讲解有虞氏和夏商周三代圣贤君主是如何治理国家的，就是要向组织领导者展示古圣先贤的事迹，让领导者认真学习和体悟古圣先贤的治国之道。但是领导者如何效法天地之道呢？《司马法》对此没有真正深入阐述。不过在《武经七书直解》中对此做了拓展，"天地之道，春生而夏长，秋收而冬藏。天子亦法天地之逆，仁以爱之，义以制之，礼以敬之，智以别之，一宽一猛也。天地之道，阳舒而阴惨，阴杀而阳生。天子亦法天地之道，修德而行政。明刑而慎罚，一张一弛也。"大意是，天地之道表现为一年四季的变化，春生而夏长，秋收而冬藏。天子应该培养自己的仁义礼智四种德行来配合四季的变化。在治国的过程中明白一张一弛、宽猛相济的道理。被誉为中国群经之首的《易经》对天地之道也有阐释，

《易经》说,"天行健,君子以自强不息","地势坤,君子以厚德载物"。君子应该效法上天刚健运行不息的精神,保持自强不息积极进取的人生态度;君子还应该效法大地承载万物的广大德行,修身,提升自己的德行和才能。概括起来就是领导者要努力修身,进行自我管理,积极培育自己的德行和才能。

《司马法》认为优秀的领导是搞好组织伦理管理的前提。而优秀领导者开展组织伦理管理工作的第一步就是要对下属进行教育和教化,所谓"士不先教,不可用也"。教育、教化要先行的原因就在于,伦理管理必须通过组织成员统一的伦理道德观念来配合日常的管理工作。被管理者如果对相关的伦理道德观念缺乏认识和认同,伦理管理就缺乏了最根本的基础。所以,领导者必须事先对下属进行教育和培训,让组织中所有人都有相关的伦理认识和伦理认同,这样大家做事情就有了统一的准则和方向,伦理管理才可能有效果。因此,《司马法》伦理管理工作开展的顺序可以归纳为,首先是管理者自身对伦理管理理念的学习、理解与体悟;其次是管理者对下属进行教育和培训,把伦理管理理念和基本方法传授给他们,让他们能够很好地领悟上级的各项政策和命令背后的伦理价值;最后,才是开展各种具体的伦理管理活动。从人力资源管理的角度来,"士不先教,不可用也"的观点,说明《司马法》早就认识到员工培训的价值,提出员工进入一个组织,组织首先要做的就是对员工进行培训,让员工接受组织的文化,懂得必备的岗位技能,否则就很容易出现员工能力不足,无法胜任工作或者员工不认同公司的价值观,有能力也不愿意表现或者难以表现的现象。

《司马法》仍然以古代的圣贤君主治国的事情为例,提出了伦理教化的原则和目标,《司马法》说,"古之教民,必立贵贱之伦经,使不相陵。德义不相踰,材技不相掩,勇力不相犯,故力同而意和也。"意思是,古代圣王治世的时候,一定会建立一套伦理秩序,并且一定会通过教育、教化的方式把伦理管理的基本思想灌输给民众。古代圣贤君王教育民众的基本内容是一套治理国家的伦理道德规范,这套伦理道德规范通过把人们划分为多个阶层,然后确定不同阶层的行为规范,哪些行为是高贵的、哪些行为是卑贱的。这样全社会人们的行为就都有了规范,只要大家都遵守这样的伦理道德规范,就能够使整个社会井然有序,人们彼此之间一般不会出现激烈的冲突。在这套规范下,德行高尚的人和喜欢维护社会正义的人不会相互看不惯,有才技的人才不会被埋没,有勇力的人不敢违抗命令。这样,做事的时候大家就会心往一处想,劲往一处使了。

## 《司马法》伦理管理思想研究

《司马法》的伦理教化的基本原则就是"立贵贱之伦经，使不相陵"。俗话说"物以类聚，人以群分"，无论一个组织，还是一个社会，人们都会根据自己扮演的社会角色、个人习惯以及利益关系等因素形成不同的群体和阶层。管理者在组织中确立了大家公认的基本伦理道德规范之后，就要把组织中的人群进行分类，给不同类别的群体确定各自的伦理道德规范，使各个群体都能够有一套适合自己的规范，从而减少组织内部冲突。《司马法》提出的"必立贵贱之伦经"思想，经常被人误读为封建等级思想，其实《司马法》以及一些儒家思想家的等级思想更多的是针对社会分工和角色扮演问题而提出的，并非人格上的不平等。从现代社会来看，尽管我们一直提倡"领导是人民的公仆"、"领导和群众只有分工的不同而没有地位的不同"这类的观念，但实际上，不同阶层之间的巨大差异还是难以抹杀的。领导者和普通员工之间在思想、行为规范等方面的差异，我们需要有一个词汇来描绘，如果不用"贵贱"，肯定会有其他的词汇来代替。不能认为古人使用了"贵贱"一词就一定具有现代人所理解的封建等级思想。

《司马法》认为组织内部冲突的表现就是"德义相踰"、"材技相掩"、"勇力相犯"，这些内部冲突涉及组织中的四种人：第一，德行高的人；第二，喜欢维护公平正义的人；第三，有才能的人；第四，用勇气的人。一般来说，德行高的人应该给予尊贵的地位，但是，他不一定善于维护公平正义；而喜欢维护公平正义的人，自身的德行未必一定高，因此，可以给予他们相应的权力，但不能给予太高贵的位置，否则他们可能滥用权力；有才能的人必须放在适合他们才能发挥的地方；有勇气的人，必须保证他们的勇气不被滥用。要达到这样的目标，就必须建立一套适合不同群体的详细而具体的伦理行为规范，并且运用教化的手段把这套行为规范灌输给组织中的所有成员，让组织中的所有人都认同，才能够使他们的行为都井然有序，达到"力同而意和"的管理境界。组织内部如果达到了这个管理境界，就有了应对激烈外部竞争的基础。

伦理教化的目标是"故力同而意和也"。所谓"力同"，就是大家劲往一处使，"意和"则是大家虽然有各种不同的观点，这些观点都是为了推动组织发展而提出来的，彼此相互碰撞能够产生创新的火花，却不至于产生内部冲突。《国语·郑语》说，"夫和实生物，同则不继。以他平他谓之和，故能丰长而物生之。若以同裨同，尽乃弃矣。"意思是，和谐才是创造事物的原则，相同是不能连续不断永远长久的。把许多不同的东西结合在一起而使它们得到平衡，这叫作和谐，所以能够使物质丰盛而成长起来。如果以相同的东西合在一起便会被抛弃了。《司马法》认为组织内部思想要"和",思想"和"就是要在一个有原则有导向的主流思想的引导下宽容地对待各种不同思想,让各种思想百家争鸣,百花齐放。就像音乐一样,如果只有一种乐器,就无法奏出美妙的音乐,必须多种乐器配合使用。就像烹饪一样,必须有多种食材和调味品,如果只有一样东西,也同样做不出好吃的东西。力量要"同",力量"同"就是要把所有力量集中到一个方向上来,这样力量才不会被浪费。如果在一个组织内,每个人各行其是,按照自己的想法朝着不同的方向努力,那么,最终各人的努力可能就是在做无用功甚至各种力量之间产生矛盾内讧,组织不但得不到发展,反而在内部力量冲突中走向衰亡。春秋时期,晋国是最大最强的国家,周围大国小国都对他服服帖帖,连秦国也经常被晋国欺负。然而在战国初期它却灭亡了,就是因为内乱分裂成三个国家,后来在战国时期,这三个国家被秦国各个击破。只有组织领导者推行伦理管理,才能使组织中成员的思想和行为在能够相互补充、相互配合的同时却不会相互冲突。

### (二) 伦理教化的基础与内容

1. 伦理转化的基础

《司马法》提出伦理教化的基本原则和目标之后,又探讨了伦理教化的基础问题。伦理教化要有效果必须建立在一定的管理基础之上,否则教化的效果就很难保证。《司马法》提出进行伦理教化之前,必须做到以下几方面的基础工作:

(1) 必须根据国家和军队两类不同性质组织的特点,使用不同的手段进行管理。《司马法》说,"古者,国容不入军,军容不入国,故德义不相逾。"意思是,古时候,治理国家的原则不能用于治理军队,治理军队的原则不能用于治理国家。因为,治理国家主要本着德治的原则,治理军队主要本着义治的原则。朝廷的礼仪法度不用于军队,军队的礼仪法度不用于朝廷,这样"德"和"义"就不会互相逾越。其实,西方管理理论也注意到了"国容不入军,军容不入国"的问题。大体上西方管理理论把组织管理分为两类:一是以企业为代表的竞争性的组织管理工作;二是以政府部门为代表的非竞争性的组织管理工作。二者在英文词汇的实用上也有明显的差异,竞争性的组织管理基本上用"management",而公共组织的管理被称为"administration",这两种组织的管理工作差别很大。竞争性的组织管理面临着较大的环境压力,需要和竞争对手博弈,并在博弈中取得优势才能很好地发展。因此,如何增强组织实力以应对外部竞争是这类组织最关心的问题。而对于公共组织的管理来说，搞好组织内部管理，实现组织内部和谐与长治久安，可能比增强组织竞争力更为重要。《司马法》要求管理者不能把两类组织的管理方法和管理手段混用，否则就可能引发诸多不良后果。《司马法》指出，"军容入国，则民德废；国容入军，则民德弱"。意思是，把军队的礼仪法度用在朝廷内，民众的和谐礼让风气就会被废弛，把朝廷的礼仪法度用在军队中，军队的尚武精神就会被削弱。领导者必须明白管理国家和管理军队各有一套理念、制度和方法，不能混用。从管理学的角度来说，军队和国家这两种组织的性质不同，对于二者的管理目标也有天壤之别。治国追求的目标是国家的和谐与发展，为了达到这个目标，需要提倡以"仁爱"为核心的一系列伦理道德精神，因此治国之道强调的是德治；而治军追求的目标是在军事竞争中获取胜利，需要提倡以"义勇"为核心的一系列伦理道德精神，这样军队才会有强大的战斗力，因此治军之道强调的是义治。领导者如果不明白这个道理，贸然将国家、朝廷的礼仪规章贯彻于军队，那么就会出现"国容入军，则民德弱"的情况。军人尚武勇迈的精神就会被削弱乃至消失，这样军队的战斗力就会被削弱。如果贸然将治理军队的礼仪规章贯彻于国家，那么就会出现"军容入国，则民德废"的情况。老百姓幸福和谐的生活就会消失，国家就有走向对外扩张的军国主义道路的危险。治国和治军遵循的是不同的伦理道德体系，提倡内容和重点有极大差异，因此，只有治国和治军分离，民众才不会迷惑，在管理过程中才能做到"德义不相踰"，保持"贵贱之伦经"。反之，就会出现"德"和"义"相冲突的情况，在治国过程中，"义"胜过"德"则会导致国家内"民德废"；在治军过程中，"德"胜过"义"则会导致"民德弱"。

《司马法》这一观点完全符合军队建设与管理的规律与特点，因此也受到后人的高度重视。《史记·绛候周勃世家》记载汉文帝时期，周亚夫被任命为将军，率领军队驻防边疆细柳，防备匈奴人的进攻。汉文帝犒劳边防军，在其他地方，汉文帝的人马都是驱驰而入，边防军的将军及其属下都骑着马出来迎送。而到了细柳军营却没有见迎接队伍，官兵都戒备森严，不正式通报根本不让进营。汉文帝就派使者拿符节通报周亚夫，皇帝到了军营门口要进营慰劳军队。收到通报，周亚夫这才传令打开军营大门。而且守卫营门的官兵对跟从皇上的武官说，将军规定，军营中不准驱车奔驰。于是皇帝的车队也只好拉住缰绳，慢慢前行。到了大营前，周亚夫手持兵器，双手抱拳行军礼，而非跪拜礼，并说自己现在是盔甲在身的将士不便跪拜，请允许按照军礼参见。劳军礼仪完毕后，汉文帝感叹地说："这才是真正的将军。其他的地方简直就像儿戏一样"，对周亚夫赞叹不已。周亚夫的行为为什么会受到汉文帝的赞赏呢？原因就是他的行为符合《司马法》的观点要求，他是在治军过程中践行"国容不入军"的思想，这正表明他精通兵法、治军严谨。反过来想想，如果在朝廷时，周亚夫对皇帝也是这种态度，那他早就要被治罪了。"国容不入军"一个反面的典型案例就是东汉末年幽州牧刘虞之死的事情。刘虞治理幽州有方，整个幽州经济发展得很好，与周围少数民族的关系处理得很好，因此，刘虞本人获得了极高的威望。但是，他手下有一员叫公孙瓒的大将不听号令，经常骚扰老百姓。于是，刘虞打算用武力消灭公孙瓒，他利用自己的威望很轻松就聚集了十几万人马，浩浩荡荡杀奔公孙瓒的大营。当时，公孙瓒的大部队到乡下抢老百姓粮食去了，城中的守军还不到1000人。似乎只要刘虞一声令下，十几万人眨眼就可以拿下城池。但是，刘虞却恪守儒家的治国原则来要求军队，要求军队不能惊扰民众，不能拆掉妨碍打仗的民房，还不能放火箭，以免烧毁老百姓的房屋，要尽量只抓公孙瓒，不伤害其他人。结果弄得十几万人攻打只有几百人的城堡久攻不下。最后，公孙瓒派出敢死队突袭，反而把刘虞抓住了，从此以后，幽州人民的幸福生活就结束了。刘虞用治国的理念来要求军队，导致军队战斗力受到严重影响，这正是"国容入军，则民德弱"的真实体现。

同样的道理，军队管理使用的法令条例也不能移作治国的工具，因为两者各有不同的特点和要求。违犯这个原则就会出现"军容入国则民德废"的情况。也就是说，如果把军队的管理方法应用于国家、朝廷，社会风气就会变得凶狠暴戾，这样社会的伦理道德和文化传统就会遭到严重的打击甚至消亡。在实践中，如果把军队尚武的精神用于治理国家，就有可能导致军国主义和军人政府的出现。军国主义是一种崇尚武力和军事扩张，将穷兵黩武和侵略扩张作为立国之本，把国家完全置于军事控制之下，使政治、经济、文教等国家生活的各个方面均服务于扩军备战和对外战争的思想和政治制度。典型的军国主义国家有：古希腊的城邦斯巴达（公元前7世纪末～公元396年）；明治维新至第二次世界大战时期的日本帝国（1868～1945年）；希特勒时期的德意志帝国（1933～1945年）。军国主义充满残酷性和反动性，曾给人类带来巨大灾难。这些军国主义国家的统治者坚持认为战争是不可避免的，和平不值得珍惜。他们追求的是本国领土的不断扩张甚至认为某些民族是劣等的，应该成为奴役的对象，打败和奴役其他民族是人生的乐事和值得追求的事业。蒙古国伊儿汗国史学家拉施特曾经记载了蒙古帝国成吉思汗的一段话：成吉思汗一日问那颜不儿古赤，人生何者最乐。答曰："春日骑骏马，拳鹰鹘出猎，见其搏取猎物，斯为最乐。"汗以此问历询不儿古勒等诸将，诸将所答与不儿古赤同。汗曰："不然。人生最大之乐，即在胜敌、逐敌、夺其所有，见其最亲之人以泪洗面，乘其马，纳其妻女也。"成吉思汗的这段话可以说是军国主义思想的典型代表。在政治上军国主义体现为某个国家政治、经济和社会生活各个方面的军事化以及对外奉行侵略扩张的政策。军国主义思想有以下几个特点：第一，国民经济运作以军事优先，保证战争所需；第二，私权、人权、言论自由受到压抑，宣传极端的民族主义和沙文主义，用侵略扩张的思想和政策来统治全国；第三，政治上实行集权主义和独裁制，对内镇压反战运动，强行征兵参战。无数的治国实践证明，以军事管理方式管理国家，以军队的结构特性规范社会，或迟或早会导致社会矛盾的激化和成为经济发展的"瓶颈"。

当然，军队管理也有很多成功的经验是值得企业和政府等非军事化组织学习的，很多军人出身的企业家和政治家在非军事领域做得也非常成功。但是，从根本的管理理念上，二者是有明显区别的，"国容不入军，军容不入国"，把军队管理的理念生搬硬套到企业管理和政府管理中去一定会遇到各种问题。

其实，在一个组织内部也存在类似"国容不入军，军容不入国"的现象。例如，企业内部不同的部门管理方式也是有很大差异的，不同部门之间的很多管理手段是不能混用的。企业销售部门的主要工作是与客户打交道，需要很大的灵活性。而生产部门的主要工作是与机器产品打交道，更加强调行为的规范性。两类部门的规章制度差异很大，对员工的管理方法和风格差异也很大，对优秀员工素质的要求也不一样。企业对销售人员的管理和考核，一般都是考核他们的工作结果，很少考核他们的工作过程，他们一般不需要打卡上班，有比较自由的时间，往往还拥有一些自由裁量权以方便与客户进行谈判。而对生产线上的员工的管理和考核则基本上都必须严格地按时打卡上班，工作时间内所有的行为都必须符合规范，很少有自由裁量权。为什么管理生产人员和管理销售人员差别这么大？这就是工作的性质差异造成的，如果把管理两种人员的方法相互交换肯定行不通，这样可以说是一种"国容不入军，军容不入国"的现象。

（2）建立严密的收集各种重要军事政治信息情报的网络，防止被下属蒙蔽。《司马法》说，"国中之听，必得其情，军旅之听，必得其宜，故材技不相掩。"这段话在宋版《司马法》中是承接"上贵不伐之士，不伐之士，上之器也，苟不伐则无求，无求则不争"这句话的。因此，很多注家都把这段话解释为，朝廷听从"不伐之士"的意见就能够把情况了解得一清二楚。军队听从"不伐之士"的意见就一定能找到妥善解决问题的办法。但是，我们认为"上贵不伐之士，不伐之士，上之器也，苟不伐则无求，无求则不争"这句话放在"故德义不相踰"之后，破坏了《司马法》整体的行文风格，而且联系上下文，这句话并不能很好地承接前文"国容不入军，军容不入国"，另外把"国中之听"和"军旅之听"的对象定义为"不伐之士"这种解释也略显牵强，"不伐之士"不一定能够掌握国内的各种事情的具体情况和军队的各种管理细节，听从他们的意见恐怕达不到"必得其情"和"必得其宜"的效果。因此，我们重新调整了文字秩序，认为这段话可以做两种解释，第一种解释是把"国中之听"和"军旅之听"的主体分别看成国家领导人和军队领导人，这样就可以解释为国家内部事务非常复杂，国家领导人处理国家内部事务时必须要全面准确地了解实际情况，不可以仅仅听下属汇报就做决策，否则就会被蒙蔽，一部分有才能的人就会被埋没。相比国家事务来说，军队领导者面临的军队内部事务相对比较简单，不太容易被蒙蔽，因此军队领导者在处理军队内部事务时重点要放在决策后实施过程中的各个环节的细节问题，让所有士兵都能够人尽其才、才尽其用。这样，有才技的人就不致被埋没了。第二种解释是把"国中之听"和"军旅之听"的主体统一看成军队领导人，或者说一个优秀的将领。这样就可以解释为作为一个优秀的将领，对于国家内部各种重大的事务一定要有所了解，而且必须要了解准确，这样才能真正明白君主的意图，继而才能让自己做出的决策获得君主真正的支持，不致做一些劳而无功的事情。而对于军队内部的事务，将领不仅要考虑决策的正确性，更要考虑决策之后实施过程的各个环节的细节问题，让所有士兵们都能够人尽其才、才尽其用。这样，有才技的人就不致被埋没了。

　　一般来说，组织越大，组织最高领导者就越容易受到身边人的蒙蔽，不仅人才会被埋没甚至听到的很多消息都是虚假的。《战国策·齐策一》有一个"邹忌讽齐王纳谏"的故事，把领导者为什么会受到蒙蔽的原因说得很清楚。故事是这样的，邹忌长得很帅气，有一天早上他照镜子时，问他妻子，"我和城北徐公哪个长得更帅？"他妻子说，"当然是你帅啦，徐公根本比不上你。"城北徐公是当时齐国著名的帅哥。邹忌不太相信，就去问他的小妾同样问题，结果小妾的话和妻子的话如出一辙。当天，有一个客人来拜访，邹忌又问客人这个问题，客人说，"徐公没有您长得帅"，这下邹忌觉得有些自信了。没想到第二天，徐公居然来拜访他，邹忌一见徐公，立刻就觉得自叹不如，中间他偷偷照镜子，这回感觉自己远远不如徐公长得好。这件事情让他陷入了沉思。他心想，"我的妻子认为我美，是偏爱我；我的小妾认为我美，是惧怕我；客人认为我美，是有求于我。"于是，邹忌上朝拜见齐威王说："我确实知道自己不如徐公美丽。可是我的妻子偏爱我，我的妾惧怕我，我的客人对我有所求，他们都认为我比徐公美丽。如今的齐国，土地方圆千里，有120座城池，宫中的姬妾和身边的近臣没有不偏爱大王的；朝廷中的大臣没有不惧怕大王的；国内的百姓没有不对大王有所求的；由此看来，大王受蒙蔽一定很厉害了。"齐威王说："说得真好。"于是下了一道命令："所有的大臣、官吏、百姓，能够当面批评我的过错的，可得上等奖赏；能够上书劝谏我的，得中等奖赏；能够在众人集聚的公共场所指责、议论我的过失，并能传到我耳朵里的，得下等奖赏。"政令刚一下达，所有大臣都来进言规劝，宫门庭院就像集市一样喧闹。几个月以后，有时偶尔还有人进谏。一年以后，即使想进言，也没有什么可说的了。燕、赵、韩、魏等国听说了这件事都到齐国来朝见。当然，齐威王的办法不一定真的很好用。例如在明朝时候就专门设有一批言官，其职责是规谏皇帝，左右言路，弹劾、纠察百司、百官，巡视、按察地方吏治等。言官在明朝早期起到了很好的作用，但在明朝后期就变质了，他们也和一些利益集团结合，党同伐异，朋比为奸，置国家命运于不顾，对于国家衰败起了推波助澜的作用。

所以，我们认为要做到"国中之听，必得其情，军旅之听，必得其宜"的关键还是领导者必须要有自己的耳目，形成一张庞大而运作高效的情报网络。这个情报网络能够把组织各种细致的情况都摸清楚，然后建立严格的考核制度，以严刑峻法对付那些敢于欺上瞒下的官僚；这样优秀的人才不会被埋没，无能的官僚和贪官污吏才能被发现。《东周列国志》记载了这样一个故事，齐威王常常听到身边的人称赞阿邑大夫很贤能，而贬斥即墨邑大夫不称职。于是，齐威王暗中派人去考察二邑的治理状况，在得知实情之后，降旨召阿邑大夫和即墨邑大夫入朝。齐威王在朝堂上当着文武百官的面对即墨邑大夫说："自从您担任即墨邑大夫之后，我听到很多诽谤您的言论。但是，我暗中派人视察即墨，发现田野开辟，人民安居乐业。我想您一定是专心治理即墨，没有花钱贿赂我身边的人，所以才会遭到诽谤，您才是真正的大臣呀。"于是，大加封赏。接下来，齐威王对阿大夫说："自从你担任阿邑大夫之后，我听到很多关于你的好话，都说你很能干。可是，我暗中派人视察阿邑，发现田

## 第四章 《司马法》伦理管理的依据和手段

野荒芜,人民挨饿受冻。我还记得有一次,赵国军队入侵我国边境,你不去救援,反而花很多钱来贿赂我身边的人,像你这样的地方官员实在是太可恨!"阿邑大夫吓得赶紧谢罪,表示愿意改过。齐威王不听,让武士把阿邑大夫扔进装满了沸腾开水的大鼎中,又对身边经常称赞阿邑大夫、诽谤即墨邑大夫的侍者说:"你们作为我身边的侍者,本来应该帮我打探外界情况,防止我被蒙蔽,现在你们却私自接受他人的贿赂,颠倒是非,欺骗我!要你们有什么用!"于是下令,把这些人也扔进大鼎。身边这些人吓得都跪地求饶。最后,齐威王还是处死了几个平时自己最为信任,却仍然欺骗自己的侍者。

（3）要严明赏罚,执行法令必严,违反法令必究。《司马法》说:"从命为士上赏,犯命为士上戮,故勇力不相犯。"意思是,对服从命令的人上级要给予奖励,对违抗命令的人上级要给予制裁,这样,有勇力的人就不敢违抗命令了。

服从命令的人要给予奖励,违抗命令的人要严厉处罚,似乎是常识,毕竟领导者很少有喜欢违抗自己命令的人。但是,有的时候,要做到这一点并不容易。有时候犯命之士可能非常有才,让人舍不得处罚。《尉缭子》记载了这样一个事例,战国时期吴起率领魏军与秦军作战,两军尚未交锋,他手下有一位勇士没等下达攻击的命令就独自冲向前去,斩获敌人两个首级回来邀功。结果吴起下令处死他,军吏求情说:"这是一个有难得的勇士,不应该杀掉。"吴起说:"他确实是勇士,但他违背了我的军令,军令是任何人都不可以违背的。"结果还是把他杀了。另外,在一些特殊的情况下,"犯命之士"可能具有特别重要的作用,以至于领导也拿他没有办法。东晋时期前秦王朝名将王猛就遇到了这样的"犯命之士"。王猛带兵攻打燕国,令将军徐成去侦察燕军情况,相约中午时回报。但徐成一直到了晚上才回来。王猛以徐成误了军令为由,欲斩徐成。大将邓羌为徐成求情,对王猛说:"如今两军大战在即,用人之际,徐成是我手下的猛将,请赦免他,让他戴罪立功。"王猛不答应。邓羌再次请求道:"徐成和我情同兄弟,这次他违反军令应斩,我作为他领导也有责任,我愿意和他一起分担罪责。我请求和他一起在两军阵前带头冲锋陷阵,用胜利来赎罪,可以吗？"王猛还是不答应。邓羌求情不成,恼羞成怒,回到自己军营,集合队伍,扬言要攻打王猛。吓得王猛急忙派人告诉邓羌:"将军请住手,我马上把徐成放了。我这样做是因为听说将军对待部下非常讲义气,故此试探一下。现在我知道了,你确实是一个至情至义的人,你为了救一个部将都能够如此,何况是为了国家呢？有了你这样的将军,我没有什么忧虑的了！"王猛嘴里虽然这么说了，其内心世界如何，就不得而知了。

2. 伦理教化的内容

在阐述了伦理教化的目标、基础之后，一个更加值得关注的问题是，伦理教化的内容是什么呢？前面我们已经阐述六种德行的管理价值，显然六种德行应该是伦理教化的主要内容之一。但是六种德行更多的是对于领导者的要求，真正在伦理教化过程中，还需要根据不同的对象、不同具体情况选择教化的内容。因此，《司马法》提出，"凡民，以仁救，以义战；以智决，以勇斗，以信专；以利劝，以功胜"。这句话虽然字数很少，但意思比较复杂。这里的"民"乃是相对于管理者来说的，大体上军事竞争中的"民"有三类：第一类是普通民众；第二类是领导者的下属将官；第三类是出征作战的士兵。《司马法》对这三类人的伦理道德教育和激励问题提出了一些重要原则。

《司马法》认为，对于一个国家的普通民众来说，他们能够支持本国君主决策出兵去救援其他国家的人民，是因为他们平时在国内深受"仁爱"思想的熏陶；征兵时，民众能够积极参战，是因为他们平时在国内深受"见义勇为"思想的熏陶；所以君主平时要想方设法在国内弘扬"仁爱"和"见义勇为"的伦理道德思想。这样，当他需要出兵去救援其他国家或者保卫本国不受侵犯时，民众就会积极参战。

而对于将领来说，如果他的下属将官在作战时，面对不确定的情况能够灵活决断，是因为将领平时重视对他们智慧的培养；下属将官们面对强大的敌人能够奋勇作战而不退缩，是因为将领平时重视对他们勇气的培养；作战时，将领专断独行的发号施令而能够不会被下属将官们怀疑号令的正确性，是因为他在平时就得到了大家的信赖。

而对于出征作战的普通士兵来说，他们能够奋勇作战是因为受到了眼前实际利害因素的驱使。因为他们明白在作战过程中，奋勇杀敌就会获得极大的实际利益，如果怯战后退就会受到严厉的惩罚。他们愿意为了追求胜利而奋不顾身，是因为一旦获得胜利，领导会论功行赏。

为什么不同类别的人教育的重点和激励方式有这么大的差异呢？这和他们的特点和需求不同有关。对于国内的普通民众来说，他们不一定真正参战，不能因为战争而损害国内良好的道德风气，因此，教育的重点仍然是要提倡仁爱精神，不宜对他们过多谈论出兵作战的利害问题。而对于一般的将官来说，他们作为职业军人，出兵作战是他们晋升和获得利益的基本途径，不需要和他们过多的谈论利益问题，教育的重点要放在培养他们的智慧和勇气以及对上级将

# 第四章 《司马法》伦理管理的依据和手段

领的信心上，因为他们具备了这几方面的品质才是打胜仗的重要前提条件。而对于普通士兵来说，他们不一定以军人为职业，有的很可能打完仗就回家从事其他职业了，有的士兵可能是因为某些原因迫不得已才应征入伍的。而且一旦出兵作战，他们是最容易出现伤亡的群体。因此，对于他们的教化和激励要重点放在功利方面。

可见，优秀的管理者必须善于根据不同类型的人员和不同的环境，选择教育的内容和激励的方式。这一点在现代企业管理中也是非常有价值的。在一般情况下，企业基层员工的收入往往比较低，对企业的归宿感不强。他们在工作中如果不能拿到一定数额报酬的话，一方面会导致的生活品质明显下降；另一方面也会影响对企业的认同感。因此，激励基层员工的最好手段就是经济利益激励。管理者要让他们明白只要按要求努力工作，就有眼前看得见的巨大实际利益，反之，就有很多害处。这样他们就会朝着管理者预期的目标去努力。然而用这个思路去激励高层管理者和具有很强专业技能的员工时却不一定有效。因为这些人的能力比较强，他们往往在任何一个地方都能够获得足够的收入保障其基本生活需求，因此他们一般不会为了经济利益而去努力工作。而且仅仅通过提高薪酬待遇来激励他们，还会出现明显的边际效用递减现象甚至出现加薪之后，他们反而降低了工作努力程度的情况。因为，他们很可能会觉得既然只需要拿出一部分时间和精力去工作，就可以获得足够生活的报酬，何必更加努力工作呢？还不如用多余的时间和精力去从事个人喜欢的事情，如休闲或者社交等活动，自己的幸福感反而提升更多。根据马斯洛五层需求理论，高层管理者和具有很强专业技能的员工往往对于高层次的需求更加感兴趣，这就要求企业领导者善于对这些人进行教化，使他们能够把自己的高层次需要和企业未来的发展结合起来，为他们提供各种发展机会和发展平台，让他们在工作中找到成就感和满足感，才能真正激励他们努力工作。

## （三）伦理教化后的管理手段

在进行伦理教化之后，领导者还需要用一些具体的措施保障教化的效果，才能把组织的管理水平提升到一个更高的境界。对此，《司马法》提出了以下几个方面具体管理手段：

1. 教化和甄选人才

《司马法》继续说："既致教其民，然后谨选而使之。"意思是，领导应该对民众进行伦理教化，并且在民众接受伦理教化之后，开展人才甄选工作，严谨认真的在民众中选择优秀人才，并把他们任用到合适的岗位上去。具体在甄选人才的过程中，除了才能之外，《司马法》还强调德行，特别是"谦虚"的德行。《司马法》说，"上贵不伐之士，不伐之士，上之器也，苟不伐则无求，无求则不争。"意思是，领导应该重用谦虚、不喜欢表现的人。因为不喜欢表现的人是上等的人才。一个人如果不喜欢表现就说明他没有过多的欲求，而没有欲求就不会和别人争夺利益和功劳。中国传统文化一向提倡谦让的精神，俗话说"谦受益，满招损"，《易经》中只有《谦》卦的爻辞是六爻全吉。在组织中提倡谦让的精神能够让组织变得更加和谐，使人们之间的关系更加融洽；人们在这样的组织中工作也会心情愉悦，这不仅有利于巩固伦理教化的成果，也有利于组织留住人才，所以《司马法》才特别强调具有谦虚的品质的人才是上等的人才。

2. 细化管理制度、优化教育内容

《司马法》说，"事极修，则百官给矣，教极省，① 则民兴良矣。"意思是，组织领导者需要细致认真地对待组织中的各种事情，尽量把事情的各个环节都考虑到，这样出台的相关制度才不会有明显漏洞，与制度相关的运行机制才能合理有效，各级官吏在工作中才会尽职尽责。领导者对下属进行教化的内容应该以引导人们在各个方面不断进行自我反省为核心，这样整个组织的风气就会变得良好。这里有一个值得思考的问题就是，领导者如果事情做得特别细，会不会导致工作太辛苦呢？一些领导者往往比较关注组织的大事，关注战略问题，而不太关心具体的细节问题，他们认为细节问题是下属应该操心的事情，自己作为领导者不能事必躬亲。那么，领导者是应该关心宏观的战略问题，还是应该关注事物的细节呢？是战略决定成败，还是细节决定成败呢？其实，这两种观点并不矛盾，领导者在没有培养出合格的下属干部之前，只能事必躬亲。但是聪明的领导者会把这个事必躬亲的过程和选拔培养下属干部的工作结合起来。他们每做一件事情都会非常认真细致，把每一个细节都做好，并且让有潜质的干部在身边跟着学习。然后，再不断放手授权给身边的干部去做。这样经过相当长一段时期的教育，打造出一支素质达标的干部队伍，即"百官给矣"时，领导者才有可能从事必躬亲的行为模式中解放出来。这样，领导者就可以把自己工作的重点由培养干部做事的能力转向推动干部道德素质

---

① 教极省，省应该解释为反省，教育导向让人向心灵深处反省，倾听内心的良心的声音，从而提升自己的道德境界，使被教化者能够自律。

和境界的提升，最终实现干部能够自觉自动地做事，并且把事情做好。到了这个阶段，领导者工作就会变得非常轻松，从有为境界走向无为境界了。

3. 坚持不懈，形成组织文化和成员的习惯

《司马法》说，"习惯成，则民体俗矣，教化之至也。"意思是，教化工作要坚持不懈，让教化的内容变成人们行为的一种习惯，这种习惯一旦养成，就会在组织或者社会上形成一种风俗文化，民众就会很自然地按习俗行事。在这种情况下，如果有人违反教化的内容，立刻就会让周围的人感觉不舒服，从而一起来反对他或者帮助他改正，这可以说是教化的最高境界。

## 三、伦理管理手段的历史分析

本节《司马法》选取了舜帝、夏朝、商朝、周朝四代君主作为案例，分析其伦理管理手段的差异，从中我们可以管窥在不同时代背景下，人们伦理道德境界的差异对伦理管理手段的影响。

### （一）伦理教化的境界——上古君主军事动员方式比较

《司马法》说，"有虞氏戒于国中，欲民体其命也。夏后氏誓于军中，欲民先成其虑也。殷誓于军门之外，欲民先意以行事也。周将交刃而誓之，以致民志也。"[①] 意思是，上古时候的有虞氏治理国家，遇到重大事件需要发动战争时，君主一般是直接把事情在国内公布，目的是让老百姓了解事情的前因后果，领会发动征战的原因和道理，让全体国民都能够从心底支持君主发布政令。夏后氏将要打仗时则习惯在军队中进行宣传鼓动，目的是让士兵明白发动征战的原因和道理，并从心底支持君主发布政令。殷商朝将要打仗时则习惯在军队出征时进行宣传鼓动，目的是让士兵事先知道行动意图，以便于指挥。周朝将要打仗时习惯在两军交锋的阵前进行宣传鼓动，目的是激发士卒的战斗热情。

从某种意义上说，有虞氏是具有最高的智慧和才能的管理者，有着最高的管理境界。因为有虞氏能够让下属体会到自己的使命，不需要管理者进行干预和约束，下属就能积极主动地完成自己的使命。当然，要达到这个管理境界，必须要依靠管理者对下属进行长时间的教化，帮助他们建立合乎伦理道德的价

---

① 一般认为有虞氏是中国古代五帝之一的舜帝部落名称；夏后氏是夏朝统治阶段的名称。

值观与人生观，并且真诚地为他们设计职业发展道路，提升他们的能力和综合素质。下属有很高的道德觉悟时，才可能做到"体其命"。所谓"体其命"，就是下属或者说被管理者能够体会到，自己的领导或组织提出的理想、目标和自己心中的理想、目标是本质上一致的。因此，他们会自觉自动地努力工作，不仅会认真完成上级交代的任务，还会主动发现问题，解决问题。

相比之下，夏后氏则是比有虞氏次一等的管理者。他们不能够把自己的理想和价值观变成下属的理想和价值观，无法让下属体会自己的使命。但他们有一个优点就是非常善于教育和用人，能够因材施教，用各种方法引导下属去思考，从而在接到任务时能够考虑周全、准备充分，执行时能够毫不动摇。所谓"先成其虑"，就是下属在执行任务之前能够考虑周全，准备充分。

殷商的统治者则是再次一等的管理者。他们一般在做具体的事情之前才告诉下属自己的意图，他们重视的是下属能否很好地理解和执行自己的命令，而不重视对下属的使命感和独立思考能力的培养。所谓"先意以行事也"，就是让下属事先领会自己的意图，然后能够好好执行。从某种程度上说，殷商朝统治者重视让下属领会自己的意图，正好说明当时的人们缺乏使命感，不会站在领导的角度去分析问题。

周朝的统治者则是做得比较差的管理者。他们只需要下属的操作技能，不希望下属有自己独立的想法。某种程度上，这种管理者甚至希望下属没有自己独立的思想，只有工作热情和专业技能的愚忠之人。所谓"致民志"，就是激发下属努力工作的热情。周朝统治者重视激发下属的工作热情，正好说明当时的人们缺乏工作的热情。

显然，从管理主体的角度来看，有虞氏的管理比较轻松，管理者只需要把努力的方向指出来就可以了。下属会积极主动地根据方向来制定目标，寻找实现目标的路径与方法甚至发挥自己的创造性去解决各种意外问题，无疑这是最高的管理境界。难怪《论语》中孔子曾经感叹舜帝的治理国境界高明说，"无为而治者，其舜也与？夫何为哉？恭己正南面而已矣。"而夏后氏则需要懂得战略，有战略眼光和军事谋略。领导者必须把目标、任务、路径等问题都明白告诉自己的下属，他们才能很好地完成任务，这也可以算是一种比较不错的管理境界。至于殷商和周朝的管理者则非常辛苦，不仅需要有战略眼光和军事谋略，还需要对组织的各种细节问题进行管理。因为他们的下属缺乏足够的主动性，更加谈不上创造性，工作中的各种细节问题往往都需要上级指示才知道如何做，这种管理境界就比较差了。

## 第四章 《司马法》伦理管理的依据和手段

### （二）器物层面的伦理文化分析

一个组织的价值观和伦理道德理念不仅会表现在其思想、行动上，还会表现在各种器物上。《司马法》通过比较夏商周三代的战车、军旗以及徽章等器物来说明伦理管理理念在物质层面上的渗透与应用。

#### 1. 三代兵器风格的差异

《司马法》说，"夏后氏正其德也，未用兵之刃，故其兵不杂。殷义也，始用兵之刃矣。周力也，尽用兵之刃矣。"意思是，夏朝的管理者崇尚德治，在管理军队这样的组织时，也不愿意去想方设法提升武器装备的杀伤力。所以他们用的兵器都比较简单，而且没有各种复杂的武器组合；而殷商的管理者崇尚义治，他们认为军队是特殊的组织，不能过于考虑道德仁爱，有必要提高武器装备的杀伤力。故此，殷商的武器比较复杂，杀伤力也较强；而周朝的管理者崇尚实力。故此，他们在管理军队时，想方设法提高武器的杀伤力，设计了各种复杂的兵器。

#### 2. 三代战车设计风格差异

《司马法》说，"戎车：夏后氏曰钩车，先正也；殷曰寅车，先疾也；周曰元戎，先良也。"意思是，从战车设计风格来看，夏朝的战车名叫钩车，这种车的设计注重结构平整、规范，行驶平稳，体现了夏朝为了维护正义和秩序而战的理念；商朝的战车叫寅车，这种车的设计追求行驶快速，体现了商朝希望尽快结束战争，减少人民痛苦的理念；① 而周朝的战车叫元戎，这种车的设计注重结构的精良，以期达到既平稳又快速的目标，体现了周朝运用各种手段追求胜利的理念。

#### 3. 三代战旗颜色的差异

《司马法》说，"旗：夏后氏玄，首人之孰也，殷白，天之义也；周黄，地之道也。"意思是，从军旗颜色来看，夏朝的军旗是黑色的，这是人的头发颜色。头发处于人身体的最高处，象征着出战是为了维护社会的最高道德和伦理秩序；商朝的军旗是白色的，这是苍天的颜色，象征着遵照天意行事；周朝的军旗是黄色的，这是大地的颜色，象征着维护国家领土的完整。《司马法》中三代战旗差异的寓意也可以归结到"天地人"三才上，夏朝军旗代表维护

---

① "先疾"，也可以理解为强调"兵贵神速"、"速战速决"的竞争理念，不过，这样的理解就把政治层面降低为军事战术层面，且和前后文不一致，但是，这种理解也是有意义的。

人伦秩序或者说是为了维护人之所以为人的根本准则。普通民众也相信统治者是为了这个目的而作战。商朝统治者由于德行和威信不足,则不得不借助"天之义"来说明自己是奉天意而行动,让人们相信统治者出兵作战的正义性。而到了周朝,由于统治者的德行和威信进一步下降,不得不借助祖国、家园的概念,来鼓励人们为了保护自己祖国和家园而战。

4. 三代军队徽章形状的差异

《司马法》说,"章:夏后氏以日月,尚明也;殷以虎,尚威也;周以龙,尚文也。"意思是,从军队的徽章形状来看,夏朝的徽章是日月的形状,表示崇尚光明;商朝的徽章是老虎的形状,表示崇尚威严;周朝的徽章是龙的形状,表示崇尚文巧。如果用当代管理的术语来说,"尚明"就是管理者具有极高的管理智慧,对内能够制定符合人性的政策和制度、设计符合事物规律的流程和运行机制,整个组织的内部管理非常清明;同时,管理者对外能够做出正确的战略分析与决策能力。这样的组织必定会不断地发展,组织成员也会感觉幸福与自豪,从而对组织之外的人员产生极大的吸引力。"尚威"就是管理者非常务实,对于如何提升组织内部的效率和增强组织外部的竞争力有一套办法,从而使整个组织运作效率高效,对外形成了强大的竞争力。"尚文"就是管理者具有很高的情景智慧,在面临着不确定性的外部环境时能够,及时调整自己的战术,顺势而为,重构竞争优势。《司法法》对三代徽章差异寓意的分析和当代国际关系中"软实力"、"硬实力"、"巧实力"概念有异曲同工之妙。"硬实力"与"软实力"是美国哈佛大学教授约瑟夫·奈提出的,他把综合国力分为硬实力与软实力两种形态。硬实力是指支配性实力,包括基本资源(如土地面积、人口、自然资源)、军事力量、经济力量和科技力量等;软实力则分为国家的凝聚力、文化被普遍认同的程度和参与国际机构的程度等。换句话说,就是一个国家依靠政治制度的吸引力、文化价值的感召力和国民形象的亲和力等释放出来的无形影响力。"巧实力"是由美国学者苏珊尼·诺瑟2004年在《外交》杂志上提出的,强调综合运用硬实力和软实力来实现美国外交目标。后来美国国务卿希拉里用"巧实力"的概念说明美国的外交政策,大体就是要通过灵巧运用可由美国支配的所有政策工具,包括外交、经济、军事、政治、法律和文化等各种手段恢复美国的全球领导力。简言之,就是要软硬兼施。管理"尚明"才能产生所谓的"软实力",管理"尚威"才能产生所谓的"硬实力",管理"尚文"才能产生所谓的"巧实力"。

另外,用某种器物代表组织文化的做法,在企业管理中也屡见不鲜,很多企业都有统一的工作服,有自己的徽章、标志甚至吉祥物、颜色等。例如 IBM 号称蓝色巨人,其公司名称"IBM"标志用的是蓝色,其售后服务起名也叫蓝色快车。IBM 公司制造的第一台战胜国际象棋世界冠军盖利·卡斯帕罗夫的计算机被称为深蓝。其主要原因是蓝色是天空的颜色,也是大海的颜色。蓝色在西方文化中有高贵、稳重、严谨、宽广的意思,在英国,贵族血统被称为"蓝血",皇室和王族女性所穿的深蓝色服装被称为"皇室蓝"。另外,在基督教中,蓝色是圣母玛利亚的象征。IBM 公司用蓝色作为自己企业文化的一部分正是要表明公司崇尚高贵、严谨、广阔等文化特质。

### (三)四代圣贤君主赏罚手段的比较分析

《司马法》在比较了夏商周三代的战车、军旗以及徽章等器物文化之后,还分析了舜帝、夏朝、商朝、周朝四代圣贤君主赏罚手段的不同。

《司马法》说,"古者贤王,明民之德,尽民之善,故无废德,无简民,赏无所生,罚无所试。有虞氏不赏不罚,而民可用,至德也。"意思是,古代贤明的君王,通过伦理教化提升民众的道德素质,让民众都能够体悟到道德的光辉和价值,使整个社会的民众都崇尚善行。当时,社会上没有败坏道德的事,也没有不遵守法度的人,因而治理国家也就无须用赏也无须用罚。有虞氏就是如此,他治理国家,不需要使用赏赐,也不需要使用惩罚,就能让民众听从指挥。这是依靠至高无上的德行力量才能达到的至高管理境界。《司马法》还举了例子来进一步说明在那种管理境界中一些不同寻常的管理手段,"大捷不赏,上下皆不伐善。上苟不伐善,则不骄矣,下苟不伐善,必亡等矣。上下不伐善若此,让之至也"。这段话中,需要说明是"必亡等矣"一句。根据《群书治要》,原文有可能是"必不登矣"。郑慧生等人考证,"登"在春秋战国事情齐人的语言中为"得"字,而"得"字通"贪"。所以,这句话应该解释为,在有虞氏时代,打仗即使获得了大的胜利之后,也不进行封赏,那是因为全军上下互相谦让,都没有争功之心。上级如果能够不争功的话,则说明没有骄傲之心,下级若不夸耀战功,则说明没有贪心。如果上级和下属都具备了这样的道德水平,说明谦让的伦理规范在军队中得到了真正的贯彻。一个组织内部上下各级管理者和普通员工如果都能够如此谦虚,把功劳推给别人,这就叫作"让之至",即最高的谦让境界。

尽管《司马法》描述的是上古时期人们道德境界都非常高的情况,但对当代管理也有很大的启示。按照常规来说,员工在取得了大胜利或者说获得了大的成功之后都会获得非常丰厚的奖赏，但是奖赏过于丰厚也会有负面效果。获得丰厚奖赏的人们在满足了个人需求之后很有可能因此而丧失进取之心。他们很可能会从此变得不愿意努力，只想去过自己的安逸小日子，并且还有可能因此而产生骄傲自满的情绪，从而埋下将来失败的种子。所以，在组织获得了很大的成功或者业绩之后，领导者不会给予那些高素质且有功劳的下属过于丰厚的物质奖励，而是会给他们更多的责任和机会，使他们可以去追求更高层次的需求。同时，领导者会认真观察他们是否有骄傲自满的倾向。如果有的话，领导者会及时给予指导和教育，告诉他们，功劳不是靠一个人就能够获得的，而是必须依靠团队的力量，应该谦虚一些，把功劳让给其他同事，这样整个团队才会更加团结，将来才能取得更大的胜利。从另一个角度来看，在组织获得了巨大的成功之后，优秀的领导者不会把功劳揽在自己身上，而是会把功劳让给下属，这样下属才会感恩，从而加倍努力工作。而聪明的下属一般也不会去争功，会把功劳推给上级或者同事，这种下属肯定会被领导和同事所喜欢，从而被领导所重用。反过来，如果下属有了一点功劳就喜欢邀功请赏，反而会让上级感到他德行不足，不堪大任。特别是在政治组织中，下属的功劳如果太大，就可能出现功高震主的情况，如果这个时候下属还不懂得谦恭谨慎或者急流勇退，就会成为其职业生涯失败的开始。例如，汉初名将韩信就是因为功高震主而死，《史记·淮阴侯列传》记载了蒯生和韩信的一段对话，"韩信曰：'汉王遇我甚厚，载我以其车，衣我以其衣，食我以其食。吾闻之，乘人之车者载人之患，衣人之衣者怀人之忧，食人之食者死人之事，吾岂可以乡利倍义乎！'蒯生曰：'足下自以为善汉王，欲建万世之业，臣窃以为误矣。始常山王、成安君为布衣时，相与为刎颈之交，后争张黡、陈泽之事，二人相怨。常山王背项王，奉项婴头而窜，逃归于汉王。汉王借兵而东下，杀成安君泜水之南，头足异处，卒为天下笑。此二人相与，天下至驩也。然而卒相禽者，何也？患生于多欲而人心难测也。今足下欲行忠信以交于汉王，必不能固于二君之相与也，而事多大于张黡、陈泽。故臣以为足下必汉王之不危己，亦误矣。大夫种、范蠡存亡越，霸勾践，立功成名而身死亡。野兽已尽而猎狗烹。夫以交友言之，则不如张耳之与成安君者也；以忠信言之，则不过大夫种、范蠡之于勾践也。此二人者，足以观矣。原足下深虑之。且臣闻勇略震主者身危，而功盖天下者不赏。臣请言大王功略：足下涉西河，虏魏王，禽夏说，引兵下井陉，诛成安君，徇赵，胁燕，定齐，南摧楚人之兵二十万，东杀龙且，西乡以报，此所谓功无二于天下，而略不世出者也。今足下戴震主之威，挟不赏之

## 第四章 《司马法》伦理管理的依据和手段

功,归楚,楚人不信;归汉,汉人震恐:足下欲持是安归乎?夫势在人臣之位而有震主之威,名高天下,窃为足下危之。'"从这段对话中我们可以看到,韩信觉得刘邦对自己挺好,不忍心背叛他。然而蒯通却告诉他在政治利益面前,交情友谊是靠不住的。张耳与成安君的友情胜过你和刘邦,文种、范蠡对越王勾践的忠信胜过你对刘邦,可是,最后他们都为了利益而翻脸。一个人胆识和谋略都超过君主,一定会让君主感到威胁,从而产生除掉他的念头;现在韩信你有着足以威胁君主的谋略和威势,又有给予任何封赏都不过分的功绩,功高震主。你归附楚国,楚国人不信任;归附汉国,汉国人震惊恐惧。身处臣子地位而有着胜过国君的名望和功绩,这是非常危险的。韩信不听,后来果然被刘邦猜忌,被吕后设计害死。

既然"大捷不赏",那么"大败"呢?《司马法》说,"大败不诛,上下皆以不善在己,上苟以不善在己,必悔其过,下苟以不善在己,必远其罪。上下分恶若此,让之至也。"意思是,在有虞氏时代,打仗即使打了大败仗,也不进行惩罚,那是因为当时全军上下都会去从自己身上找失败的原因。上级如果能够从自己身上找失败的原因的话,就一定会吸取失败的教训,想办法弥补过错。下属如果能够从自己身上找失败的原因的话,下次作战时一定能够避免犯同样的错误。如果上级和下属都具备了这样的道德水平,都愿意从自身去找过错,承担失败的责任。那么,这就是谦让的伦理道德在组织发展到了最高境界的另一种体现。

虽然《司马法》说的是上古时期人们道德境界非常高时的做法,但是对当代的管理也同样有很大的启示。为什么大败之后领导者不应该给予下属严厉的惩罚呢?首先,出现了大败,领导者是第一责任人,是领导者缺乏用人之明或者对形势缺乏足够的判断和预见能力才会导致下属的失败。所以领导者需要进行反省。其次,大败之后的下属或者士兵,本来就非常沮丧,如果这时候上级还给予他们严厉的惩罚,有可能导致士气涣散,军心崩溃。在春秋时期有两个相反的案例正好说明"大败不诛"的意义。第一个案例是秦国和晋国之间的崤之战,在这场战役中秦军被打得大败,三位主帅都被晋军活捉了。当时晋国国君的母亲是秦国的公主,她想办法让晋国释放了三位主帅。按照当时秦国的军法,三位主帅回去很可能要被杀头。但是,秦穆公不仅没有杀三帅,而且把战败的罪过归于自己,说是因为自己的贪婪,做出了错误的决策才导致这场战役的失败。秦穆公的行为赢得了三位主帅以死相报的决心,多年之后,他们发动对晋国的报复战争,并获得了胜利。而一个相反案例是楚国和晋国争霸的城濮之战。当时楚国的统帅是成得臣,颇有军事才能,他手下的部队战斗力也很强,曾经取得过多次战役的胜利。不过他的对手是一代明君晋文公和一流的战略家先轸,他们无论在谋略和实力方面都略胜一筹。成得臣在这次战役中因为傲慢自大,迷信自己的实力,不听从楚王的命令,坚持出战,最终导致了战役的失败。其实,在这次战役中,成得臣的表现也算不错,战前有很多谋划。在交战过程中,他亲率的楚军主力部队表现出了超强的战斗力,即使被晋军包围之后,他还能够及时率领军队突围,保存了部队的实力。然而楚王却因为一时愤怒,责令他自杀,楚国因此损失了一位不可多得的大将之才。晋文公听到成得臣自杀的消息后非常高兴地说,"我再也不用担心有人可以伤害我了。"而楚国有识之士也指出,如果能够宽恕成得臣,让他改变傲慢自大的心态,戴罪立功,将来一定可以为楚国报仇雪恨。

所以,聪明的管理者遇到大的失败时,一定会首先追究自己的责任。如果大败后,管理者不肯追究自己的责任,反而一味地把责任推到下级,那么这些下级也会学上级的方式把责任推向自己的下级。最后导致大家在以后做事的过程中变得遇事推诿,不求有功,但求无过。整个组织也会陷入死气沉沉的氛围之中。反过来,如果大败后,上级首先承认自己有错误、有责任,那么下属也会敢于承担自己的责任,一些下属还会进一步产生悔过、希望补过之心。这时候,领导者如果能够抓住机会努力营造一种遇到问题时,组织内部相关各级管理者都能够从自己身上找问题、找原因的组织伦理文化氛围,整个组织内部就会变得越来越团结,失败也会越来越少。

《司马法》还说,"古者戍军,三年不兴,睹民之劳也;上下相报若此,和之至也。得意则恺歌,示喜也。偃伯灵台,答民之劳,示休也。"意思是,在上古时代,从军打仗的军人,在服役一年后,三年内不再征调他们,这是因为君主看到他们太辛苦了。在一个组织内部如果上下级都能够像古时候那样互相体恤、关心对方,就称为"和之至"。古时候出征打仗,如果打了胜仗,君主就会高奏凯歌,表示自己和战士们一样欢喜。战争后,君主就会高筑"灵台"集会来慰劳相关民众,表示从此开始休养生息了。

这种"至德"的时代无疑是《司马法》作者最为神往和推崇的时代。"至德"时代过去之后,社会整体的道德水平不断地下降,具有较高道德境界的管理者就不得不花大力气去教化这些被管理者。按照《司马法》的观点,这就是夏朝时代的管理境界。"夏赏而不罚,至教也。"意思是,夏朝治理国家,只用赏而不用罚,就能够让民众听从,这是依靠长期教化的力量才能达到的极高管理境界。那时候，人们的道德素质仍然普遍较高，不需要惩罚，只需要引导就行了。但是很明显，这个时候的人们比起有虞氏时代来说，主动性要差很多，如果不给予一定的物质和精神的激励，他们就不一定能够听从。

而到了商朝，整个社会整体的道德水平进一步下降，人性的负面因素越来越彰显，开始有人故意违反社会伦理道德，谋取自己的私利。一部分道德素质特别低下的民众，仅仅使用教化的手段已经不能让他们弃恶从善了。这个时候，管理者就不得不使用惩罚的手段来对付他们。所以商朝的统治者治理国家时，非常重视用惩罚的手段，而很少用赏赐引导的手段，即"殷罚而不赏，至威也。"《司马法》告诉我们，商朝这种重视惩罚、轻视奖励的管理方式要发挥良好的效果有一个非常重要的前提，那就是管理者必须要有极高的威信，否则，就很容易激起下属和民众的反抗。而商朝的统治者依靠长期的积累，在民众中树立了至高无上的威信，所以才能使用这种管理方式。

而到了《司马法》作者所处的时代——周朝，整个社会的道德水平已经很差了，人们只懂得关心自己的短期利益，不懂得道德为何物。这个时候，统治者治理国家必须赏罚并用才能让民众听从，即"周以赏罚，德衰也。"周朝的统治者针对道德素质低下的民众不得不既对符合社会伦理道德的行为给予奖赏，引导人们学习这些好的行为，还要对违法社会伦理道德的行为给予惩罚，对那些道德素质低下的人起到警示作用，这正好表明当时道德的衰微。

《司马法》总结说，"夏赏于朝，贵善也。殷戮于市，威不善也。周赏于朝，戮于市，劝君子惧小人也。三王彰其德，一也。"意思是，夏朝的管理者崇尚德治，崇尚德治则极力弘扬善行，所以他们在朝廷表扬行善的好人。殷商的管理者崇尚义治，崇尚义治则大力打击不善的行为。所以他们在公开场所诛杀作恶的坏人。周朝既在朝廷表扬行善的好人，又在公开场所诛杀作恶的坏人，为的是鼓励好人，威慑坏人。三代的君王虽然使用的管理手段不同，但是，他们的管理目标都是要让人们弃恶从善，都是要推动人性的发展，简言之，三代君王的管理模式遵循的都是同一个原则，即"以仁为本"。

《司马法》还进一步提出，在周朝这样德衰的时代，不仅要重视赏罚，而且领导者在对下属或者民众进行赏罚时一定还要做到奖赏及时，所谓"赏不踰时，欲民速得为善之利也。罚不迁列，欲民速规为不善之害也。"做了好事要马上给予奖励，做了坏事要立刻给予惩罚；这是因为被管理者的道德素质非常低，要在良心的指引做好事比较难，要在欲望和情绪的牵引下做坏事很容易。中国有句俗话，"学好三年，学坏三天"就是这个道理。所以，管理者见到被管理者做好事就应该尽快给予肯定，让他知道做好事能够迅速得到相应的利益，从而巩固其善心；而发现被管理者做坏事时就应该立刻给予否定、制止乃至惩罚，为的是使被管理者迅速看到做坏事的恶果，从而控制内心的私心欲望。

《司马法》作者提出了伦理管理的四个管理境界，即至德境界、至教境界、至威境界、德衰境界。在当今社会中，最常见的管理方式基本上都是赏罚兼用，是否表示我们当今时代是德衰时代呢？如果当今时代是德衰时代，那么"至德"、"至教"和"至威"这样的管理境界是否还存在呢？它们对当代的管理还有什么启发作用呢？应该说，当今时代很可能是属于《司马法》说的德衰时代，按照《司马法》的观点，当组织设计了一大堆防止人作恶的管理制度和监督机制时，实际上就是处于一种德衰管理境界。然而现在这种管理反而非常受到欢迎，例如上班用指纹打卡的制度，就是对员工的不信任，但是却在很多企业流行甚至一些政府部门和事业单位也纷纷引入，某种程度上反证了伦理管理的缺失。在这种时代背景下，国家管理恐怕是很难达到"至德"、"至教"和"至威"这样的管理境界。但是，我们虽然无法改变时代的特征，却有可能扭转局部的环境。一个掌握了伦理管理的高素质领导者是完全有可能依靠自己的力量，在一个小型的组织内部和团队内部建立一种高道德水平的文化，培养一批道德水平很高的员工，实施伦理管理，从而达到"至德"、"至教"等管理境界。我们认为在当代一些非常成功的创业团队或管理团队中，很可能就存在"至德"、"至教"和"至威"这样的管理境界。至于当代管理实践中有哪个企业达到了"至德"、"至教"和"至威"这样的管理境界，我们还不得而知。不过从相关研究来看，我们认为有的企业在一定程度上可能达到或者接近"至教"或"至威"的境界。例如德胜洋楼的管理境界就非常高。德胜洋楼是苏州一家从事木结构洋楼制造的公司，吸引了成千上万的参观者和学习者。"诚实、勤劳、有爱心，不走捷径"是德胜公司的价值观。德胜洋楼教育员工遵照严格的工作流程开展作业，而并非仅仅依靠制度设计让员工严格遵照流程作业。德胜洋楼重视对员工的言传身教，改造员工的价值观，让员工从内心深处对自己的工作有高度热忱和认可。德胜洋楼有很多创新性的管理手段，公司不设总裁办公室，总裁跟员工在小桌上一起办公、员工报销不用领导签字、员工可以脱离组织自己外出闯荡、员工上下班可以不用打卡，员工有1000多名但是管理人员只有13个，德胜曾经为了拯救受伤的员工，不惜任何代价甚至要拍卖公司筹钱，为员工花200万元治疗。这些管理手段当中有相当一部分都超越"德衰"境界比较强调的奖惩范畴，而上升到运用"教化"进行管理和运用"威信"进行管理的境界。

| 第四章 《司马法》伦理管理的依据和手段 |

## 四、《司马法》伦理管理的依据与手段特质分析

本章《司马法》探讨了伦理管理的依据——人性论,伦理管理的基本手段——伦理教化,并且从历史发展的角度分析了上古时代四个朝代的圣贤君主在军事动员方式、器物、赏罚等多个方面的特点,说明其背后伦理管理方法和手段的差异。

我们把《司马法》关于伦理管理的依据与手段的思想作为 $T_2$。构成 $T_2$ 主要内容的有三个子特质:

子特质 $T_{21}$:伦理管理的依据——人性论。《司马法》对人性的基本观点是,"人方有性,性州异;教成俗,俗州异,道化俗。"记为 $T_{211}$。《司马法》对于战争中如何利用人性的基本观点是,"凡人,死爱,死怒,死威,死义,死利。"它记为 $T_{212}$。

子特质 $T_{22}$:伦理管理的基本手段——伦理教化。针对伦理教化《司马法》提出了很多重要观点,具体而言可以分为五个子特质:第一,伦理教化层次:"天子之义,必纯取法天地而观于先圣。士庶之义,必奉于父母而正于君长。"记为 $T_{221}$。第二,伦理教化的原则与目标:"古之教民,必立贵贱之伦经,使不相陵。德义不相踰,材技不相掩,勇力不相犯,故力同而意和也。"记为 $T_{222}$。第三,伦理教化基础:"国容不入军,军容不入国,故德义不相踰。国中之听,必得其情,军旅之听,必得其宜,故材技不相掩。从命为士上赏,犯命为士上戮,故勇力不相犯",记为 $T_{223}$。第四,伦理教化的内容:"凡民,以仁救,以义战,以智决,以勇斗,以信专,以利劝,以功胜。"记为 $T_{224}$。第五,伦理教化的后续管理工作:"既致教其民,然后谨选而使之。事极修,则百官给矣,教极省,则民兴良矣,习惯成,则民体俗矣,教化之至也。"记为 $T_{225}$。

子特质 $T_{23}$:不同的历史时期伦理管理手段的比较。具体而言有三个子特质:第一,军事动员方式比较:"有虞氏戒于国中,欲民体其命也。夏后氏誓于军中,欲民先成其虑也。殷誓于军门之外,欲民先意以行事也。周将交刃而誓之,以致民志也。"记为 $T_{231}$。第二,器物文化比较:"夏后氏正其德也,未用兵之刃,故其兵不杂。殷义也,始用兵之刃矣。周力也,尽用兵之刃矣。戎车:夏后氏曰钩车,先正也;殷曰寅车,先疾也;周曰元戎,先良也。旗:夏后氏玄,首人之孰也,殷白,天之义也;周黄,地之道也。章:夏后氏以日

月,尚明也;殷以虎,尚威也;周以龙,尚文也。"记为 $T_{232}$。第三,赏罚手段比较:"有虞氏不赏不罚,而民可用,至德也。夏赏而不罚,至教也。殷罚而不赏,至威也。周以赏罚,德衰也。"记为 $T_{233}$。

这样,伦理管理的依据与手段特质 $T_2$ 的三个子特质:人性论 $T_{21}$、伦理教化 $T_{22}$、不同历史时期伦理管理手段的比较 $T_{23}$,可以记为 $T_2$:$\{T_{21}, T_{22}, T_{23}\}$。

我们归纳《司马法》伦理管理思想特质群 $T_2$ 伦理管理的依据和手段 KJ 图如图 4-1 所示。

```
┌─────────────────────────────────────────────────────────────────┐
│                  T₂ 伦理管理的依据和手段                          │
│                                                                  │
│  ┌──────────────────────────┐  ┌──────────────────────────────┐ │
│  │   T₂₁ 依据:人性论        │  │   T₂₂ 手段:伦理教化          │ │
│  │                          │  │                              │ │
│  │ ┌──────────────────────┐ │  │ ┌──────────────────────────┐ │ │
│  │ │ T₂₁₁ 伦理教化的依据: │ │  │ │ T₂₂₁ 教化的层次:         │ │ │
│  │ │ 人方有性,性州异;    │ │  │ │ 天子之义,必纯取法天地,   │ │ │
│  │ │ 教成俗,俗州异,道化俗│ │  │ │ 而观于先圣。士庶之义,    │ │ │
│  │ │                      │ │  │ │ 必奉于父母,而正于君长。  │ │ │
│  │ └──────────────────────┘ │  │ │ 虽有明君,士不先教,不可  │ │ │
│  │                          │  │ │ 用也                     │ │ │
│  │ ┌──────────────────────┐ │  │ └──────────────────────────┘ │ │
│  │ │ T₂₁₂ 人性在竞争中应用:│ │  │                              │ │
│  │ │ 凡人,死爱,死怒,死威,│ │  │ ┌──────────────────────────┐ │ │
│  │ │ 死义,死利            │ │  │ │ T₂₁₂ 教化的原则和目标:   │ │ │
│  │ └──────────────────────┘ │  │ │ 古之教民,必立贵贱之伦经,│ │ │
│  │                          │  │ │ 使不相陵。德义不相踰,    │ │ │
│  │                          │  │ │ 材技不相掩,勇力不相犯,  │ │ │
│  │                          │  │ │ 故力同而意和也           │ │ │
│  │  ┌────────────────────┐  │  │ └──────────────────────────┘ │ │
│  │  │T₂₃ 伦理管理手段历史比较│ │  ┌──────────────────────────┐ │ │
│  │  └────────────────────┘  │  │ │ T₂₂₃ 教育的基础:         │ │ │
│  │ ┌──────────────────────┐ │  │ │ 国容不入军,军容不入国,  │ │ │
│  │ │ T₂₃₁ 军事动员方式的  │ │  │ │ 故德义不相踰。国中之听,  │ │ │
│  │ │ 比较:有虞氏戒于国中, │ │  │ │ 必得其情,军旅之听,必得  │ │ │
│  │ │ 欲民体其命也。夏后氏誓│ │  │ │ 其宜,故材技不相掩。从命  │ │ │
│  │ │ 于军中,欲民先成其虑也。│ │  │ │ 为士上赏,犯命为士上戮,  │ │ │
│  │ │ 殷誓于军门之外,欲民先│ │  │ │ 故勇力不相犯             │ │ │
│  │ │ 意以行事也。周将交刃而│ │  │ └──────────────────────────┘ │ │
│  │ │ 誓之,以致民志也      │ │  │                              │ │
│  │ └──────────────────────┘ │  │ ┌──────────────────────────┐ │ │
│  │                          │  │ │ T₂₂₄ 教化的内容:         │ │ │
│  │ ┌──────────────────────┐ │  │ │ 凡民,以仁救,以义战,以  │ │ │
│  │ │ T₂₃₂ 三代赏罚制度的  │ │  │ │ 智决,以勇斗,以信专,以  │ │ │
│  │ │ 比较:有虞氏不赏不罚, │ │  │ │ 利劝,以功胜             │ │ │
│  │ │ 而民可用,至德也。夏赏│ │  │ └──────────────────────────┘ │ │
│  │ │ 而不罚,至教也。殷罚而│ │  │                              │ │
│  │ │ 不赏,至威也。周以赏罚,│ │  │ ┌──────────────────────────┐ │ │
│  │ │ 德衰也               │ │  │ │ T₂₂₅ 教化的后续管理工作: │ │ │
│  │ └──────────────────────┘ │  │ │ 既致教其民,然后谨选而使  │ │ │
│  │                          │  │ │ 之。事极修,则百官给矣,  │ │ │
│  │ ┌──────────────────────┐ │  │ │ 教极省,则民兴良矣,习惯  │ │ │
│  │ │ T₂₃₃ 三代器物文化的  │ │  │ │ 成,则民体俗矣,教化之至  │ │ │
│  │ │ 比较:兵器、战车、旗、│ │  │ │ 也                       │ │ │
│  │ │ 章的比较:(略)      │ │  │ └──────────────────────────┘ │ │
│  │ └──────────────────────┘ │  │                              │ │
│  └──────────────────────────┘  └──────────────────────────────┘ │
└─────────────────────────────────────────────────────────────────┘
```

**图 4-1 《司马法》伦理管理思想特质群 $T_2$ 伦理管理的依据和手段**

# 第五章　伦理管理对管理者的素质要求

《司马法》认为国家和军队是两类不同性质的组织，有不同的伦理规范，因而对管理者的伦理道德素质也有不同的要求。为了满足组织对管理者伦理道德素质的要求，管理者必须通过修身提升自己的思想境界。本章具体讨论了管理者的修身功夫和管理者需要去除的一些不良倾向。

## 一、优秀管理者的素质

优秀领导者需要具备什么素质，在第三章我们曾经提到过的六种德行，"礼"、"仁"、"信"、"义"、"勇"、"智"肯定是领导者应该努力具备的素质。这六种德行可以分为三组，"仁"、"勇"、"智"主要表现在个人内在品质上；"义"、"信"表现在个人与他人的交往中；"礼"表现在具体的组织中。"礼"和组织的性质有密切的关系，和个人关系反而不密切，不同的组织有不同的"礼"。这样，我们可以把六种德行分为两类，第一类是"仁"、"信"、"义"、"勇"、"智"五种德行，这五种德行是与个人素质密切相关的，是否符合这五种德行，个人在内心就可以判断。第二类是"礼"，"礼"是前面五种德行在不同性质的组织中的表现，并且在一定程度上可以外化为相关制度和行为规范。不同组织根据其性质，有着不同的伦理特点，也就有着各自的"礼"。政府部门有政府部门应该遵循的伦理标准，即"国礼"；军队有军队应该遵循的伦理标准，即"军礼"。一个人的言行表现是否符合礼，需要根据具体的组织性质和工作的要求来判断。因此，优秀的管理者应该懂得不同性质的组织伦理要求来调整自己的行为，表现出不同的"礼"。下面我们就从管理者个人的德行和组织的"礼"两个方面讨论优秀管理者应该具备的素质。

## （一）优秀管理者的核心素质

就道德品质来说，领导者需要具备前面所说的"礼"、"仁"、"信"、"义"、"勇"、"智"六种德行，因为"仁见亲，义见说，智见恃，勇见方，信见信"，这些德行可以让领导受到下属爱戴，让下属对领导的思想和行为心悦诚服，觉得领导可以成为他们人生和事业的依恃，从而坚定不移地跟随领导一起奋斗。领导振臂一呼，下属都会群起而响应。这些无疑是领导者获得成功的坚实基础。不过要同时培养这么多的德行，不是一件容易的事情。那么，这些德行中是否有核心的德行呢？如果有的话，我们可以先抓住核心德行，把核心德行培养好，其他的德行也会比较容易建立。

首先，"礼"可以用制度和行为规范来代替，肯定不是核心德行，其他五种德行呢？《司马法》说，"故心中仁，行中义，堪物智也，堪大勇也，堪久信也。"意思是，所以，如果一个管理者，心中总是充满仁爱，行为总是合乎道义。那么在面临不确定的情况时，他一定能够灵活处理问题；面临危险的情况时，他一定会有足够的勇气接受挑战；面临长期的考验时，他也一定能够坚守自己的信念。可见，《司马法》认为优秀领导者最核心的德行是"仁"和"义"。这是优秀领导者不可缺少的基本品质，只要把这两种基本品质发扬光大，就能够搞好伦理管理。汉朝苏武牧羊的故事可以诠释"仁"和"义"在诸种德行中的核心作用。苏武是汉武帝时的大臣，汉武帝派遣苏武率领100多人出使匈奴，持旄节护送匈奴使者回国。不料匈奴发生内乱，苏武一行受到牵连，被扣留下来。匈奴人百般威逼利诱苏武，要他背叛汉朝都没有成功。后来，他们就把苏武囚禁起来，放在大地窖里面，不给他喝的吃的。下雪，苏武卧着嚼雪，同毡毛一起吞下充饥，多日不死。匈奴人以为神奇，不敢杀他，就让苏武去北海放羊，说等到公羊生了小羊后就放他回去。苏武在北海历尽千辛万苦19年持节不屈。后来，汉朝和匈奴讲和，汉昭帝要求匈奴放回苏武，但匈奴人欺骗说苏武已经死了。苏武知道了情况之后，想办法联系上了汉朝使者，并想出了一个对付匈奴人的计策。于是，汉朝第二次派出使者责备匈奴的单于说："我们皇上在上林园射下了一只大雁，大雁的脚上拴着一条绸子，是苏武亲笔写的一封信。他说他在北海放羊。你们怎么可以骗人呢？"单于听了吓了一跳，于是赶紧将苏武送回。苏武能够在极端恶劣的环境中坚守19年，就是因为他心中有对祖国无限的爱，认定投降是不义的行为。他能够回到自己祖国可以说离不开他过人的智慧、勇气和不屈的信念。而这些智慧、勇气和信念都在他"仁"、"义"德行的激发下产生的。

《司马法》进一步提出了具有"仁义"德行的管理者对一个组织可能产生的影响:"让以和,人以洽;自予以不循,争贤以为人;说其心,效其力。"这段话不是很好解释,大体上有两层意思。

第一,"让以和,人以洽"。这里"人"应该做"仁"解。"让以和"一般被解释为发扬谦让的品德,使人们关系和谐;"人以洽"被解释为因此人们关系变得融洽。这种解释没有区分"和"与"洽"不合理。我们认为"人"应该解释为"仁",这样"让"和"仁"都是品德,是相近的品德;"和"与"洽"是组织内部的状态,是两种相近的状态,这样前后对仗就比较工整了。仔细分析,"和"的本义是相应,表示组织内部虽然存在成员的工作分工不同、思想观点不同,但是大家却仍然能够保持一致的步调,朝着共同的目标去努力。"洽"的本义是沾湿,浸润,表明人与人之间能够相互关爱、相互帮助,组织内部充满了仁爱的气氛。从这个意义上说,"洽"的状态胜过"和"的状态,二者之间是一种递进的关系。"让"是谦让的意思,"仁"是仁爱,谦让是一种相对消极的仁爱,愿意把好的东西让给他人;而"仁"则相对积极些,不仅包括谦让,还包括积极帮助他人解决困难的问题。因此,"仁"的状态胜过"让",二者之间也具有一种递进的关系。而且,"让"的德行一般在同僚之间比较容易出现。而"仁"的德行在上下级之间更容易出现。因此,这句话可以解释为,具有"仁义"德行的管理者在和同僚相处时,能够发扬谦让的风气,不争功,从而为组织内部带来和谐;他在和下属相处时能够发扬仁爱的精神,关爱下属,积极帮助他们成长,给自己的团队内部带来融洽的人际关系;

第二,"自予以不循,争贤以为人,说其心,效其力。"这句话中"自予以不循"、"争贤以为人"不是很好解释。"自予以不循"一般被解释为"不循理之事则引以自归"。我们认为这个解释有问题,"不循"应该解释为是不循常理,而不应该解释为不循理之事。"自予以不循"即是"不循常理而自予",意思是,具有仁爱精神的人会主动承担过错,哪怕按常理自己在这个过错中是可以推卸责任的。"争贤以为人"中"人"仍然应该解释为"仁",争当贤才的目的是"为仁",即弘扬"仁爱"的精神。如果结合上一句,把"自予以不循"的主语当成同僚,把"争贤以为人"的主语当成下属,也是非常合理的。也即是同僚因为具有"仁义"德行的管理者的"让以和"行为而感动,从而他们也会努力做到"自予以不循",遇事情不推诿。下属因为具有

"仁义"德行的管理者构建的"仁以洽"文化氛围而受到教育,从而能够"争贤以为仁",都积极向上努力找机会"为仁"。而"说其心,效其力"中的"说"解释为说服或者解释为通假字"悦"都可以说得通。"说其心,效其力"就可以解释为在具有"仁爱"品行的管理者手下工作的员工们的满意度都较高,对他们的领导心悦诚服,从而愿意积极主动地诚心诚意地为领导效力。这样整句话就可以解释为:在这样一个和谐的组织中,人们遇到不好的事情或者困难的事情,即使根据常理可以推诿,也不会推诿;发生了不好的后果,即使根据常理可以不承担责任,也会主动承担责任。在这样的组织中人们都在努力提高自己的能力和素质,争当贤才,争取获得领导的重用。但是他们这样努力的原因不是为了满足自己的个人私欲,而是为了更好地在组织中推行仁爱的精神。因为,他们受到具有"仁爱"精神的上级领导榜样作用的引导和熏陶,对领导的品德和才能心悦诚服,真心诚意愿意为领导效力。可以说,这样的组织氛围和团队氛围才是最佳的氛围,这样的管理者才是最理想的管理者。

可见,"仁义"在《司马法》作者的心中是管理者的最基本品质,也是最重要的品质。管理者这两种品质的提升与弘扬的过程就是伦理管理展开的过程,被管理者这两种道德品质的形成与提升过程就是伦理管理境界不断提升的过程。整个伦理管理过程也就是管理者与被管理的互动中施行"仁义",让整个组织变得越来越和谐,组织所有成员的素质和满意度越来越高的过程。

## (二)不同的管理工作对管理者素质要求差异

国家和军队是两种性质不同的组织,需要有不同的管理方式。从伦理管理的角度来看,优秀的政府管理者和优秀的军队管理者在品德素质方面有很大的差异。但是,军队的管理者也经常会涉及政治活动,因此,一个合格的军队管理者必须能够很好地把握这两种角色的差异,也就是所谓的国之"礼"和军之"礼"的差异。

《司马法》认为一位优秀的将领在朝廷和在军队的表现应该不一样,"故在国言文而语温,在朝恭以逊,修己以待人,不召不至,不问不言,难进易退;"[1]

---

[1] "难进易退"有的解释为觐见君主时礼节非常烦琐,以表示自己对君主的忠心谨慎,告退时,礼节非常简单,很快就离开;也有的认为应该承接前面"不问不言",解释为君主希望他谈论国政时,他非常谨慎,不乱说话,必须君主再三鼓励,才会谨慎地说一些想法,如果君主有一点不满意的脸色,他立刻就会闭嘴不说。我们认为后一种解释更合理些。

## 第五章 伦理管理对管理者的素质要求

意思是，当他在朝廷与人沟通交流时显得温文尔雅，一点也不像军人那样豪放粗犷。当他觐见君主时态度恭敬而谦逊，一点也不像军人那样桀骜不驯。他为人处事总是本着严于律己、宽以待人的原则。对于国家行政事务，他秉着"不在其位，不谋其政"的原则，绝不主动参与政事。如果君主不召见就不去觐见、君主不询问就不说，遇到事情确实需要出头进言时，他会再三考虑确保周全才说。君主希望他谈论国政时，往往需要再三鼓励，才会谨慎地说一些想法，如果君主有一点不满意的脸色，他立刻就会闭嘴不说。

其实，《司马法》所要求的将军在国的"礼"，不仅仅是对一位将军的品德要求，其实也是聪明将军的一种自我保护手段。因为将军手握兵权，如果把军队那一套带到朝廷来不仅会影响国内的文治教化，还会引起上级领导的猜忌。清朝大将军年羹尧之死就是因为不懂这个道理。年羹尧很早就成为雍正皇帝的亲信，并且他们还有姻亲关系。后来年羹尧又立下了很大的军功，然而，他却居功自傲起来，骄横跋扈日甚一日。根据史料记载，年羹尧远征回京途中，竟然令总督李维钧、巡抚范时捷跪道迎送，至京师，王公大臣一起出来迎接，他居然也不回迎。他见雍正皇帝时，也自以为功劳大，皇帝宠信自己，没有完全按照君臣之礼的要求行礼。年羹尧出署时令百姓黄土填道，以御前侍卫摆队。属员送礼称"恭进"，与人物品曰"赐"，各属察谢称"谢恩"，新到属官由旧员领参早"引见"。他还曾经令蒙古郡王额附下跪。总之"越礼"行为随处可见，这就引起了雍正皇帝的极大猜忌，最终导致其悲剧命运。

优秀的将领在朝廷时是如此的温文尔雅，然而当他在军队中时，表现出来的气质就完全不同了，"在军抗而立，在行遂而果，介者①不拜，兵车不式，城不上趋，危事不齿。"② 意思是，在军队中他总是一副精神饱满的、昂首挺立的样子；在军队投入战斗时，他总是表现出决策果断、意志坚决，绝不畏缩妥协的态度。当他穿着铠甲时，不会对职位更高的官员行跪拜之礼；当他登上兵车时，不会对车下职位更高的官员行轼礼；当他在城上巡视时，任何时候都不会慌忙急走；当他在士兵中间时从来不会谈论目前的危险。哪怕遭遇到再大

---

① "介者"，身穿铠甲的人。
② "危事不齿"中的"齿"有的解释为年齿，即长幼次序。这样整句就解释为遇到危险时，不顾及长幼秩序的礼节，行动非常果敢，和前一句"城上不趋"对应，前面显得沉稳，后面显得果断。不过，我们认为这种解释欠妥，遇到危险的事情，即使是常人也会抛弃繁文缛节，实在没有必要强调。"危事不齿"还是解释为不谈论危险的事情为宜。仍然是表现优秀将领的沉稳，也就是在他的眼中，根本没有危险的事情，遇到危险也和遇到平常的事情一样。

的危机他也总是一副胸有成竹、不用担心的样子,这样军心也能够保持稳定。

从《司马法》的描述可以看到,优秀的将军在军中和朝廷中的表现完全不一样。在朝廷他表现出的主要品质是低调而谦逊,而在军队他表现出的主要品质是勇敢而无畏。

接着《司马法》从下属、同僚和上级领导三类人的角度来分析一个优秀的将军在三种不同情境下的具体行为表现。这种三种情境分别是:第一,在参与国内的政治事务时的情境;第二,在军队担任军队建设和训练时的情境;第三,在出征作战时的情境。《司马法》说,"居国惠以信,在军广以武,刃上果以敏。居国和,在军法,刃上察。居国见好,在军见方,刃上见信。"意思是,一个优秀的将军面临第一种情境——"居国"时,他面临不同的对象时会表现出"惠以信"、"和"、"见好"的特点。即他身边的下属或身份、地位较低的人觉得他是一个广施恩惠,非常值得信任的人;同僚觉得他是一个没有军人强悍的气质,很容易相处的人;上级领导则觉得他是品德极好的人。当他面临第二种情境——"在军"时,他面临不同的对象时会表现出"广以武"、"法"、"见方"的特点。即他身边的下属觉得他是一个心胸广阔、生性豁达、武艺高强具有典型武将风范的人;同僚感觉他是一个非常讲原则的人;上级领导感觉他是一个有领导力的人。当他面临第三种情境——"刃上"时,他面临不同的对象时会表现出"果以敏"、"察"、"见信"的特点。即出征作战时,他身边的下属觉得他是一个遇事决策果断、行动迅速的人;同僚觉得他是一个头脑清晰、很有战略眼光的人;领导感觉他是一个办事可靠、值得信赖的干部。他为什么会有这样不同的表现呢?原因在于,治理国家时管理者的根本目标是"和谐"。所以一个优秀的将军"居国"时,就会表现出能够争取到周围人爱戴与好评的行为,以促进"和谐"文化的形成。治理军队时管理者的主要任务是建立一支军法森严、战斗力强的部队,管理目标是"义勇";所以一个优秀的将军"在军"时,就表现出重视军纪,讲原则,具有武人的强悍作风,这样才能成为士兵们效仿的榜样,以促进"义勇"文化的形成;临阵作战时管理者的主要任务是明察情况,正确指挥,激发己方士气、集中力量去打击敌人的薄弱环节。作战是智慧、勇气和力量的比拼。所以一个优秀的将军"刃上"时,就表现临阵高瞻远瞩、果断迅速,值得全军上下所信赖,以激发全军的勇气和团结。

最后,《司马法》总结说,"故礼与法表里也,文与武左右也。"所以礼和法是相互为用的,文和武不可偏废。从形式上看,"礼"和"法"都表现为一系列的约束人们行为的制度规范。只是"礼"重视弘扬善,因而经常使用教育、宣传和舆论压力等柔性管理手段。"法"重视防止恶,因而经常使用奖惩等刚性管理手段。在实际的管理过程中,很多管理手段往往是"礼"中有"法"、"法"中有"礼"。礼仪制度的出台过程往往是彰显决策者价值理性的过程,价值理性关注的是如何引导人们向着正确的、善的方向前进;法令制度的出台过程往往是彰显决策者工具理性的过程,工具理性关注的是如何解决眼前实际的问题。需要指出的是这里"表"和"里"的关系,不能理解主次关系或者形式与本质的关系,而是一种阴阳互用的关系,"表"是需要公开提倡的,"里"是很少公开提倡的。"表里"关系就如同"左右"关系一样,"表里"同样重要。

管理者在治国过程中往往会因为治国追求仁爱与和谐而更加重视"礼",以利于推动民众的伦理道德素质的不断提升。但是,如果因此而忽视"法"的作用,也会导致"礼"在一些特殊情况下无法落实。因此,治国应该以"礼"为表、以"法"为里。

管理者在治军过程中往往会因为治军追求义气和勇敢而更加重视"法",以利于解决提升军队的凝聚力和战斗力这个非常急迫和现实的问题。但是治军如果不重视礼,就很难打造一支强大的正义之师。因为这样的军队需要良好的价值观来引导,否则即使打造了一支有很强战斗力的军队,也可能沦为一种破坏性的力量,而不是维护和平与正义的力量。因此,治军应该以法为"表"、以"礼"为里。

由于政治和军事是无法完全分开的,所以一个优秀的将领应该是既懂军纪军法,又懂治国的礼仪制度,能文也能武。不能因为自己是武将,就认为自己只要懂得军事就可以了。不懂政治的军人往往会沦为政治野心家的工具。例如,"二战"中,纳粹德国职业军人的素质其实是比较高的,不仅战斗力强,而且他们当中有相当一批人对于纳粹党那一套臭名昭著的人种理论不认同。因此,前方德国职业军人犯下的罪行反而比后方的纳粹党卫军要少。但是,他们却仍然成为希特勒和纳粹党徒实现野心的工具。这就是因为不懂得"故礼与法表里也,文与武左右也"的辩证关系的缘故。

## 二、管理者的修身功夫及其践行

了解了优秀的管理者应该具备怎样的道德品质和这些道德品质的作用和影

响之后,一个关键的问题就是,如何才能拥有这样一些道德品质?这无疑需要管理者进行自我管理,即儒家思想特别重视和提倡的"修身"。《司马法》针对修身问题,从内外两方面提出了自己的观点:一是管理者面对自己的内心世界时,要通过"时中"的方法来修身,使自己的智慧不断提升,各德行不断完善,这是管理者的内在修身功夫。二是管理者面对外界各种问题时,要通过表现自己优秀的品质来树立自己在下属心中的威信,形成一支凝聚力极强的团队,这是管理者修身功夫的外在践行。

### (一)管理者的修身功夫

管理者修身的关键在于通过内心的修炼,提升自己的智慧和德行。《司马法》说,"虑多成,则人服。时中,服厥,次治"。这句话"时中服厥次治"六字如何断句、如何解释自古以来存在很多分歧。很多注家都断为,"时中服,厥次治",解释为人们都心悦诚服,事情就可以依次办妥。这样的解释有两个问题,第一,没有意识到"时中"是一个专有名词。其实"时中"是儒家君子人格的重要特质,也是儒家重要的一项修身功夫。儒家经典《中庸》说,"君子之中庸也,君子而时中;小人之(反)中庸也,小人而无忌惮也。"忽视对"时中"的理解,就把《司马法》修身思想的精髓给忽视了。第二,"厥次治"中的"厥"字只能解释为没有意义的语气助词,不符合《司马法》整体的文风。"厥"的本意是指石头,①"服厥"是一种比喻,即"时中"能够让像石头一样顽固不开窍的人都信服。因此,我们认为"时中服厥次治"六字应该断句为"时中,服厥,次治"。这样整句话就可以解释为,领导者不断地修身,进行内在与外在"时中"功夫的实践,领导者有了"时中"的功夫,各种事情就能依次办好,这样即使像石头一样顽固的人都会信服,逐渐达到治军有道的管理境界。

那么,到底什么是"时中",为什么有了"时中"的功夫,各种事情就能依次办好?对于这一点,《司马法》并没有更多的解释,这很可能和《司马法》是一本残书有关。我们只能从儒家的相关经典中去寻找"时中"的内涵了。"中"在《中庸》中解释为"喜怒哀乐之未发,谓之中"、"中也者天下之大本也"。如果说喜怒哀乐未发,称之为中,那么"时中",就可以解释为

---

① 厥乃是形声字。《说文》提出,厥,发石也。《山海经·海外北经》中说"相柳之所,抵厥为泽谿",《荀子》说:"和之璧,井里之厥也,玉人琢之,为天子宝"厥都做石头解。

# 第五章 伦理管理对管理者的素质要求

时时都保持这种状态，也就是随时守住中道。为什么要保持喜怒哀乐不发的状态？因为领导者在组织中最重要的工作是决策，领导者做出决策的质量往往会对组织产生极大的影响。我们认为主要有三个方面的因素会严重影响决策的质量。首先，决策者理性分析能力；其次，决策者在决策时能否保持冷静客观，防止决策分析过程受到喜怒哀乐等各种不良的情绪和欲望干扰；最后，决策者的直觉分析能力。因此，要保证决策的质量也可以从这三个方面来考虑。首先，领导者的理性分析能力是基本能力，缺乏理性分析能力的人无法做出正确的决策，不过在正常情况下，理性分析能力差的人一般很难成为领导者。而保持客观冷静的能力和提升直觉分析的能力则都需要依靠"时中"的功夫。从儒家的心性功夫的角度来说，一个人想要全面、正确地认识事物，那么他在思考过程中就必须排除各种情绪和欲望的干扰，进入与心灵本体相契合的状态，也就是"中"的状态。在"中"这种状态下，人就能够和天地万物和为一体，最大限度地发挥自己的潜能。朱熹在《四书集注》中解释说："喜怒哀乐之未发，则性也。天下之大本，天命之性，天下之理皆由所出道之体也。"也是同样的意思。虽然这种观点具有一定的神秘主义色彩，但是，决策者如果能够做到纯粹的客观，不带任何情绪的思考问题，那么，他一定能够充分发挥自己的才智和潜能，正确地认识各种问题。这是从理论上探讨"时中"的内涵，实践方面来解释"时中"，"时中"就是要充分了解客观情况，选择最合适的方法去解决问题，无过之亦无不及。显然，一个领导者要做到"时中"不容易，需要长期的内在心灵的实践功夫，才能克服各种贪欲和情绪对自己理性思维的干扰，达到完全的冷静客观。具体如何做到"时中"呢？儒家经典《大学》说，"知止而后有定，定而后能静，静而后能安，安而后能虑，虑而后能得。"意思是，首先要有一个目标。其次，把心志安在这个目标上，让自己的心静下来；静下来的时间长了，心就会安定下来，不妄动；这样才能达到真正的冷静客观，思考问题才能做到真正的理性，并且对外部的感知也会变得更加灵敏。在这种状态下进行思考，才能保证正确地认识外部世界的事物，这样做决策就不会出现错误。另外，"时中"的状态不仅可以提升理性分析能力，还可以提升直觉分析能力。宋代思想家张载曾经提出，知识是"闻见之知"，智慧是"德性之知"。"闻见之知"可以通过"读万卷书，行万里路"获得，而"德性之知"则必须通过内在心灵的正心诚意、格物致知以及"时中"的功夫才能获得。获得"闻见之知"的思维方式也就说理性分析，即依靠逻辑关系进行归纳和演绎，运用这种思维方式决策时，人们需要不断地收集整理外部信息，系统的学习大量的外部知识，这是当代大多数人比较习惯的思维方式。但是当人们面对诸多不确定性因素，需要做出决策的时候，这种理性分析的思维方式往往因为缺乏足够的外部信息而起不了作用。此时，就必须使用直觉体悟的思维方式来辅助决策。而组织的管理者特别是高层管理者经常面对各种不确定性的环境，做决策时经常收集不到足够的信息，在这种情况下，直觉体悟的思维方式就非常重要了。因此，一个优秀的管理者不仅应该大量学习各种知识，提升自己的"闻见之知"，还应该通过内在心灵修炼，提升自己的"德性之知"，只有这样才能很好地应对外部环境变化的不确定性。

《司马法》继续说，"物既章，目乃明。虑既定，心乃强。"意思是，经过长期内在心灵修炼的领导者，能够让自己的心灵处于一种高能量"时中"状态下，进行完全冷静而理性的思考，最大限度地发挥逻辑思维和直觉思维的潜能，这样外部各种事物变化发展规律就会在领导者心中彰显出来，领导者看问题就会明白准确。这样，他就能够从各种混乱的信息中找出有价值的线索，消除各种令人疑虑不决的干扰因素的影响，这样作出的决策质量就比较高。领导者对自己决策的正确性也会有坚定的信心，实施决策的意志和决心也因而变得坚定。领导者对自己的决策有坚定信心，并能够坚定地实施自己的决策，对于增强整个组织的信心和凝聚力具有非常重要的意义。

这种信心和决心非常坚定的领导者和那种刚愎自用、做事武断的领导者在具体行为上，有时候显得比较相似，常常为人们所混淆，有必要做一个区分。故此《司马法》继续说，"进退无疑，见敌无谋，听诛。无诳其名，无变其旗。"意思是，刚愎自用、做事武断的领导者，攻击敌人和撤退都不加思考，遇到敌人没有谋略，更谈不上冷静理性地分析思考，只是根据自己的情绪和欲望做决策和进行指挥。这种领导者由于事先不能做出正确的决策，所以常常遇到意外问题和各种危险，为了应对意外问题和危险，他们不得不经常改变自己的号令，使下属措手不及，军心动摇。为了应对意外，他还会擅自改变代表既定战略意图的旗帜信号，使其他配合作战的兄弟部队产生误解，甚至陷入困境。这种领导者，最终会害人害己，如果看到这种人在战斗中有可能被敌人杀死或者因为战败而将要被主帅军法处置时，不要去救他，因为这种人死不足惜。而一个好的军队领导者因为对自己决策的正确性有着充分的信心，因而不会轻易改变号令，更不会轻易改变与配合作战的兄弟部队约定好的旗帜信号。

## （二）管理者修身功夫的外在践行

管理者拥有了内在修身功夫后，还需要在下属面前表现出各种优秀的品质来树立自己在下属心中的威信，从而形成一支凝聚力极强的团队。管理者有了一支凝聚力极强的团队才能进一步"治国"、"平天下"，这就是管理者修身功夫的外在践行。

不过《司马法》作为一部兵书，主要是针对军队的管理者如何在下属面前树立自己的威信提出了相关观点，"作兵义，作事时，使人惠；见敌静，见乱暇，见危难无忘其众。"意思是，一个优秀的将军，在平时善于运用道义手段来激励士兵；善于抓住时机来进行合理的决策；在给下属分派任务时，会让接受任务的下属觉得自己获得了建功立业的机会或者说这次任务有利可图；当他率领军队面对强大的敌人来进攻时能够保持内心和外表的平静；在战斗过程中部队遇到了挫折，出现了混乱的局面，也能够保持从容不迫的气度；如果遭遇到重大的失败和挫折，部队处于极为危险的关头，他也绝不会丢下部队，一个人逃走。

这段话虽然简单，但仔细分析，实际上有几个层面的意思，第一，领导者"作兵义"，说明他懂得道义，并崇尚道义，有着崇高的价值观。这样的领导者做事能够赢得社会大众的认可和尊重。下属追随这样的领导者做事情，能够感受到满满的正能量，内心充满正义感。第二，领导者"作事时"，说明他懂得事物发展的规律，善于把握时机，有着极高的智慧；下属在这样的领导身边不仅能够学习到很多智慧，而且也会对自己未来充满着的希望。第三，领导者"使人惠"，说明他懂得人性的规律，在各种不同的情境下，他都能够根据人性的特点，引导下属去完成任务；下属追随在这样的领导身边能够感觉到自己很受领导的关心与爱护。第四，领导者"见敌静，见乱暇"，说明他拥有极大的勇气和坚定的信念，任何外界的压力和危险都不能动摇他的思想和行为。下属追求这样的领导能够被领导者坚定的勇气和信念所感染，从而也觉得信心倍增。这种品质在军队中特别重要，因为只有这样的将军才能给军队带来稳定的军心，才能成为军官和士兵们行为的榜样。第五，领导者"见危难无忘其众"，不仅说明他有着极大的勇气，还说明他是真心关爱下属，能够始终和下属们在一起，同甘共苦。下属能够感觉到领导很讲义气，在任何时候都不会抛弃自己，是可以长期追随和信任的人。综合了上述特质的领导者肯定能够赢得下属对他的忠诚与爱戴。

虽然《司马法》是以军队的将军为例来说明管理者如何通过表现各种行为来赢得下属的忠诚与爱戴，其实在企业管理过程中也是如此。一个企业领导者如果能够从"作兵义，作事时，使人惠；见敌静，见乱暇，见危难无忘其众"这几方面去努力，也一定可以成为一名优秀的领导者。例如，在2003年抗击"非典"疫情的过程中，同仁堂药店在原材料大涨、顾客抢购的情况下，坚持不涨价，最终亏损600多万元。在这场人与天的斗争中，这家百年老字号企业的行为赢得了众人的信任和尊重，表现出了治病救人的赤诚，塑造了有良心的商家形象。作为行业品牌价值第一的绩优蓝筹股，同仁堂的举动虽说在经济上有所损失，从长远看却为自己积累了形象分。同仁堂之所以能够这样做和其领导者高尚的价值观是分不开的。这种行为可以说就是"作兵义"了。再如，有一家企业平时也注重对员工的伦理道德教育，但效果不是很明显，2008年"三聚氰胺事件"发生之后，企业管理者趁机对员工进行全面的伦理道德教育，让学员明白为了一时的小利而不顾消费者的生命健康安全是一件多么可耻且后果严重的事情，在教育之后企业顺势推行一整套对产品质量进行严密的监控的流程和管理制度，结果效果就非常好，员工很容易就接受了领导的观念，并且在实践中得到了很好的执行。这可以说就是"作事时"了。又如，华为公司制定的《华为基本法》，其第五条的内容是："华为主张在顾客、员工与合作者之间结成利益共同体。努力探索按生产要素分配的内部动力机制。我们绝不让雷锋吃亏，奉献者定当得到合理的回报。"这种"不让雷锋吃亏"的观念，让华为的员工做好事，帮助其他人都能够获得合理的回报，最终形成了一种很好的企业文化。华为的做法可以说就是"使人惠"了。另外，一个优秀的企业领导者遇到任何事情都能保持保持内心的平静和外表的从容，这样他就能够冷静思考应对问题的解决之道，普通管理者和员工也会被他的冷静和信心所感染，从而始终保持高昂的士气。即使他的企业经营遭遇到重大的失败和挫折，企业面临倒闭，他也绝不会使用辞退员工的方式来挽救企业。能够这样做的领导者可以说就是"见敌静，见乱暇，见危难无忘其众"了。

## 三、管理者的常见误区

《司马法》分析了导致管理工作失败的相关因素。作者把管理工作分为决策和执行两个阶段，分别从这两个阶段来探讨导致管理者工作失败的原因。

## (一) 四种导致管理决策失败的不良倾向

著名管理学者西蒙曾经说,"管理就是决策",决策是管理者最重要的工作。《司马法》认为管理者在决策和行动过程中有四种不良的倾向会导致管理工作的失败。《司马法》说,"上同无获,上专多死;上生多疑,上死不胜。"意思是,一个组织的领导者做决策时如果总是追求获得大家的赞同,就会失去机会,从而无法取得成就;相反,如果领导者决策时总是专断独行,不愿意听取大家的建议,就会经常遭遇失败;如果领导者做决策时总是追求绝对的安全,不敢冒险,遇到事情就会瞻前顾后,犹豫不决,最终失去好的机会;如果领导者做决策时胆子特别大,喜欢冒险,虽然有时候可以抓住机会,取得很大的成绩,但却很容易中敌人的诡计,最终不会成功。这四种情况,实际上可以分为两组:"上同"和"上专"、"上生"和"上死"。大体上,"上同"和"上专"是决策时两种走极端的做法,"上生"和"上死"是行动时两种走极端的做法,四种做法都违背了"中庸"之道,但在管理实践中这四种极端的情况却很常见。

一般来说,在决策过程中,如果能够得到大家的一致认同,则出错误的概率比较小,执行也会比较有力。因此,有些缺乏魄力的管理者往往不愿意独立做决策,决策时他总是开会集体讨论,只有获得大家的普遍赞同才能决策。这样做的话,就会导致一个很严重的负面效应,即决策的效率会很低。而外部环境瞬息万变,好机会往往稍纵即逝。具有这种决策风格的领导者经常导致组织抓不住外部机会,从而影响组织的发展。而有些管理者决策的风格却正好相反,做事情总是专断独行。这类管理者觉得自己是领导,应该表现出比别人水平高的样子,就应该雷厉风行追求高效率,或者觉得下属的能力都不如自己,多听下属的意见是浪费时间,甚至觉得如果下属的意见比自己的高明会影响自己的光辉形象。然而一个人的智慧是有限的,不一定能够考虑周全,具有这种决策风格的领导者很难保证决策的正确性。另外,具有这种风格的领导者的决策常常得不到大家真心的支持,特别是那些有意见却得不到尊重和反馈的下属,他们有可能会对领导的命令阳奉阴违,消极怠工。因此,专断独行的领导者即使对问题考虑很周全,决策也很正确,也常常会因为下属缺乏执行力而导致工作的失败。

《司马法》的这个观点正好阐明了"民主"和"集中"的关系。领导者既不能专断独行,也不能一味追求民主。二者之间的关系可以从决策的流程和层次两个方面来权衡。从决策的流程来看，领导者在决策之前，要充分发挥民主，收集众人的意见。但在决策时，必须由敢于担当、敢于冒适当风险的少数人来决策，才有效率。从决策的层次来说，决策有战略决策和战术决策之分。战略决策是涉及整个组织的大决策，一般比较复杂，一个人很难把握，另外战略决策的时间一般也比较充分。所以领导者在进行战略决策时要充分发挥民主精神，多听大家的意见。领导者在进行战术决策时要集中，以免贻误战机，失去好机会。

本质上，"上同无获，上专多死"表明了领导者在决策过程中违背"时中"原则走了极端。而"上生多疑，上死不胜"则进一步说明管理者在管理方案选择和管理行动过程中，两种违背"时中"原则的倾向，即过于胆小追求安全和过于胆大喜欢冒险。在管理方案的选择上，有的领导者喜欢冒险，有的不敢冒险，这都是误区。军队或企业在面临激烈的外部竞争时，需要做的重大决策基本上都有一定的风险，而且往往风险越大收益越大。领导者应该在风险后果可以承受的范围内选择性价比最高的方案。在管理行动的过程中，有的管理者遇到一些事先没有预料到的情况时就疑虑重重，瞻前顾后，犹豫不决，害怕失败，甚至对先前的决策和工作也产生怀疑。这样的话，即使前期的决策和工作是正确的，最后也可能失败。这种管理者会失去很多成功的机会；而有的管理者喜欢冒险，有赌徒心态，选择了风险很大的方案之后，就坚决执行，只要有一线成功的希望也不放弃，这种管理者最终也不会成功。可见，管理者在决策时恪守中庸之道的重要性，而中庸之道的根本就是内心要保持"时中"的状态，不走极端，恰到好处。这可以说是《司马法》对管理者修身的最重要的一个要求。

### （二）违背"中庸"的管理方法

《司马法》提出管理者在决策与行动过程中四种不良的倾向之后，又提出了管理者在组织管理实践中为了实现管理目标，推动决策方案落实的两类错误做法，即"多务威"和"少威"。无论是哪一类，也都是违背了中庸之道，最终导致不良的后果，即要么"师多务威则民诎"，要么"少威则民不胜。"

所谓"多威"就是，"上使民不得其义，百姓[①]不得其叙，技用不得其利，

---

[①] 民一般指老百姓，根据黄朴民的观点，此处百姓指的是官吏。

牛马不得其任，有司①陵之，此谓多威。多威则民诎。"意思是，领导者为了自己个人私心贪欲而滥用民力，驱使老百姓为他做一些不合理、不合道义的事情，使老百姓怨声载道；同时，领导者缺乏知人善任的能力，根据自己的喜好任用各级官吏，打乱了官场上原有的大家比较认同的任命与晋升规则，使下属只能通过想方设法讨好领导和揣测上意来获得好处；这样就使有才能的人不能从事合适的岗位，无法发挥其应有的作用；严重的时候，就连牛马都也不能得到合理的使用。而拥有相关权力从事具体事务的官吏却大肆进行权力寻租，欺凌普通老百姓。这种情况就叫作"多威"，也就是过于威严，过于威严时，组织的氛围就会变得非常压抑。

  这段话实际上有几层意思，首先，"多威"的直接表现是"有司陵之"。所谓"有司陵之"就是吏治混乱，官吏滥用权力，进行权力寻租，欺压老百姓。"多威"的后果是"民诎"。所谓"民诎"，诎就是屈，老百姓受到了委屈，对政府或者组织产生极大的怨恨，却又无能为力。在这种情况下，如果政府要他们效力，他们会消极怠工。如果遇到外来的危险，他们不仅不会帮助政府或组织应对危险，反而会站在政府或者组织的对立面。如果军队也是这种的组织，士兵们也是这样一种状态，无疑非常危险，这种军队一定没有战斗力。《孟子》提到的邹国与鲁国的一场战斗。邹穆公问孟子："这场战斗，我的军官死了33人，而士兵居然一个都没有死。他们看着自己的长官死难而不去救，实在可恨！可是，我又不能把他们全杀了，我该怎么办才好呢？"孟子回答道："据我所知，在贵国曾经发生过饥荒，当时您的百姓，饿死在荒山沟里和逃往四方的都快上千人了。可是您的粮仓里粮食却是满满的，库房里的财物也是足足的。您的官吏不把真实情况报告给您，对上怠慢国君，对下残害百姓。记得曾子说过：'警惕啊，警惕啊！你做出的事，后果会反加到你身上。'士兵的表现就是和当年您的官吏对待他们是一样的呀！所以您不能怪罪他们。如果您能施行仁政，百姓自然就会亲近他们的长官，愿为长官牺牲。"邹国国内政治和军队管理正是一种"多威"的状态，可笑邹穆公还在怪老百姓不给他卖力，所以孟子毫不客气地批评了他。"多威"的原因是"上使民不得其义"，

---

① 有司一般认为是官吏，不过，我们认为有司不是一般的官吏，是具有执法权的、从事具体事务的官吏，是维护组织规则和执行上级行政命令的官吏。"有"即"有……的权利"；"司"即"主管、管理"。类似当代政府的执法部门和企业的行政部门。

根子就出在领导者身上，领导者根据自己的私心贪欲滥用权力，上行下效，最后导致"百姓不得其叙，技用不得其利，牛马不得其任"的混乱局面。

所谓"少威"就是"上不尊德而任诈匿，不尊道而任勇力，不贵用命而贵犯命，不贵善行而贵暴行，陵之有司，此谓少威，少威则民不胜"。意思是领导者缺乏识别人才的能力，一味信任重用那些善于讨好领导者的奸诈邪恶的小人，而不信任不重用那些有德行有才能却不善于讨好上级的正人君子；不重用那些做事情遵循道义和客观规律的人，反而重用那些自以为是，喜欢恃勇逞强的人；不欣赏老老实实服从命令的人反而欣赏那些违抗命令的人；不推崇仁爱善良的行为而推崇凶狠残暴的行为；整个组织都不重视维护规则的权威性，这样从事具体事务的官吏就很难工作，因为他们经常遇到上级的命令与规则冲突的情况，从而无所适从。这种情况就叫作"少威"，即组织中的管理者缺乏威信，整个组织缺乏战斗力。

这段话也有几层意思，首先，"少威"的直接表现是"陵之有司"。"陵之有司"就是吏治衰败，推行相关法令的官吏们在老百姓面前缺乏权威，很多工作完不成。"少威"的后果是"民不胜"，也就是军队缺乏战斗力。"少威"的原因是"上不尊德而任诈匿，不尊道而任勇力，不贵用命而贵犯命，不贵善行而贵暴行"，根子还是出在领导者身上，领导者不懂得用人还很任性，自己很可能有好勇斗狠、不尊重规则的毛病，不仅不反思，反而也喜欢类似的人。老老实实服从命令的人，领导者可能还会觉得他们没有主见或者缺乏主动性。而那些自以为是、恃勇逞强、违抗命令的人，领导者反而觉得他们勇敢又有个性；上行下效，整个组织上下都推崇"勇力"、"犯命"、"暴行"的行为，这样维护组织规则的官吏就很难正常工作。

显然，具有这两种特点的领导者都很难获得成功。究其根本还是偏离了伦理管理的"中庸"原则。"多威"和"少威"的情况并不仅仅存在于军队管理中，实际上国家管理以及企业等组织管理中也常常能见到类似的情况。

## 四、伦理管理对管理者的素质要求特质分析

本章主要探讨了伦理管理视角下，优秀管理者的素质问题、管理者的修身问题以及管理者常见误区等问题。《司马法》认为管理者需要具备六种德行，

# 第五章 伦理管理对管理者的素质要求

六种德行的核心德行是"仁义"。然而在不同类型的组织中,对于不同德行还是有所侧重的。《司马法》分析了国家和军队两种组织对优秀管理者素质要求的差异,指出管理者提升素质的主要手段就是修身。管理者修身的功夫有两个层面,一是管理者面对自己的内心,要通过"时中"的方法来修炼自己的内心,提升自己的智慧。二是管理者面对外界不同情况时,要把内在的德行表现出来,赢得下属的拥护和树立个人的威信。《司马法》还分析了管理者常见的误区,即导致决策失败的不良倾向和违背中庸原则的做法。

我们把伦理管理对管理者的素质要求作为 $T_3$。那么,构成 $T_3$ 主要内容的子特质主要有三个:

子特质 $T_{31}$:优秀管理者的素质。具体而言有两个子特质,一是管理者必须具体的基本德行,即以仁义两种德行为核心的"六德",记为 $T_{311}$。二是管理者在国内和军中应该表现出的不同素质。"故在国言文而语温,在朝恭以逊,修己以待人,不召不至,不问不言,难进易退;在军抗而立,在行遂而果,介者不拜,兵车不式,城不上趋,危事不齿。居国惠以信以信,在军广以武,刃上果以敏。居国和,在军法,刃上察。居国见好,在军见方,刃上见信。"记为 $T_{312}$,这个子特质实际上还可以细分为优秀将领中在朝廷的表现、优秀将领中在军队的表现,以及二者之间的差异。

子特质 $T_{32}$:管理者的修身功夫。具体而言有两个子特质,一是内在的修心功夫:"虑多成,则人服。时中,服厥,次治。物既章,目乃明。虑既定,心乃强。"记为 $T_{321}$。二是外在的践行:"作兵义,作事时,使人惠,见敌静,见乱暇,见危难无忘其众",记为 $T_{322}$。

子特质 $T_{33}$:管理者的常见误区。具体而言就是,第一,管理决策的不良倾向:"上同无获,上专多死,上生多疑,上死不胜。"记为 $T_{331}$。第二,违背中庸的管理方法,"多威"和"少威",记为 $T_{332}$。

这样,伦理管理对管理者的素质要求特质 $T_3$ 的三个子特质:优秀管理者的素质 $T_{31}$、管理者的修身功夫 $T_{32}$、管理者的常见误区 $T_{33}$。可以记为 $T_3$:$\{T_{31}, T_{32}, T_{33}\}$。

我们归纳《司马法》伦理管理思想特质群 $T_3$ 伦理管理对管理者的素质要求 KJ 图如图 5-1 所示。

| $T_3$ 伦理管理对管理者的素质要求 |

## $T_{31}$ 优秀管理者的素质

**$T_{311}$ 优秀管理者的基本品质：**
具备以仁义为核心的六种德行。故心中仁，行中义，堪物智也，堪大勇也，堪久信也

**$T_{312}$ 优秀管理者的日常行为表现：**
让以和，人以洽，自予以不循，争贤以为人，说其心，效其力

**$T_{313}$ 优秀将领在军与在国行为差异**

**$T_{3131}$ 优秀将领在朝廷的表现：**
在国言文而语温，在朝恭以逊，修己以待人，不召不至，不问不言，难进易退

**$T_{3132}$ 优秀将领在军队的表现：**
在军抗而立，在行遂而果，介者不拜，兵车不轼，城上不趋，危事不齿

**$T_{3133}$ 优秀将领在军在国德行比较：**
居国惠以信，在军广以武，刃上果以敏。居国和，在军法，刃上察。居国见好，在军见方，刃上见信

## $T_{32}$ 管理者修身功夫

**$T_{321}$ 管理者的修身要求：**
虑多成，则人服。时中，服厥，次治；物既章，目乃明。虑既定，心乃强

**$T_{322}$ 管理者修身功夫的践行：**
作兵义，作事时，使人惠；见敌静，见乱暇，见危难无忘其众

## $T_{33}$ 管理者的常见误区

**$T_{331}$ 管理决策的不良倾向：**
上同无获，上专多死；上生多疑，上死不胜

**$T_{332}$ 违背中庸的管理方法：**
师多务威则民诎，少威则民不胜

**图 5-1 《司马法》伦理管理思想特质群 $T_3$ 伦理管理对管理者的素质要求**

# 第六章 伦理管理对组织制度建设的要求

本章主要论述伦理管理对组织制度建设的要求。《司马法》首先介绍了消除组织内部混乱的手段。其次从伦理管理的角度，提出了组织制度建设的流程、方法、内容，以及制度化建设的四重境界。最后，讨论了在制度建设过程中，推行伦理精神，使之融入组织制度，需要注意的问题以及解决方法。

## 一、消除组织内部混乱状态

组织要进行制度建设，第一步是消除组织内部的混乱状态。《司马法》说，"凡治乱之道，一曰仁，二曰信，三曰直，四曰一，五曰义，六曰变，七曰专。"意思是，领导者要管好一个混乱的组织，有7种常见的管理手段：第一，"仁"，就是用仁爱之心去感化被管理者；第二，"信"，就是用个人的信誉和对被管理者的信任去争取他们；第三，"直"，就是用公平正直的做事方式来处理被管理者之间的争端；第四，"一"，就是用一视同仁的态度来对待被管理者；第五，"义"，就是用道义去折服被管理者；第六，"变"，就是用权变的谋略去瓦解分化被管理者；第七，"专"，就是用专制的方式去镇压被管理者。仔细分析，可以发现这7种管理处于混乱状态组织的手段，有递进的关系，后面的管理手段比前面的管理手段越来越强硬。在不同的情境下，管理者应该针对组织内部不同被管理对象的具体情况，而选用不同的管理手段。下面我们对这7种管理手段使用的情境和针对的对象做一个分析。

第一，"仁"。用仁爱之心去感化那些一时糊涂或者随大流而参与捣乱、破坏行动的人。在一个内部混乱的组织中，真正捣乱的顽固分子往往是少数。有相当多的人是因为信息不对称、不了解情况或者不知道该怎么办，而盲目听信了他人的错误观点，参与相关破坏行动。对于这类人，领导者应该用仁爱之心去关心他们、感化他们，宽恕他们的错误，把他们引向正道。

第二，"信"。用个人的信誉和对他们的信任，去争取的群体是那些对原来的组织领导者或相关管理人员感到失望的人。这些人往往是因为对前任领导有意见，如认为领导缺乏能力或处事不公等而跟随坏人搞破坏。其实，造成一个组织内部混乱的根本原因往往不是坏分子的捣乱，更多的是因为领导者能力不足，品行差，办事不公。这样用心险恶的坏分子才有机可乘。因此，新上任的领导者，首要的任务就是树立威信，用实际行动来向组织成员表明，现在的领导层和原来的领导层不同，值得信赖。

第三，"直"。用公平、公正的处理事方式去纠正他们的行为的群体大体上也是那些对原来的组织领导者或相关管理人员感到失望的群体。正直是产生信任的前提，一个领导者如果不正直，对某些下属存在偏袒，对另一些下属存在歧视，那么，就是人为地造成内部矛盾。所以，领导者想要在混乱的组织中建立自己的威信，必须为人正直，做事公平。

第四，"一"。"一"有两种解释，一种解释是用一视同仁的态度来对待那些自暴自弃的组织成员，让他们感到领导者没有鄙视他们、遗弃他们，没有把他们视为坏人或者废人，这样他们就能为你所用。另一种解释是指混乱的组织中往往有一些人凭借着自己的资历、才能或者特殊背景，不遵守规则，导致很多政策和法令在他们面前缺乏权威，形同虚设。在他们的带动下，整个组织都不遵守规则，导致了组织混乱。如果是这种情况领导者就要有勇气和魄力来维护政策法令的权威性和统一性，这就是"一"，即维护规则的权威性和一致性。两种解释都有其合理性，我们都予以采纳。战国时期商鞅在秦国变法时有两件事情分别诠释了"信"、"直"和"一"在进行变革时的巨大作用。根据《史记·商君列传》记载，商鞅制定好了新的法令，担心民众不相信，影响法令的推行，就在法令公布前想了一个办法，让民众对法令产生信心。他在一个人流密集的市场南门口竖起一根大木头，贴出公告说，把木头搬到北门口的人，可以获得赏金十金。百姓觉得这件事很奇怪，没人敢动。于是商鞅把赏金提高到了五十金。有一个人抱着试试看的态度，把木头搬到了北门口，商鞅立刻就给了他五十金，借此表明令出必行，绝不欺骗。事后商鞅就颁布了新法。新法在民间施行了整一年，有很多人都说新法不方便。正当这时，太子触犯了新法，商鞅说："新法不能顺利推行，是因为上层人触犯它。"于是决定依新法处罚太子。由于太子是国君的继承人不能施以刑罚，商鞅就处罚了太子的老师公子虔。之后就没有人敢违反新法了。新法推行了10年，秦国百姓都非常

## 第六章　伦理管理对组织制度建设的要求

高兴，路不拾遗，夜不闭户，百姓丰衣足食，人民勇于为国家打仗，不敢为私利争斗，秦国从此变得强大起来。

第五，"义"。用道义去折服那些本质不坏的捣乱或破坏分子。在组织中搞破坏的群体中有一些人本质不坏，但是头脑比较简单，很容易盲目相信一些别有用心的人的歪理邪说而跟着做坏事。对于这些人可以用道义去折服他们，不一定需要用行政权力打压或者暴力镇压。例如，唐朝中期一代名将郭子仪就曾经依靠道义的力量说服了叛军的盟友，从而很快平定了叛乱。唐代宗永泰元年（765年），唐将仆固怀恩起兵造反，他联络吐蕃、回纥、吐谷浑以及山贼等30万军队直取长安。唐代宗急召郭子仪抵御贼兵。当时郭子仪手下仅有1万多人，被敌军重重包围在泾阳。他命令部将四面坚守，派牙将李光瓒前去回纥大营游说。回纥王听说他是郭子仪派来的，疑惑地说："郭令公还活着吗？仆固怀恩说天可汗已经抛弃四海，郭令公也已谢世，中国无主，我们才随同他来的。如果他老人家健在，我们倒要见一见。"为了戳穿叛将仆固怀恩的谎言，郭子仪决定亲自到回纥军营走一遭。手下诸将纷纷劝谏说："戎狄之心，不可相信，太危险了，请您不要去。"郭子仪说："敌人有几十万之多，依靠我们现有的实力无法取胜，我听说至诚之心能感动神灵，何况是戎狄之辈！"说完只带几名亲随就出发了。郭子仪以前从安史叛军手里收复两京时，曾经带领过借来的回纥兵，和他们可以说有过并肩战斗的情谊。他在回纥人中有很高的威信，回纥人一向称他为郭令公，表示对他的尊敬。回纥首领看到郭子仪，赶忙上前迎接，郭子仪与回纥将领痛饮叙谈。郭子仪对回纥人说："吐蕃本是我朝舅甥之国，朝廷没有辜负他们，然而他们却攻打我们，可见和他们联盟是完全靠不住的。他们今天攻打我们，将来也会攻打你们。依我之见，不如趁其不备，我们联合里应外合攻打吐蕃，一定可以取胜，他们的羊马遍野，长达数百里，这是天赐的良机。同时，我们两国重修旧好，不是一件很好的事情吗？"回纥人同意了。于是回纥人与唐军联军攻打吐蕃，大获全胜。郭子仪也很快平定了仆固怀恩的叛乱，唐朝转危为安。

第六，"变"。用权变的谋略去瓦解分化那些骨干捣乱分子。这些人为了个人私利可以不顾道义，实在是见利忘义的小人，他们可以因为利益一致而暂时联合，也可以因利益冲突而相互斗争。因此，对待这些人可以用谋略分化瓦解他们，使他们发生内讧。如果他们因此而不再跟随首恶分子的话，就可以考虑用前面的手段感化他们，如果他们仍然不思悔改就要坚决镇压了。明代大儒王阳明在江西剿匪时，针对不同土匪采取不同的手段，充分展示了其治乱的权变手段。王阳明对于首恶分子坚决镇压；而对于那些因为形势被迫做土匪的人，只要肯悔改投降都给予宽恕。如果有匪首带着队伍来投降，王阳明在接受投降之前会详细地查阅该匪首之前的档案，如果是第一次投降便会以礼相待，好言劝慰。如果发现是投了好几次降又反了好几次水的人，那就将计就计直接消灭。根据记载一名叫池仲容匪首，手下有几千人，他派人来告诉王阳明说要投降，然而他们躲在山寨里既不缴械也不接受改编。王阳明知道他们所谓的投降肯定是权宜之计，于是找来一支精锐的部队，让他们乔装成溃败的土匪去土匪山寨，然后里应外合彻底打垮了土匪的士气。一部分顽固分子被歼灭，还有一部分人看到王阳明如此厉害，本来打算假投降，结果就变成了真投降。

第七，"专"。用专制的方式去镇压那些用心险恶，顽固不化的捣乱分子中的领导者和发起者。这些人不仅仅是见利忘义的小人，而且是小人中的"桀雄"，必须铲除。对于这类人，《荀子》中有精辟的描述："孔子为鲁摄相，朝七日而诛少正卯，门人进问曰：'夫少正卯，鲁之闻人也，夫子为政而始诛之，得无失乎？'孔子曰：'居！吾语女其故。人有恶者五而盗窃不与焉：一曰心达而险，二曰行辟而坚；三曰言伪而辩；四曰记丑而博；五曰顺非而泽。此五者，有一于人，则不得免于君子之诛，而少正卯兼有之。故居处足以聚徒成群，言谈足以饰邪营众，强足以反是独立，此小人之桀雄也，不可不诛也。'"大意是，孔子任鲁国大司寇，代理宰相，上任后7日就杀了少正卯。少正卯是鲁国的名人，拥有很多粉丝，也没有犯什么大罪。因此，孔子的做法引起了很多人的质疑，孔子的学生也向自己的老师提出质疑，这种做法是否太过分了。孔子回答说，少正卯是"小人之桀雄"，一身兼有"心达而险、行辟而坚、言伪而辩、记丑而博、顺非而泽"5种恶劣品性，这种人比盗贼的危害要大得多。孔子认为如果纵容这种人，那么他就会聚集一大批人，形成强大的势力，威胁组织稳定和社会的秩序。所谓"心达而险"就是很有思想很聪明，看问题很明白，但是却用心险恶，经常利用他人的愚蠢来达到自己的目的。所谓"行辟而坚"就是行为乖僻同时又坚定不移，无法用道义和仁爱来让他折服。所谓"言伪而辩"就是口才非常好，善于说一些虚伪的话来伪装自己，把自己打扮成一个义士，以隐藏自己的邪恶目的。所谓"记丑而博"就是刻意关注社会的阴暗面，凡事都从阴暗的角度看问题，而刻意回避好的一面、光明的一面，利用社会的阴暗面激起无知群众的激愤情绪，为实现其个人险恶用心做铺垫。所谓"顺非而泽"就是善于把错误的观点或者虚假的东西包装成好的东西，去愚弄那些头脑简单的人，使他们成

## 第六章 伦理管理对组织制度建设的要求

为实现自己不可告人目的的工具。

在消除组织混乱的 7 种手段中，大体上前 4 种手段比较柔和，是怀柔感化的伦理管理手段。这些手段往往需要花费较长时间才能见效，然而一旦成功，效果长久；后三种手段比较强硬，是正面应对混乱状态的权变管理手段，使用这些手段往往不需要很长时间就会有效果，但是要保证效果持久却不容易。因此，管理者面对一个内部混乱的组织时，这 7 种手段往往需要结合起来运用才会有比较好的效果。在《东周列国志》中有一个故事，充分展示了晋文公消除组织内部混乱的手段。晋文公在外流亡 19 年后，在秦穆公的帮助下除掉了政敌晋怀公，成为晋国的国君。原来在晋怀公手下得到重用，并曾经与晋文公为敌的大臣吕省、郤芮也投降了晋文公。他们看到晋文公即位数日，没有任何行动，既没有封赏有功之人，也没有惩罚有罪之人，内心疑惧不安。经过商量，他们打算率家丁造反，杀掉晋文公。他们邀请了一个叫勃鞮的人一起参与，因为此人和晋文公有仇。然而勃鞮口头上答应，却跑去找晋文公告密。结果晋文公不愿意见他，派人传话说起当年的仇怨，并且让勃鞮赶紧走人，不然自己要抓住他报仇。不过经过旁人劝谏，晋文公最终宽恕了勃鞮，并且成功平定了这场叛乱。然而吕省、郤芮虽然被除掉了，但是他们手下还有很多拥护者，晋文公想把这些人全部杀掉。大臣赵衰进谏说，"以前晋怀公就是因为太过严苛，杀了太多人而失去人心的，希望您不要效仿他。"于是，晋文公就决定赦免这些人。然而这些人虽然看了大赦的布告，仍然害怕，有人谣传说晋文公用的是缓兵之计，想先稳住我们，然后再把我们一个个抓起来杀掉。晋文公听到这个谣言非常忧虑。某日早上一个叫头须的人求见晋文公。晋文公正好在洗头，一听头须的名字，非常生气地说，"这个人当年在我流亡时把我的盘缠偷走了，弄得我饥寒交迫，像乞丐一样向别人讨东西吃。今天他居然还敢来见我，让他赶紧滚！"没想到头须听到了门人传话之后，就问门人，"主公是在洗头吧？"门人非常吃惊地说，"你怎么会知道？"头须说，"洗头的人，俯首弯腰，想问题也会受到影响，说话也会颠倒。我听说主公宽恕了仇人勃鞮，从而消除了叛乱之灾。所以，我想主公也应该可以宽恕我。如果主公不愿意见我，那就算了。"门人把头须的话告诉了晋文公。晋文公立刻召见头须。头须说，"主公应该听到了谣言吧？吕省、郤芮的党徒自知有大罪，虽然您发布公告宽恕他们，但是他们仍然怀疑，不知道主公是否有好办法消除这个谣言？"晋文公说，"还没有想到什么好办法。"头须说，"我当年偷走您的盘缠，使得您饥饿乞讨。我的罪过，整个晋国人都知道。如果主公您出游时仍然把我带在身边，为您驾车或者仍然为您掌管盘缠，让全国的人都看到，这样全国的人就都知道主公您不念旧恶了，谣言就一定会消失"。于是，晋文公采纳了头须的话。很快吕省、卻芮的党徒看到头须仍然被晋文公任用都相互说，"国君连头须这种人都能够宽恕，我们应该不用再担心了。"在这个故事中，晋文公可以说是把《司马法》所说的治乱之道表现得淋漓尽致，晋文公和勃鞮有仇，然而当勃鞮来见他时，他却没有直接把仇人抓起来，而是"以直报怨"，告诉勃鞮自己还很生气，让他赶紧走，表现出"直"。而当勃鞮帮助他，之后，他很快就不计前嫌重用勃鞮，表现出"信"。宽恕头须等昔日的敌人表现出"仁"，而利用这种宽恕作为策略表现出"变"，对待吕省、卻芮等顽固的叛乱分子表现出"专"。

## 二、制度建设的流程、影响因素和境界

### （一）制度建设的基本流程

消除组织内部的混乱情况是为了扫清建立新制度的障碍。《司马法》对制度建设的流程有非常深刻的论述，《司马法》说，"凡人之形，由众之求；试以名行，必善行之；若行不行，身以将之；若行而行，因使勿忘，三乃成章；人生之宜，谓之法"。

这段话"凡人之形"中的"人"字仍然应该做"仁"字解，意思是，凡是要建立具有"以仁为本"伦理精神的管理制度时，应该按照这样的流程进行。首先，"由众之求"，一定要征求大家的意见，通过民主的程序出台，这样就能够反映人心所向，而且这样出台的规章制度也很容易推行。其次，"试以名行，必善行之；若行不行，身以将之"，在正式推行之前，要先有一个试行方案和试点区域，先在试点区域推行试行方案看看效果如何。而且管理者在推行过程中一定要小心谨慎地观察各种细节，如果出现了难以推行的情况，就应该仔细思考是否需要修改。如果经过仔细思考，发现不是方案本身的问题，而是推出过程中的问题，这时管理者就要深入到发现问题的一线，找出导致问题的原因，并解决之。另外，管理者还应该带头遵守试行方案中的各种规范和要求，为员工树立榜样。再次，"若行而行，因使勿忘，三乃成章"，如果试行方案推行成功了，那么就要让下属们牢记这些规章制度，以保证长期的效

果；试行方案一定要经过反复实践，证明此规定确实行之有效，才可以固定下来，成为正式的规章制度。最后，"人生之宜，谓之法"，这样形成的规章制度，一定是符合人的心理特点和组织实际情况的规则制度，这样的规章制度才是真正的"法"。

从这里我们可以看到《司马法》对于推行一项新的制度或者改革的谨慎性。归纳起来，一项新的制度或政策，从决策到推行再到成熟必须经过8个步骤：第一，民主讨论；第二，制订试行方案；第三，进行试点；第四，在试点试行过程中不断细化和完善方案的内容，并总结归纳推行过程中可能遇到的各种问题和解决办法；第五，结束试点，全面推行；第六，教育培训，让组织成员牢记新的制度和规范；第七，在正式推行过程中可能还需要微调，使之符合人性的规律和人心所向；第八，成为成熟的制度和规章。

一项新制度的出台和推行是非常严谨的事情，不仅要考虑事物发展的规律，还要考虑人的问题，包括是否会损害既得利益集团、支持新制度和反对新制度的两方力量对比情况。在变革过程中，这种力量是否会有消长。这些分析不能有丝毫纰漏，主观冲动、拍脑袋式的决策往往会导致无穷的后患。最典型的案例就是谈王莽改制，王莽崇尚周礼本来也没有错。因为周礼本身确实是一套很完善的治国制度，如果王莽能够根据当时的时代特点，对周礼进行合理的取舍，然后按照《司马法》提出的制度建设的8个步骤逐步进行，相信一定会有一个比较好的效果，即使不能保证有很好的效果，但也一定不会产生不良后果。另外，即使新的制度很好，如果忽视在推行过程中的细节问题和既得利益者的消极对待或者积极的反抗等问题，也会导致变革的失败。一项重大的新制度的推出往往都会有一些既得利益者受到损害，因而他们大都会反对新制度。另外，改革如果出台的新制度太多，推行的很多细节就不免出现纰漏，一些投机取巧的人就会乘机渔利，这样就会给反对新制度的人以口实，继而引发组织内部的冲突。例如宋代范仲淹的庆历变法和王安石的变法就是因此而失败的。庆历三年（1043），范仲淹与富弼提出明黜陟、抑侥幸、精贡举、择官长、均公田、厚农桑、修武备、减徭役、覃恩信、重命令10项以整顿吏治为中心的改革主张。熙宁二年（1069年）王安石在宋神宗的支持下开始变法，先后推出了"均输法"、"青苗法"、"募役法"、"保甲法"、"方田均税法"、"市易法"等新的制度。然而北宋这两次著名的变革最终都是因为反对变革的人和赞同变革的人形成激烈的党争而失败，其实并非是他们推行的新制度不好，而是因为他们忽视了制度推行过程中的诸多细节问题，同时，又激起了既得利益者的反抗。相比之下，明代张居正的变法能够成功关键就在于他没有进行大幅度的变革，而是非常谨慎地推出两项制度，一个对官吏进行严格的考核制度；另一个就是"一条鞭法"。其变法的主要内容非常简单而实用，就是统一役法，并部分地"摊丁入地"。把原来的里甲、均徭、杂泛等项徭役合并为一，不再区别银差和力役，一律征银。这样就减少了很多下层官吏的"寻租"空间。然而，在变法过程中，他还是得罪了不少人，虽然他活着时能够压制这些反对力量，但在他死后不久，反对力量就联合起来对他的家人进行报复。由此可见，改革的不易。所以《司马法》才提出了变革需要万分谨慎，一项新制度的出台到正式落实需要经过8个步骤，这正是无数前人失败得出来的宝贵经验。

## （二）制度建设需要考虑的7个方面的因素

《司马法》提出了制度建设需要考虑的7个方面的因素，"立法：一曰受；二曰法；三曰立；四曰疾；五曰御①其服；六曰等其色；七曰百官宜，无淫服。"这段话意思有些模糊的，很多内容缺乏上下文对照，只能依靠推理，大体上的意思是，领导者要建立一个好的管理制度需考虑7个方面的因素：

1. "受"——人们对制度的接受性

有时候一项制度虽然很好很先进，但如果和组织文化差异很大或者遭到了具有强大影响力的人反对，就很难实施。例如"二战"结束时，美国占领日本之后曾经考虑在日本完全复制美国的民主政治。后来经过多方分析和研究，认为还是保留日本原有的一些制度，特别是天皇制度，日本人才比较好接受。实践的结果果然如此。这里需要指出的是"受"包括两类，一是组织文化上的接受或者组织特定范围内的接受，二是人们普遍的接受。我们认为凡是人们能够普遍接受的东西，一定是符合人性的东西，这点我们在前文已经论述过了。

2. "法"——制度设计的合法性

新出台的制度不能和已有的更基本或者上位的制度或法律相抵触。组织中某个部门出台的制度就不能和组织的一些基本制度相抵触，否则就会引起人们的质疑；在国家的法律和制度设计中，这也是一项基本原则。

---

① "御"：《说文》，御，使马也。也作"驭"，还有治理的意思；"服"，通"负"，负荷，任务或者职责。

3. "立"——要保证制度和政令的权威性，不能朝令夕改，否则就会引发组织公信力的危机

具体而言，就是要做到，"有法可依，有法必依，执法必严，违法必究"。如果一项制度推出之后，因为受到阻力而无法落实，成为一纸空文，将会严重损害立法者和执法者的权威。人们不仅会觉得立法者缺乏水平，推出的制度肯定有漏洞和问题，同时还会觉得执法者无能，因为他们依据的制度都有可能随时被架空或者废除。立法者就会因此而威信扫地，整个组织的管理工作也会变得难以开展，后续即使出台了很好的制度，推行时也会有很大困难。

4. "疾"——推进的时间和时机

领导者应该雷厉风行，善于抓住立法的时机。废除旧制度，推行新制度在很多时候都是非常困难的。首先是人们对旧制度很容易产生路径依赖的心理，特别是当人们在旧制度下过得比较舒服时，往往会本能地维护旧制度。其次，在一些治理结构不合理的组织中往往会形成各种利益集团，他们会为自身的利益而争斗不休使新制度迟迟无法推出或者推出了也很难落实。因此，建立新法规或者推出一项新制度要善于抓住时机，迅速进行。从伦理管理的角度来说，有些不符合"以仁为本"精神的旧思想观念和旧制度的危害比较隐蔽，没有引起决策者和管理者的足够重视，如果不借助一些特定事件使其危害曝光，要进行变革可能非常困难。有时候一些偶发事件会给新制度出台带来很好的机会。例如2003年的孙志刚事件，引发了收容制度的废除和救助办法的出台。2003年3月17日晚上，任职于广州某公司的湖北青年孙志刚因没有暂住证，被警察送至广州市"三无"人员（无身份证、无暂居证、无用工证明的外来人员）收容遣送中转站收容。次日，孙志刚被收容站送往一家收容人员救治站。在这里，孙志刚受到工作人员以及其他收容人员的野蛮殴打，并于3月20日死于这家救治站。这一事件引起媒体的广泛关注，2003年6月20日，国务院公布《城市生活无着的流浪乞讨人员救助管理办法》，并于当年8月1日起施行。而1982年发布的《城市流浪乞讨人员收容遣送办法》同时废止。如果不是孙志刚事件，《城市流浪乞讨人员收容遣送办法》这项制度何时废止就很难说了。

5. "御其服"

这三个字的意思非常含糊，"御"在《说文》中为使马，也作"驭"，我们引申为驾驭或者使用那些膺服伦理管理精神、支持新制度的相关人员。换句

话说就是要使用那些真心赞成"仁本"精神、支持新制度的人员来推行新制度。领导者在推行新制度时，经常是一部分人赞成，一部分人不赞成。如果让不赞成新制度的人来负责推行新制度，那么，他很可能会想方设法夸大新制度的负面效应，用各种手段抵制新制度的落实，甚至把很多不相干的问题都归咎于新制度的出台，从而误导领导者的判断和决策。这个道理很简单，也很容易理解，但在实践中却并不简单。首先，不赞同新制度的人一般不会公开表示不赞同，领导者往往需要经过多方面的分析和观察，才能知道谁是真正赞成新制度的人，谁是不赞成新制度的人。其次，不赞成新制度的人可能处在比较重要的岗位，足以影响新制度的推行。这个时候，领导者就要考虑是否让其换岗位，然而在实际操作过程中，因为各种原因，领导者往往做不到让不赞成新制度的人换岗位。这样，领导者就必须想办法绕过这个不赞成新制度的人所在岗位的影响，这里往往有很多政治技巧，所以《司马法》才特别指出。从伦理管理的角度来说，为了将来伦理管理能够在企业中得到广泛的推行，领导者进行制度建设时就须选用那些懂得伦理管理，真心信奉"以仁为本"精神的下属来推行相关制度建设，这样"以仁为本"伦理精神就会在后续的制度建设工作中自然而然地体现出来。

6. "等其色"

这几个字意思也比较含糊，"色"当解释为"脸色"，引申为人们对新的政策制度的评价。"等其色"即是要让人们对新制度有相对统一的认识和基本一致的评价。这就需要多方面的努力，大体上可以从以下几个方面去考虑。首先，在新的政策制度推行一段时间之后，管理者要收集人们对新的政策制度实施效果的评价信息。被管理者对新政策制度的评价信息只有在新制度实施了一段时间之后才能收集到。因为新制度刚刚推行时，被管理者限于自己的视野很难评价制度的总体效果，而且他们更多地会站在维护自身利益的角度上来评价新制度。而且新制度刚刚推行时很多细节尚未完善，这时人们对制度的评价往往也不会公正客观。只有在制度运用了一段时候之后，明显的细节问题都解决了，而隐藏各种细节问题都暴露出来了，这时，就要根据人们的意见对新制度进行优化，最终形成让所有人都基本认同的制度。这样才能叫作"等其色"。从伦理管理的角度来说，优秀的制度应该是符合人性且能够发展人性的，即"以仁为本"；符合人性的制度，在短期内不一定能保证人们都容易接受，但从中长期来看，人们一定都会比较容易接受；能够发展人性的制度在短期内也不一定能保证人们都喜欢，但从中长期来看，它却能够给人们带来真正的利益，因而获得人们的真心拥护。人们的普遍接受和真心拥护也可以说是"等其色"。只有把"以仁为本"的伦理精神融入组织制度建设才可能做到"等其色"；反之，要做到"等其色"就非常难。

7. "百官宜，无淫服"

"百官"指的是各级管理者，"服"通"负"，表示负担，"无淫服"即没有过分的负担。意思是，在新的政策制度推行一段时间之后，领导者应该看看各级管理者的工作情况，是否出现权责利不一致的地方。特别要看看新的政策制度给人们增加或者减少的负担情况。好的制度应该充分发挥人的能力，不应该出现有的人负担极轻、极为悠闲，而有的人负担极重、非常辛苦的情况。此外，新的制度不可能让所有人都减轻负担，肯定是让负担过重的人减轻负担，负担过轻的人则应该承担必要的责任。这样总体上，人们的负担就相对减轻。如果出现了苦乐不均的情况，则说明新的制度设计还有纰漏或者新制度的落实过程中还有细节问题没有处理好，这就需要继续优化制度。归纳起来，"百官宜，无淫服"就是新制度应该保证"权责利"的分配在同一部门内部具有公平性和在不同类部门之间具有合理性。

这7个方面的因素在某种意义上也具有递进的关系。"受"和"法"是制定新政策制度的前提，"立"、"疾"和"御其服"是推行新制度应该遵循的原则和手段；"等其色"和"百官宜，无淫服"则是要在新制度推行之后，继续监控新制度的落实过程中的各种问题，对新制度的细节进行优化和改进，让新制度获得人们的普遍认同。大体上，第1个到第4个因素是所有制度建设都需要关注的，第4个到第7个因素是伦理管理制度建设需要额外关注的问题。

### （三）制度化管理的四重境界

制度化管理是组织成长必须经历的阶段，也是组织从人治走向法治的具体表现。这种管理方式把组织的各项重要活动都制度化、流程化，员工进入组织以后，一般都是根据制度和流程的要求来开展工作，而不是完全由上级来安排。对于例行的工作，上级主要是监督和指导下属完成，只有出现非常规的工作时，上级才会给下属安排具体任务。组织在发展壮大过程中，只有通过制度化管理才能使领导者从各种琐事中解放出来，把工作的重点转向宏观战略问题和用人问题。

对于军事组织来说，制度化管理更是极端重要的工作，《司马法》认为组织制度化管理有四个不同层次的境界，即"凡军，使法在己，曰专。与下畏法，曰法；军无小听，战无小利，曰成；行微，曰道。"① 意思是，在军队中一定要实施法治，而在军队中"法治"有四个递进的境界：第一个境界是把自己的命令作为法令，这叫作专制；第二个境界是制定各种法令，自己和下属都遵守法令，不敢随便违反法令，这叫治军有法；第三个境界是军队在法令的治理下，思想统一，军心稳定，没有各种小道消息。打仗时，士卒严格遵守军纪，不会受到眼前利益的诱惑，这叫治军有成；第四个境界是军队的法令深入人心，哪怕是在最细微的方面都能够被士卒严格遵守，这叫治军有道。《司马法》提出制度化管理的四个境界和伦理管理的境界有密切关系，特别是第四境界，如果不是运用伦理管理手段是不可能实现的。作为领导者，应当不断提高自己以法治军的水平，努力追求后两个境界。下面详细讨论一下这四个境界：

1. 境界"专"

制度化管理的最初境界是专制。制度化管理本质上是法治，而法治和专制似乎应该是对立的，为什么反而成为法治的最初境界呢？专制一般认为是最高统治者或一个小集团独自掌握政权的统治制度。最典型的是古代比较流行的君主专制制度，君主有无限的权力。当代某些国家由个别独裁者和一个利益集团独断专行的统治制度也属于专制。在专制社会，最高统治者或者最高统治集团，拥有超越法律的权力，权大于法是其基本特点。从这个角度上说，专制和法治是对立的。不过这里所说的专制并不是指专制制度，而是指专制式的管理。专制的管理是非常常见的一个管理模式。组织进行制度建设的最初阶段往往都实施专制管理。特别是在一个内部关系复杂、各种利益集团不断博弈和斗争的组织中，要实施法治或者推行一项变革，往往需要经历专制管理阶段，通过一个超强的权威力量把各种利益集团的诉求都压制下去，强行推行相关的政策和法律制度。如果没有这样一个阶段，各种利益集团之间的不断博弈和斗争，可能导致合理的政策或者法律制度无法出台，或者即使出台也无法执行或者执行过程中完全走样。对于处于激烈外部竞争环境下的军事组织或者小型企

---

① "军无小听，战无小利，曰成；行微，曰道。"这段文字在有的版本《司马法》中是"军无小听，战无小利，日成，行微日道。"造成前后文意缺乏逻辑，难以进行合理的解读，由于"曰"字和"日"在传抄过程中非常容易混淆，故此，我们认为《司马法》原文应该是"曰"字更为合理。

业组织来说，进行专制管理可以使组织的运作效率大大提升，从而快速应对外部环境的变化。所以，在实践过程中，我们见到的大多数军事组织和小型企业组织的管理都带有一定的专制色彩。很多中小企业的企业主，在企业内部往往是说一不二，他们的权威往往大于企业内部的各种规章制度。也正是因为如此，这些中小企业才能保持足够的灵活性和效率。

2. 境界"法"

这是制度化管理的第二层境界，具备了法治的基本特点。法令在组织中具有至高无上的权威，任何人都不能凌驾于法律之上。就连制定法令的领导者也不能超越于法令之外。《三国演义》中有这样一个故事，曹操出征张绣途中，为安抚民心，便谕村人父老及沿途官吏，曹军"大小将校，凡过麦田，但有践踏者，并皆斩首"。巧的是曹操正在骑马行军途中，忽田中惊起一鸠，曹操坐骑蹿入麦中，践坏了一大块麦田。曹操立即叫来行军主簿要求议罪。主簿十分为难，曹操说："我自己下达的禁令，现在自己违反了，如果不处罚，怎能服众呢？"这时谋士郭嘉引用《春秋》为其开脱。曹操便顺水推舟说，"既《春秋》有'法不加于尊'之义，吾姑免死"，以剑割下自己一束头发，掷在地上对部下说："割发权代首"。古人认为，"身体发肤受之父母不敢毁伤"，割掉头发其实也是非常严重的处罚。曹操的这种行为正好诠释了"与下畏法，曰法"的管理境界。

3. 境界"成"

这是制度化管理比较高的境界，不仅具备了法治的基本特点，还能够保证法治的效果。"法"的境界在制度化管理实践中仅仅是确立了制度法规的权威地位，并不能保证法治的效果。组织内部没有小道消息，即使有人们也不受其影响，组织成员可以经得起各种小便宜的诱惑而不去违背制度法规，这样的制度化管理境界才是"成"。组织中小道消息流行，要么说明人们对组织制度不信任，所以需要小道消息来核对；要么说明组织缺少信息沟通与传播的渠道，所以需要小道消息来补充。组织成员经不起小便宜的诱惑，要么说明组织给予的待遇太差，人们需要额外的利益补偿；要么说明组织制度缺失了伦理精神，从而出现孔子说的，"道之以政，齐之以刑，民免而无耻"的情况，只要不被组织执法者发现，他们就会想方设法追求自己的利益。那么如何达到"军无小听，战无小利"的境界呢？按照儒家观点就是要做到，"道之以德，齐之以礼，有耻且格。"（《论语》）要求组织出台的各种制度法规一定要合乎人性、具有伦理精神，能够推动组织成员不断地提升思想道德素质。管理者能够根据伦理道德的要求进行管理，在对组织成员进行教化的基础上，不断地优化各种制度的细节，形成良好的组织文化，文化和制度相得益彰，才能达到这个境界。

4. 境界"道"

这是符合"道"的制度化管理境界，各种制度的管理效果堪称完美。组织的法令深入人心，哪怕是在最细微的方面制度规范都能够被人们严格遵守。要达到这个境界非常困难，不仅需要对组织成员进行长期的教化，而且对管理者自身的道德修养要求也非常高。因为伦理管理强调管理者与被管理者的互动，管理自身的伦理道德素质决定了组织能够达到的管理境界。

## 三、伦理精神融入制度化管理的方法

### （一）在组织推行伦理管理的要点和难点

组织在进行制度建设时，如何保证伦理道德在制度中得到体现，如何推动各级管理者主动采取伦理管理手段，而不是普通地依靠权力的管理呢？《司马法》针对这些提出重要观点，从中我们可以了解在组织推行伦理管理的要点和难点。

《司马法》说，"凡战，正不行则事专，不服则法，不相信则一。若怠则动之，若疑则变之，若人不信上，则行其不复。自古之政也。"这段话一般都被解释为，作战时，用正常的办法行不通就要用专制专断的方式，下级如果不服从就用军法制裁。如果下级互不相信就要使之统一认识，如果军心懈怠就应加以鼓舞，如果下级产生疑惧就设法改变这种情况，但是如果下级不信任上级，那么上级所有的命令和行为都要失效了。这些都是自古以来治军作战的方法。不过这种解释比较浅显，其实，从伦理管理的角度来看，还可以有更深一层的解释。

"凡战，正不行则事专，不服则法，不相信则一"。这句话中"正"，如果联系前文"正不获意则权"来看，应该解释为管理的"正道"，即"以仁为本，以义治之"实施伦理管理。"专"则是和伦理管理相对的专制管理。这样

# 第六章　伦理管理对组织制度建设的要求

这段话的意思是，在军队这样的组织中，如果管理者使用伦理管理没有取得明显的效果，或者伦理管理理念不能被普遍接受的话，那么专制的管理理念就会盛行；如果不能实施伦理管理，那么缺乏伦理教育的官兵们就不会膺服"以仁为本"伦理精神，从而也就不会体会到自己的崇高使命，不会积极主动地去完成任务，严重的甚至在心中对管理者也不信服，认为管理者只是在作秀或者给自己洗脑，在这种情况下管理者很容易转向使用严刑峻法进行管理。如果管理者和下属官兵们不能相互信任，那么管理者很容易转向使用统一思想灌输理念的做法。这里《司马法》实际上提出了两种管理理念和管理方式：一是《司马法》推崇的伦理管理理念和管理方式，二是军队中常见的专制管理理念和管理方式。显然后一种管理理念和管理方式的境界比前一种要低很多。由于专制管理的方法比伦理管理的方法更容易掌握，故此管理者常常因为懒惰懈怠或投机取巧等多种原因，而选择使用专制管理的方式，而放弃使用伦理管理的方式。

"若怠则动之，若疑则变之，若人不信上，则行其不复。自古之政也。"实际上是说领导者要努力推行伦理管理的理念和管理方式，推行的关键就在于解决"怠"、"疑"和"不信"三个问题：

一是懈怠。如果领导者在推行伦理管理的过程中，发现自己的下属官吏在管理其部属时，因为懈怠懒惰而选择专制管理的方式，就要从多方面去触动他，让他了解伦理管理的价值和专制管理可能带来的危害。懈怠一般都是因为对某个问题认识不深，没有触动灵魂深处。因此，领导者要想各种办法去触动下属的情感，让他真正体会到伦理管理的价值，从而主动掌握伦理管理的理念和方法，并主动去实施伦理管理。

二是怀疑。伦理管理强调通过伦理教化和沟通互动，使被管理者体会到自己的使命，从而变被动为积极主动。但是使命往往涉及一些比较玄妙的形而上的概念，一般的士兵很容易产生怀疑。因为真正的使命感是建立在一定的心性功夫基础之上的，而这需要相当长时间的自我管理训练。领导者对没有心性功夫的下属谈使命，很容易流于空泛，在很多情况下，伟大的理想总是很难抵挡现实利益的诱惑。如果管理者发现，士兵怀疑自己的使命感，那么就要帮助他们分辨是非真假，重新建立对自己使命感的信心。如果领导者发现其下级管理者在管理其部属时，因为怀疑伦理管理的价值和作用，不使用伦理管理手段，就要帮助他们分辨伦理管理和专制管理的利弊，使他们坚定使用伦理管理手段的信心。

三是不相信。如果领导者发现，自己的下级管理者不被员工信任，那么就要让他们彻底地反省和改变。要求他们改变以前的管理方式，用新的管理方式来重新赢得员工的信任。如果他们做不到或者员工和其关系已经变得水火不容了，就直接把他们调离原来的岗位。

《司马法》说，这些都是从上古时期流传下来的，经历了无数考验，领导者如何在组织中推行伦理管理的宝贵经验。

### （二）把伦理精神融入组织制度管理的方法

《司马法》分析了在军队组织中推行伦理管理的要点和难点之后，又讨论了把伦理精神融入组织制度的方法。《司马法》说，"凡战，固众，相利；治乱，进止；服正，成耻；约法，省罚；小罪乃杀，小罪胜，大罪因。"这段话讲了四个方面的内容：

1. "固众，相利"

意思是，在战争中要巩固军心，就必须让士兵们的利益相互关联，一荣俱荣，一损俱损；最典型的就是在古代乃至近代的军队中都出现过的连坐制度。《武经七书》之一《尉缭子·伍制令》篇中说："军中之制，五人为伍，伍相保也；十人为什，什相保也；五十为属，属相保也；百人为闾，闾相保也。伍有干令犯禁者，揭之，免于罪；知而弗揭，全伍有诛。什有干令犯禁者，揭之，免于罪；知而弗揭，全什有诛。属有干令犯禁者，揭之，免于罪；知而弗揭，全属有诛。闾有干令犯禁者，揭之，免于罪；知而弗揭，全闾有诛。吏自什长以上，至左右将，上下皆相保也。有干令犯禁者，揭之，免于罪；知而弗揭者，皆与同罪。夫什伍相结，上下相联，无有不得之奸，无有不揭之罪。"意思是，军队的联保制度，是按五人编为一伍，伍内的人互相联保，十人编为一什，什内的人互相联保；五十人编为一属，属内的人互相联保；百人编为一闾，闾内的人互相联保。伍内如有触犯禁令的，同伍的人揭发了他，全伍免罪，知道而不揭发，全伍受罚。什内有触犯禁令的，同什的人揭发了他，全什免罪，知道而不揭发，全什受罚。属内有触犯禁令的，同属的人揭发了他，全属免罪，知道而不揭发，全属受罚。闾内有触犯禁令的，同闾的人揭发了他，全闾免罪，知道而不揭发，全闾受罚。将吏从什长以上到左、右将军，上下都互相联保，凡有触犯禁令的、揭发了的都免予治罪，知道而不揭发的都与他同罪。同伍同什的人都互相关联，上下之间都互相联保，就没有不能破获的阴谋，没有不被揭发的罪恶。《商君书》也有类似的记载，秦军以五人为伍，一人逃亡，其余四人都要受刑；各级军官都有一定数量的护卫部队，如果军官死在战场上，护卫部队要受惩罚。由于士卒之间责任相关，所以士兵们既没有退路，也无计可逃，只能拼命作战以求战功。这种"连坐"制度不独秦国，其他诸侯国皆如此。《银雀山汉墓竹简》中有"守法"篇，属于齐国军法的一部分，其中就规定："去其署者身斩，父母妻子罪。"军人擅离职守要处死，父母妻子也因此获罪；秦赵长平之战中，赵王欲以赵括代替廉颇，赵括母亲阻止无效时说："王终遣之，即有如不称，妾得无随坐乎？王许诺。"赵军大败，赵括被杀后，"赵王亦以括母先言，竟不诛也"。可见齐国、赵国在惩治军人犯罪时都实行连坐之法。当然"固众，相利"，不仅包括惩罚，也包括奖励。从奖励的角度来说，领导者不仅要重视对士兵个人的奖励，更要重视对员工所属组织或者团队进行奖励，这也是强化员工归属感，让整个组织变得更加团结的一个重要方法。

2．"治乱，进止"

要治理组织中混乱的局势，就必须提拔具有优秀军人素质和德行的君子，罢免不具备军人素质和德行的小人；也就是人们常说的要"亲贤臣，远小人"。这个道理人们都懂得，但是要做到却很不容易，一方面分辨贤臣和小人是很困难的事情，需要有很高的智慧；另一方面小人往往善于阿谀奉承，让领导者心情非常舒畅，而贤臣往往会犯颜直谏，让领导者心情不悦。领导者要亲近前者很容易，要亲近后者则非常难。因此，要做到这一点，主要还是需要领导者自身具备较高的素质。

3．"服正，成耻"

要在组织中形成人人服膺正义的文化氛围，就必须加强军队思想政治工作和道德品质建设，形成优良的军队文化，让每个人都为自己拥有优秀的美德而感到光荣，为缺乏美德而感到耻辱。兵家亚圣吴起非常重视这一点，他说，"凡制国治军，必教之以礼，励之以义，使有耻也。夫人有耻，在大足以战，在小足以守矣。"士兵们有了很强烈的荣誉感，不仅会为了自己的荣誉而战，还会为了维护自己的荣誉而服膺正义。这样的军队就会具有非常高昂的士气，战斗力也会变得更加强大。

4．"约法，省罚，小罪乃杀，小罪胜，大罪因"

在法律建设方面，要建立简洁明了的法令。因为大多数军人没有很高的文化水平，法令简洁明了，大家容易记住和遵守，法令太复杂了反而会破坏军人尚武的文化。要少用刑罚，因为刑罚如果用多了，就会缺乏威慑力，也会压制军心和士气，甚至导致士兵们的逆反心理。而为了同时满足上述两个方面的要求，就需要使用严刑峻法，即"小罪乃杀"，士兵们犯了小罪就要用很重的惩罚来处置，让犯人和其他人看到之后产生警惕心，从而不敢再犯。如果士兵们犯小罪没有得到很好的纠正和处理，就会成为士兵们将来犯大罪的原因。

### （三）推行伦理化制度对管理者和被管理者的要求

推行伦理化制度对管理者和被管理者都有一些共性的要求。关注这些共性的要求，对于组织领导搞好伦理管理有着非常重要的意义。《司马法》说，"凡战，敬则慊，率则服。"意思是，在竞争性的组织中，领导者如果对下属尊重，那么下属就会感到满足。领导者如果在实战中能够起到带头和表率作用则下属就会信服。这里特指军队这样的组织，因为在这样的组织中，大多数都是文化程度不高的武夫，他们大多数都有一个共同的特质，就是虚荣心较强，胆子大，欣赏敢于冲在前面的人。如果领导者对他们表示尊重，他们的虚荣心就能够得到满足，如果领导者在实战过程中打头冲锋，他们就会对领导者服气。因此，军事组织的领导者在进行伦理教化过程时，首先，就是要注意表现出自己对下属官兵的尊重态度，同时，遇到事情要起到模范带头作用。

《司马法》还说，"荣、利、耻、死，是谓四守。容色积威，不过改意。凡此道也。"意思是，荣誉、利禄、耻辱、刑罚，这是军队管理者激励士兵的四种基本手段。荣誉和利禄是正向的激励手段，耻辱和刑罚是负向的激励手段。培养士兵的荣誉感和耻辱感是德治的基本要求，善于利禄和刑罚手段是法治的基本手段。把这四种手段结合起来，就是要把法治和德治统一起来，一方面通过教化改变官兵心态；另一方面通过制度建设形成完善激励管理制度，这样才能真正培养出士兵的荣誉感和耻辱感。组织的领导者必须掌握这四种基本手段，并善于使用这四种手段。领导者无论是和颜悦色地和士兵们讲道理，还是严厉地管教惩罚他们，根本目的都不过是使士兵们改变想法，统一思想，激励他们奋勇作战。所有这些都是治军的基本道理。

可见，伦理管理绝对不排斥制度化管理，它是建立在制度化管理基础上更高层次的管理手段和管理境界。

## 四、伦理管理对组织制度建设的要求特质分析

本章《司马法》首先阐释了消除组织内部混乱状态的方法,其次讨论了组织制度建设的流程、影响因素和境界,最后分析了如何把伦理精神融入组织制度化管理。

我们把伦理管理对组织制度建设的要求作为 $T_4$,那么,构成 $T_4$ 主要内容的子特质主要有三个:

子特质 $T_{41}$:消除组织混乱状态的方法,即"治乱之道:一曰仁,二曰信,三曰直,四曰一,五曰义,六曰变,七曰专"。

子特质 $T_{42}$:制度建设。具体而言有以下几方面的内容:第一,制度建设的基本流程,即"凡人之形:由众之求,试以名行,必善行之。若行不行,身以将之。若行而行,因使勿忘,三乃成章,人生之宜,谓之法",记为 $T_{421}$。第二,制度建设的影响因素,即"立法:一曰受,二曰法,三曰立,四曰疾,五曰御其服,六曰等其色,七曰百官宜,无淫服",记为 $T_{422}$。第三,制度化管理的四个境界,即"凡军:使法在己,曰专;与下畏法,曰法;军无小听,战无小利,曰成;行微,曰道。"记为 $T_{423}$。

子特质 $T_{43}$:伦理精神融入制度化管理的方法。具体而言有以下几方面的内容:第一,推出制度化管理的难点和要点,即"凡战:正不行则事专,不服则法。不相信则一,若怠则动之,若疑则变之,若人不信上,则行其不复。自古之政也"。记为 $T_{431}$。第二,把伦理精神融入组织制度的方法,即"凡战:固众相利,治乱进止,服正成耻,约法省罚,小罪乃杀,小罪胜,大罪因。"记为 $T_{432}$。第三,推行伦理化制度对管理者和被管理者的要求,即"战:敬则慊,率则服","荣、利、耻、死,是谓四守。容色积威,不过改意。凡此道也"。记为 $T_{433}$。

这样,伦理管理的基本观点特质 $T_4$ 的三个子特质:消除组织混乱状态的方法 $T_{41}$、制度建设 $T_{42}$、伦理精神融入制度化管理的方法 $T_{43}$。可以记为 $T_4$:$\{T_{41},T_{42},T_{43}\}$。

我们归纳《司马法》伦理管理思想特质群 $T_4$ 伦理管理对组织制度建设的要求 KJ 图如图 6-1 所示。

```
┌─────────────────────────────────────────────────────────────────┐
│              T₄ 伦理管理对组织制度建设的要求                      │
│ ┌─────────────────────────────────────────────────────────────┐ │
│ │ T₄₁ 消除组织内部混乱——治乱之道：                            │ │
│ │ 一曰仁，二曰信，三曰直，四曰一，五曰义，六曰变，七曰专       │ │
│ └─────────────────────────────────────────────────────────────┘ │
│ ┌─────────────────────────────────────────────────────────────┐ │
│ │                    T₄₂ 制度建设                              │ │
│ │ ┌──────────────────────┐  ┌─────────────────────────────┐   │ │
│ │ │                      │  │ T₄₂₃ 制度化管理的境界         │   │ │
│ │ │ T₄₂₁ 制定法令的原则   │  │ ┌─────────────────────────┐ │   │ │
│ │ │ 和流程：             │  │ │ T₄₂₃₁ 初级境界——专：    │ │   │ │
│ │ │ 凡人之形；由众之求，  │  │ │ 使法在己，曰专          │ │   │ │
│ │ │ 试以名行，必善行之。  │  │ └─────────────────────────┘ │   │ │
│ │ │ 若行不行，身以将之。  │  │ ┌─────────────────────────┐ │   │ │
│ │ │ 若行而行，因使勿忘，  │  │ │ T₄₂₃₂ 二级境界——法：    │ │   │ │
│ │ │ 三乃成章，人生之宜，  │  │ │ 与下畏法，曰法          │ │   │ │
│ │ │ 谓之法               │  │ └─────────────────────────┘ │   │ │
│ │ └──────────────────────┘  │ ┌─────────────────────────┐ │   │ │
│ │ ┌──────────────────────┐  │ │ T₄₂₃₃ 三级境界——成：    │ │   │ │
│ │ │ T₄₂₂ 制度建设需要考虑 │  │ │ 军无小听，战无小利，曰成 │ │   │ │
│ │ │ 的七个因素：         │  │ └─────────────────────────┘ │   │ │
│ │ │ 立法：一曰受；二曰法；│  │ ┌─────────────────────────┐ │   │ │
│ │ │ 三曰立；四曰疾；五曰  │  │ │ T₄₂₃₄ 最高境界——道：    │ │   │ │
│ │ │ 御其服；六曰等其色；  │  │ │ 行微，曰道              │ │   │ │
│ │ │ 七曰百官宜，无淫服    │  │ └─────────────────────────┘ │   │ │
│ │ └──────────────────────┘  └─────────────────────────────┘   │ │
│ └─────────────────────────────────────────────────────────────┘ │
│ ┌─────────────────────────────────────────────────────────────┐ │
│ │              T₄₃ 伦理精神融入制度化管理                      │ │
│ │ ┌──────────────────────┐  ┌─────────────────────────────┐   │ │
│ │ │                      │  │ T₄₃₂ 推行伦理管理的基本方法： │   │ │
│ │ │ T₄₃₁ 推行伦理管理的   │  │ 凡战：固众相利，治乱进止，   │   │ │
│ │ │ 难点和要点：         │  │ 服正成耻，约法省罚，小罪乃杀， │   │ │
│ │ │ 凡战：正不行则事专，  │  │ 小罪胜，大罪因             │   │ │
│ │ │ 不服则法。不相信则一， │  └─────────────────────────────┘   │ │
│ │ │ 若急则动之，若疑则变  │  ┌─────────────────────────────┐   │ │
│ │ │ 之，若人不信上，则行  │  │ T₄₃₃ 推行伦理化制度对管理者   │   │ │
│ │ │ 其不复。自古之政也    │  │ 和被管理者的要求：           │   │ │
│ │ │                      │  │ 凡战：敬则慊，率则服。荣、利、│   │ │
│ │ │                      │  │ 耻、死，是谓四守。容色积威， │   │ │
│ │ │                      │  │ 不过改意                   │   │ │
│ │ └──────────────────────┘  └─────────────────────────────┘   │ │
│ └─────────────────────────────────────────────────────────────┘ │
└─────────────────────────────────────────────────────────────────┘
```

图 6-1 《司马法》伦理管理思想特质群 T₄ 伦理管理对组织制度建设要求

# 第七章 组织变革与发展的伦理管理之道

本章主要探讨《司马法》有关组织变革与发展的伦理管理思想。《司马法》提出了组织变革的原则,并认为组织发展的基础是"有天"、"有财"、"有善",并重点探讨了"有善"问题,提出了"有善"的境界和实现"有善"的方法。

## 一、组织变革的原则与发展的基础

### (一)组织变革的基本原则

我们认为组织变革指的是组织管理者为了应对外部环境变化和自身发展的要求,而推行不同于以往的一系列政策、制度和机制的管理行为。① 由这个定义可知,当组织外部环境发生了巨大变化或组织自身有不断发展的需求时,管理者就有必要想方设法进行组织变革。在科技飞速发展、全球经济不断融合的今天,如何推动组织变革,实现组织长期稳定的发展是组织领导者面临的一项非常重要的任务。

《司马法》在组织变革这个问题上有很多精彩的论述,《司马法》提出,"凡事善则长,因古则行。"意思是,管理者做事情如果尊重道德,就能够长久,做事情如果尊重传统,就能够比较好地推行。虽然《司马法》这句话只有9个字,但却阐明了组织变革的两项基本原则:第一,组织变革遵守道德规范,弘扬善行,只有这样才能长久;第二,组织变革应承袭传统,尊重历史,

---

① 关于组织变革和组织发展,很多西方学者包括国内很多教科书中都有界定,但是这些界定往往都忽视管理者,只是强调组织应该如何,为了体现中国传统文化重视管理者与被管理者互动的特质,我们在传统的定义上做了一定的修正。

这样才容易推行。简言之，就是组织变革必须尊重伦理道德和尊重传统。我们可以从管理者和被管理者两个角度来分析"凡事善则长，因古则行"的理由。从管理者的角度来说，管理者如果尊重传统，那么就不需要花过多的力气去构建新制度和推行新理念。因为人们的思想和行为是有路径依赖的，强行改变往往非常困难。例如民国时期，有一批激进的官员曾经颁布命令强行推行西方的公历新年，而农历的春节则不予放假。这项法令虽然颁布了，然而到了春节人们根本无心工作，大多数人都找各种借口回家过年去了，颁布命令的官员也在亲友的唾骂中不得不回家过年去了。可见，人们不可能脱离了传统而生活。前一代人的创造和进化成果，技术、经济、价值观到语言文字、思维方式一直到遗传基因都有形无形地进入后人的气质、品格和生存方式中去，成为他们思维习惯、价值观念和行为习惯，成为他们做人做事的方式。因此，尊重传统的制度和政策很容易让员工接受，推行的阻力往往也较小。管理者根据传统的要求建立组织的伦理文化和管理秩序也变得比较容易。伦理道德和传统一样都是社会生活的基本构成要素，任何传统都包含着某种伦理道德，伦理道德本质上是人们对人性特质的一种认识。不尊重道德的管理行为往往被视为反人性、反社会的行为，很难得到人们的认同，最多只能依靠暴力和权谋短期维持，不可能长久。如果管理者能够尊重道德，弘扬善行，那么，组织氛围就会变得越来越好，组织的凝聚力会增强，人与人之间的信任会强化，原本需要的各种监督控制活动将减少甚至消失，使管理成本大大降低。人们在这样的组织中生活压力也会较小，这样就更容易激发创造力和主动性，从而推动组织事业的不断发展。从被管理者的角度来说，被管理者如果尊重传统、尊重道德，他的行为就比较容易预测，管理起来会比较容易，而且尊重传统，尊重道德也就意味着管理者与被管理者应该是一个什么样子的伦理关系，已经有了一个共识。只要维持这个共识不被破坏，被管理者一般都会认同管理者推行的管理制度和行政命令，管理也就变得容易。

  在社会变革中，尊重道德、尊重传统就显得更加重要。在相对稳定的社会环境里，传统的思维逻辑方式使人们在一定的历史时期内有了大众公认的行为准则、道德规范。在这样的时期，传统的流变是较温和、较缓慢的，比较容易被大众所认可、所遵循，它与社会各阶层的生存和利益也基本吻合、互相适应。因而符合传统的政策总是比较容易推行，很少导致流血、牺牲。历史上萧规曹随的故事可以说是对"凡事善则长，因古则行"观点的最好诠释。汉惠帝二年，萧何死了，曹参接替萧何做汉朝的相国，完全遵守萧何制定的规约，

## 第七章 组织变革与发展的伦理管理之道

所有的事务都没有改变。曹参选拔郡和封国的官吏时,专门选择呆板而言语钝拙、忠厚的长者,而说话流利、思想新奇、想竭力追求名声的官吏,就斥退。除此以外,就整天在家喝酒宴请宾客。惠帝觉得奇怪,就问曹参上任之后都没有一些变革呢?结果曹参回答说:"请陛下好好地想想,您跟先帝相比,谁更贤明英武呢?"惠帝立即说:"我怎么敢和先帝相提并论呢?"曹参又问:"陛下看我的德才跟萧何相国相比,谁强呢?"汉惠帝笑着说:"我看你好像是不如萧相国。"曹参接过惠帝的话说:"陛下说得非常正确。既然您的贤能不如先帝,我的德才又比不上萧相国,那么先帝与萧相国在统一天下以后,陆续制定了许多明确而又完备的法令,在执行中又都是卓有成效的,难道我们还能制定出超过他们的法令规章来吗?"接着他又诚恳地对惠帝说:"现在陛下是继承守业,做大臣的就应该遵照先帝遗愿,谨慎从事,恪守职责。对已经制定并执行过的法令规章,就不应该乱加改动。"汉惠帝听了曹参的解释后表示认同。曹参在朝廷任丞相三年,主张清静无为不扰民,遵照萧何制定好的法规治理国家,使西汉政治稳定、经济发展、人民生活水平日渐提高。他死后,百姓们编了一首歌谣称颂他说:"萧何定法律,明白又整齐;曹参接任后,遵守不偏离。施政贵清静,百姓心欢喜"。

  需要特别说明的是"因古则行"中的"古"指的是"传统",是从古代延续到今天的思想习俗等,而那些已经没有传承的古代东西,只能作为参考,不能直接用于当代的管理实践。如果食古不化,认为古代的好东西都可以照搬到现代来将会导致很多问题,历史上王莽改制的事情就是一个深刻的教训。公元8年王莽接受孺子婴(刘婴)的禅让后称帝,改国号为"新"。之后王莽开始进行全面社会改革。王莽对古代思想十分痴迷,言必称三代,事必据《周礼》。王莽仿照《周礼》的制度推行新政,屡次改变币制、更改官制与官名、以王田制为名恢复"井田制",把盐、铁、酒、币制、山林川泽收归国有、耕地重新分配,又废止奴隶制度,建立五均赊贷(贷款制度)、六筦政策,以公权力平衡物价,防止商人剥削,增加国库收入。当王莽改制实行时,为了达到尽善尽美的目标,不惜得罪所有的人。例如,对社会矛盾的焦点土地和奴婢问题,王莽的政策是将天下田改为"王田",奴婢改称"私属",都不许买卖。每个不足8个男口的家庭,使用的田不得超过一井,超过部分必须分给九族邻里,原来没有田的人可以根据制度受田。这样的改变自然会受到大地主豪强的激烈反对,因为他们占有的田地远不止一井。而且他们还有大量从事农业生产的奴婢,如果将土地都交了,也就不需要那么多的奴婢了,但奴婢又不许买卖，岂不是只能白白送掉？由于既没有可行性，又没有切实的强制措施，地主豪强多余的土地大多没有交出来，所以政府没有足够的土地分给应该受田的无地、少地农民，对这一纸空文，农民自然也不会满意。三年后，王莽只得让步，于是土地和奴婢买卖合法恢复，业主肯定要索回已交了公而被分配给其他人的土地。这样原来唯一拥护这项政策的受益者也得罪了。王莽希望按照儒家经学和周礼思想建立一个"大同"世界，一劳永逸地解决社会问题，其初衷无可厚非，然而他食古不化，不顾社会现实和已经形成的文化传统，强推已经消失的古代思想，这种倒行逆施的结果，不但无助于社会问题的解决，反而使社会濒临崩溃的边缘，引来了绿林、赤眉起义，最终导致一个王朝的覆灭。其实，当年汉元帝为太子时，喜欢儒学，曾经向他的父亲汉宣帝进言"陛下持刑太深，宜用儒生"。结果汉宣帝不以为然，教训他说："汉家自有制度，本以霸王道杂之，奈何纯任德教，用周政乎？"没想到后世真的有人用周朝的制度来改变汉家的传统，导致天下大乱。可见，"因古则行"中的"古"乃是指延续到当代的文化传统，绝非食古不化，照搬古代的东西。

"凡事善则长，因古则行"的观点在企业管理中也有很大的借鉴价值。20世纪60年代，百事可乐对可口可乐发动了营销攻势，通过各种营销手段，使二者的销售量差距从原来的1∶5逐渐缩小到接近1∶2.5。可口可乐经过研究认为应对百事可乐咄咄逼人攻势的最好办法是推出新配方的可乐。他们认为可口可乐原有的口味已经持续了几十年时间，顾客可能会觉得没有新鲜感。于是，可口可乐耗费两年多时间，花了几百万美元研究新配方，并开展了规模空前的品味测试。第一次测试的样本规模竟然多达20万人。在"盲眼测试"（不标明品牌）的情况下，人们从品尝过的三四种饮料中挑选出自己所喜爱的一种。结果表明，调查对象中有60%偏爱新配方，而不喜欢旧配方；52%偏爱新可口可乐而不是百事可乐。这似乎意味着推广新口味的可乐胜券在握。1985年，迷信市场调查的逻辑结果的可口可乐公司，信心十足地把新配方可乐推上市场。新配方可口可乐较甜，辛辣味没有那么浓，刚推出时，人们还觉得有点新鲜，但是，没过多久就销量锐减。消费者抗议再喝不到正宗的可口可乐了。许多人指责可口可乐公司，有些人甚至走上大街游行示威，要求可口可乐公司恢复旧配方，不然就集体上诉，控告公司违反消费者的意愿，强迫他们接受新配方。3个月后，可口可乐公司恢复旧配方的生产并称为"经典可乐"（Coke Classic），与新可乐同时出售，这才平息了危机。1985年底，古典与新配方可乐在超级市场的销售量是2∶1；1987年，新可乐只占2%的市场份额。为什么会这样？主要原因就是可口可乐公司决定改变配方时，忘记了原来的可口可乐不仅仅是一个产品，它已经成为美国文化传统的一部分，放弃可口可乐原配方的做法被很多消费者视为损害了美国的文化传统。可见，任何变革都不能轻易挑战文化传统，否则一定会给自己带来意想不到的麻烦。此外，这个案例也告诉我们，一个企业想要真正做成百年老店，就应该想方设法把自己的产品、品牌等塑造成为民族文化传统的一部分，这样会在消费者心里形成一种非常强大的潜在影响力。即使遇到外部环境的激烈变化，也有可能凭着这种潜在影响力而渡过难关甚至起死回生。我国的很多老品牌经历无数的风波，还能重新焕发生机，依靠的就是文化传统的力量。

## （二）组织发展的基础

《司马法》认为一个组织要发展需要做三个方面的基础工作需要做，即"凡战，有天，有财，有善"。这三个方面具有递进的关系，即首先需要做到"有天"，做到"有财"，在"有天"和"有财"的基础上，才能进一步追求组织建设的"有善"境界。之后组织才能获得持续不断的发展。《司马法》解释说，"时日不迁，龟胜微行，是谓有天。众有有，因生美，是谓有财。人习陈利，极物以豫，是谓有善"。

1. "有天"就是要做到"时日不迁，龟胜微行"[①]

意思是遇着好时机不要错过，占卜有了胜利的征兆也要小心谨慎的行动，这就叫"有天"。这句话可以从军队建设和军事战略决策两方面来说。

从军队建设方面来说，军队建设和国内外环境变化有着密切的关系。虽然《司马法》要求我们"不忘战，不好战"，但是，当国内外环境较好，和平成为主流时，军队建设往往容易忽视。只有出现了难以解决的国际争端，有战争威胁时，国家领导层才会比较重视军队建设。"有天"这里"天"指代天子，在当代来说也就是国家的最高领导者。国家的最高领导者的支持是军队建设的第一要素。因为国防和军队建设需要大量的人力、物力，国家最高领导如果不重视，则很难调动资源来进行军队建设。所以"有天"就是国家领导者对军事建设很支持。有了国家领导者的支持，军队领导者就要抓住机会，迅速行动，不要等到国内外形势发生变化再行动，这就是"时日不迁"。"龟胜微行"

---

[①] "龟胜"，古代以龟壳进行占卜，所以龟胜就表示占卜获得了胜利的吉兆。在先秦时代，人们对于占卜非常相信，特别是遇到需要做一些重要的但又难以确定的决策是否正确时，求助于占卜，是普遍的做法，当时的人们普遍相信占卜的结果是神明的启示。

中的"龟胜"是占卜有利的意思,古代人们遇到重大的事情和难以决策的事情时,常常会去占卜,以求得神明的启示。"微行"是偷偷的行动,不大张旗鼓的意思。"龟胜"是为了"微行",意思就是国防和军队建设的决策应该借助神明启示的方式展开,具体的建设工作应该在相对保密的状态下进行,不能大张旗鼓,否则会引起很多不必要的麻烦。因为如果国内民众发现政府正在进行大规模的国防和军队建设,很容易出现人心不稳的情况。他们可能因为担心有战争,而无心从事生产工作。如果在未来一段时间内没有战争出现,民众中的一些人又可能会因为国防和军队建设的巨额开销产生不满情绪。故此,以神明的启示或者神明的要求为借口,在秘密的情况下进行军事国防建设则不容易出现反对意见,可以减少很多阻力。

从军事战略决策的角度来说,在兵法中有句俗话叫"兵贵神速,机不可失",好机会往往稍纵即逝,一旦失去就再也找不回来,所以《司马法》强调"时日不迁"。占卜是古代出兵作战前的一个常见的仪式,占卜如果有利于出兵,就是所谓的"龟胜"。古时候人们认为依照占卜的结果做事可以得到神明的庇佑,人们做事的决心和信心也会增加。当然,这样做也有反面的作用,如果占卜不利于出兵打仗,但受形势所迫,又不得不出兵时,那么,占卜结果就会对军队的士气产生不利的影响。所以,聪明的将领并不一定会完全相信占卜的结果。《司马法》说,"龟胜微行",即使占卜有利于出兵打仗,也要小心谨慎地展开行动。反之,如果占卜不利于出兵打仗,那么,就需要更加小心了。至于占卜对士气的不利影响,其实有很多化解的方法。一般情况下,占卜得出来的一些话语往往可以从不同的角度去解释。王充的《论衡》中记载了这样一件事:鲁国将要攻打越国,对这件事算卦,得的爻辞是"鼎折断了足"。子贡占断这件事认为是凶兆。为什么呢?因为鼎折断了足,行走要用足,所以子贡认为它是凶兆,鲁国会失败。但孔子却认为是吉兆,孔子说:"越人居住在水边,行动用船,不用足,所以认为它是吉兆。"结果鲁国果然战胜了越国。占卜得到同样的话语,孔子和子贡作出了完全相反的判断。春秋时期还有一个故事说的是晋楚两国交战,战前晋文公梦见同楚成王搏斗,楚成王伏在他身上吮吸他的脑汁,心里非常恐惧,占梦的人也说是凶兆。而一个叫咎犯的大臣却说是吉兆,说,"您面朝天,表示会得上天的保佑,楚成王是面朝地,表示低头认罪。他吮吸您的脑汁,表示他会变得软弱无力。"可见,对于占卜的结果,聪明的主将完全可以只选择有利解释,来化解占卜对士气的不利影响。另外,占卜即使在科技昌明的今天也不失为一种决策方法,有时候,失败不是因为决策错误，而是因为犹豫不决而错失机会。《吴子》说，"用兵之害，犹豫最大；三军之灾，生于狐疑"，犹豫不决不仅会错失战机，还会动摇军心，从而遭到失败。因此，在情况特别复杂，难以判断哪种方案更合理时，主将借助占卜的形式，随机选择一个方案，都比犹豫不决要更加有利。

2. "有财"就是要做到"众有有，因生美"

意思是，军队中各种该有的东西都有，这样就能够形成完美的后勤体系和装备体系。而要做到这一点靠的就是国家财力充沛。战争本质上就是智慧与经济实力的比拼，经济实力是战争的基础。《孙子兵法》说："凡用兵之法，驰车千驷，革车千乘，带甲十万，千里馈粮。则内外之费，宾客之用，胶漆之材，车甲之奉，日费千金，然后十万之师举矣。"意思是，用兵作战往往要动用轻车千辆，重车千辆，步卒十万，还要向千里之外运输粮食，那么前方后方的经费、招待国宾使节的费用、维修保养弓箭甲盾所需的胶漆器材的补充、车辆盔甲的补修等，每天要开支"千金"，然后10万军队才能出动。美国国会两院经济联席委员会曾发表过一份报告说，2002～2008年，美国在伊拉克战争和阿富汗战争中付出的成本总计达1.6万亿美元。可见，没有足够的经济实力不仅无法支撑一场费用巨大的战争，也无法组建和维持一支强大的军队。而国家有足够强大的经济实力，军队就可以研制或者购买最好的武器装备、聘请最优秀的人才，从而组建最强大军队。别人拥有的，我们都有，这就是所谓的"众有有，因生美"。

3. "有善"就是要做到"人习陈利，极物以豫"

这句话中的"极"表示各种极端的情况；"豫"表示预备，"极物以豫"即对于战争中可能出现的各种极端情况都事先做了准备和演练。整句话的意思是，士卒训练有素，阵法熟练，并且后勤供应充足和武器装备精良，足以应对各种可能出现的情况，这就叫"有善"。"人习陈利"体现的是普通士卒素质的提升，"极物以豫"体现的是将官们素质的提升。二者合起来就是军队整体素质的提升。

上述三者是一种递进的关系，如果没有遇到好的机会，组织很难发展；有了好的机会，就需要整合各种资源；而有了各种资源，下一步关键性的工作就是要打造一支高素质的人才团队来运用这种资源，这样组织才能够获得真正的发展。归结起来，组织发展就必须同时把握"机会"、"资源"、"人员管理"三方面，这三个方面做好了，组织就有了发展的基础。

其实，对于企业发展也是如此，企业要获得快速和长久的发展，也离不开

"有天"、"有财"、"有善"。企业想要获得快速的发展,抓住好的发展机遇是前提。如果企业选择利润大、机会多的朝阳产业或者遇到多年难遇的政策机遇以及技术变革机遇,哪怕是平庸的企业都可能有很好的业绩表现。小米公司创始人雷军总结自己在金山公司和创立小米公司的两段人生经历时说,"我领悟到,人是不能推着石头往山上走的,这样会很累,而且会被山上随时滚落的石头给打下去。要做的是,先爬到山顶,随便踢块石头下去。"这段话后来被雷军自己在微博上总结为:"只要站在风口,猪也能飞起来。"雷军所说的推石头上山的日子是在金山公司,用他的话来说,金山公司聚集了一群最聪明的工程师,也是非常勤奋努力的工程师团队。但是,这家创立了16年的高科技公司却整整花了8年时间才完成上市,而且一直都是在微软和盗版软件的双重夹击之下非常艰难的生存。如此优秀且勤奋的公司上市后,其市值也远远落后于许多新兴的互联网公司。经过多年的反思,雷军认为一个企业领导者要善于在合适的时间做合适的事,要花大量时间去思考,"如何找到能够让猪飞起来的台风口,只要在台风口,稍微长一个小的翅膀,就能飞得更高。"雷军说的正是"有天"。"有天"企业能够获得发展的前提和最重要的基础。在"有天"的情况下,各种资源都会容易聚集到一起来,也就很容易做到"有财"。"有财"也就是做好资源整合工作,包括整合财务资源和其他各种可以帮助打造自身竞争力的外部资源,这就需要领导者拥有很强的人脉资源和资源整合能力。但是光整合资源还不够,领导者还必须要有一支高素质的管理团队和员工队伍。"有善"也就是在"有天"、"有财"的基础上,搞好企业内部管理,打造一支高素质的管理团队和员工队伍,为形成企业核心能力提供坚实的基础。

## 二、组织发展的境界

上面我们论述了《司马法》关于对组织变革与发展的相关观点。需要指出的是虽然组织发展需要考虑"有天"、"有财"、"有善"三个方面,但是对于军队领导者来说,自身能够努力做到的还是"有善"。因为"有天"是需要国家最高领导者支持的,"有财"也不是军队自身所能解决的,需要国家经济的支持。对于企业等组织来说也是如此,"有天"和"有财"主要依靠的是外部机遇的出现和领导者的个人眼光、才能,具有很多的不确定性,只有"有善"才是组织全体成员都需要真正关注的内容。所以《司马法》原文中重点讨论"有善"问题，对于组织如何搞好内部管理实现"有善"，提出了许多有价值的观点，并且总结了组织发展四个不同层次的境界。不过在《司马法》原文中，这些内容有些混乱，出现了错简和漏简，下面是对原文的一个整理：

"凡战：乐人行豫，大军以固，多力以烦，堪物简治。人勉及任，是谓乐人。教惟豫，战惟节。见物应卒，是谓行豫。轻车轻徒，弓矢固御，是谓大军。密静多内力，是谓固陈。因是进退，是谓多力。上暇人数，是谓烦陈。然有以职，是谓堪物。因是辨物，是谓简治。"首先，需要说明的是，在上述文字中"凡战：乐人行豫"这句话原文没有，是根据上下文增加的。这段话中《司马法》提出了组织发展的四重境界，即"乐人行豫"，"大军以固"，"多力以烦"，"堪物简治"。这四重境界具有递进的关系。组织内部管理建设，首先要做到"乐人"，"乐人"才能做到"行豫"，"大军"才能做到"固阵"，"多力"才能做到"烦阵"，"堪物"才能做到"简治"。下面我们来具体分析组织发展的这四重境界以及如何才能达到"堪物简治"这样的组织发展的至高境界：

### （一）"乐人行豫"的境界

《司马法》说，"人勉及任，是谓乐人。见物应卒，是谓行豫"。意思是，全军上下都能相互勉励、相互配合，尽力去完成战斗任务，这是因为全军上下彼此之间有着良好的关系，乐意帮助自己的战友，这就叫"乐人"。部队在征战过程中，会遇到各种突发情况，见到各种突发情况，部队都能够很快地做出应对，这是因为在事先就对可能出现的各种情况做了分析与预先的演练，这就叫"行豫"。只有在"乐人"的情况下，才能做到"行豫"。因为光靠领导者明察秋毫的预测能力是不足以应对各种突发情况的。一方面领导者不可能明察所有的情况，智者千虑必有一失，总会有所欠缺；另一方面领导者即使正确预见到了所有可能发生的情况，并制定了应对策略，最终还是要靠全军上下来执行。如果部队内部存在着各种矛盾，遇到问题相互推诿，那么，即使事先对各种情况做了准确的分析和演练，也会因为执行力差而导致任务失败。因此，在实战过程中，遇到事情全军上下能够保持军心稳定，能够相互勉励、相互配合，尽力去完成任务才是最重要的；否则，即使领导者再有眼光和预见性都没有用。在很多情况下，对抗双方的领导者都不缺乏战略眼光和预见能力，往往是双方执行力能力的不同而导致一方胜利、一方失败。所以，《司马法》才特别提出"乐人"才能做到"行豫"。要达到"乐人行豫"的境界,关键就在于事先的教育训练和战时的践行,《司马法》说,"教惟豫,战惟节",意思是,对士兵的教育和训练的作用是否能够在战斗中体现出来,关键在于平时是否抓紧了。临时去抓教育和训练是不会有效果的。军队战斗力要充分发挥出来,关键在于对主将命令和严格军纪的不折不扣地执行,这就需要主将和军令有着绝对的权威。《司马法》还说,"人教厚,静乃治。威利章,相守义,则人勉。"意思是,如果平时对将士们的教育做得比较到位,那么,将士们面临敌人时,就会表现出冷静与平和的态度,即使遇到危险也能够保持秩序。军令的权威性和奖惩的力度都得到了彰显,并且军令、奖惩措施都鼓励将士之间相互关心,发展深厚的感情,也就是所谓战友之间的兄弟情义,那么,将士们就会团结一致,遇到困难也会相互勉励,一起去克服。可见,要达到"乐人行豫"的境界,需要把教育、制度、文化等多个手段都融合起来使用,只有这样才会有较好的效果。

### (二)"大军以固"的境界

《司马法》说,"轻车轻徒,弓矢固御,是谓大军。密静多内力,是谓固陈。"意思是,战车性能优良,装载了各种辎重仍然能够迅速前进;士兵们体力充沛,善于突击和快速奔袭;弓箭等武器精良足以固守,这就是强大的军队,所以叫"大军"。有了上述条件,就很容易达到"固阵"的状态。因为战车性能优良,速度快,士兵体力充满,善于奔跑,所以部队的机动性就很好,兵力容易集中,这样就可以在针对一点发起爆发力极强的突袭;战车装满了各种后勤辎重,弓箭等武器精良足以固守,军心就容易保持稳定,就可以持久作战。兵力集中,军心稳固,不仅爆发力强而且持久作战的能力也强,这就是巩固的阵势,所以叫"固阵"。只有强大的军队才能保证阵势稳固,所以《司马法》说,"大军以固"。"大军以固"虽然强调的是武器装备和行动速度,但是,如果军队没有做到"乐人行豫",即使有再好的武器装备和交通工具,也不可能做到"密静多内力"。所以,"大军以固"是比"乐人行豫",更高的组织发展境界。

### (三)"多力以烦"的境界

《司马法》说,"因是进退,是谓多力。上暇人教,是谓烦陈。"意思是,凭借这样的稳固阵势而又进退合宜,就能够充分发挥部队的战斗力,所以叫作

"多力"。作战时,主将只需要进行战略决策和发布命令,部队就能很好地执行,所以主将非常轻松从容,这都是平时部队教育有方和操练纯熟才能达到的境界。在这种状态下,主将可以下达繁复的作战指令,所以把这种状态叫作"烦阵"。处于"烦阵"境界的军队还不能保证克敌制胜,而"烦阵"状态必须配合"多力"的状态,才能够克敌制胜,所以《司马法》说"多力,以烦"。"多力以烦"的境界就是军队能够很好地完成上级下达的各种繁复的作战指令。要达到这个境界必须具备两个条件:一是军队训练很好,内部很团结。如果主将下达命令之后,还要做很多内部管理工作,推动命令的执行,那么他就没办法下达繁复的命令,即使下达了也很难执行。因为下属很有可能因为内部矛盾或者素质能力太差而无法执行过于繁复的命令,导致整个军队行动乱套。二是军队要有很好的武器装备和交通工具。主将下达了长途奔袭的作战指令,如果没有很好的交通工具,效果就很难保证。这两个条件正是需要"乐人行豫"和"大军以固"来保证。可见,"多力,以烦"是比"乐人行豫"和"大军以固"更高的组织发展境界,它表明主将的谋略、士兵素质、武器装备和交通工具等各种制胜因素能够很好地配合,发挥最大力量。

### (四)"堪物简治"的境界

《司马法》说,"然有以职,是谓堪物。因是辨物,是谓简治。"这句话不是很好理解,"然有以职"中的"然"为然而,承接"烦阵"。"然有以职",就是虽然在烦阵的情况下,面对主将发布的各种繁复的命令和外部各种复杂情况,下属也能够尽心尽职,应对好各种情况。"因是辨物"中的"物"在《说文解字》中的解释是,"物,万物也。""是"则在《尔雅》中解释为,"则也,常也",可以引申为事物的规律。因此,"因是辨物",善于发现事物的规律,并且根据事物的规律来应对各种情况的变化。这样整句话意思就可以解释为,在烦阵的状态下,由于部队行动多变,难免出现一些意外情况,导致有些事情无人处理或者事情原有的负责人不在其位无法处理。所以还不是最高的管理境界,更高一层的管理境界则是在任何时候任何情况下,遇到任何事情都有人负责处理,因为在更高层次的管理境界中,每一个员工都有主人翁精神,都能够发挥主观能动性,打破常规,自动解决这些意外或突发情况。如果能做到这一点,这种组织就堪当大任,所以称为"堪物"。在"堪物"的情况下,组织能够自觉自动地识别各种外部情况变化,发现相关规律,选择合适的应对策略。这样的组织或者军队就达到了其发展的最高境界。领导者率领这样的军队打仗，非常轻松，几乎不需要进行管理，发布命令就行了，这种管理境界被称为"简治"。

对于"简治"的管理境界，《司马法》提出了一个形象的比喻，即"将军，身也；卒，支也；伍，指姆也。凡胜，三军一人，胜"。意思是，军队战斗力来自主将对整个军队的控制力，主将就像人身体的神经系统一样，各级部队就像人四肢一样，而具体作战单位就像四肢上的手指、脚趾一样。主将指挥各级部队就像身体神经系统指挥自己的四肢一样自然灵活，各级部队指挥基层作战单位就像四肢指挥自己的手指、脚趾一样自然灵活。整个军队团结配合就像一个人一样，这样的军队就能够打胜仗。

《司马法》认为要达到"三军一人"这个理想境界是非常困难的，必须克服三个方面的难题，即"凡战，非陈之难，使人可陈难；非使可陈难，使人可用难；非知之难，行之难"。意思是，对于将军治军来说，排兵布阵可以算是一件比较复杂的事情，但是，只要掌握了基本方法，排兵布阵不算难事。难的是手下这些将士是否符合排兵布阵的要求，如军阵中要求有若干支掌握特殊技能的士卒，要求有进行突击的精锐士卒等，可是在自己手下的将士中却找不到这样的人才和团队。那么，即使将军对排兵布阵很熟悉，也无济于事，所以排兵布阵的关键是训练士卒们具有相应的能力。训练士卒们具有相应的能力不算难事，难的是临战时士兵们能够人人用命，拥有高昂的士气，奋勇作战。因为，想要士兵人人用命，就需要了解他们的心理，然后根据其心理进行长期的教化和激励，把他们能力整合为组织能力，把他们的思想整合为组织文化。将军掌握教化和激励士卒的方法并不难，但是要能够真正运用教化和激励的方法去解决实际问题，并长期坚持却是非常不容易的事情。《司马法》提出的推动组织发展需要克服的三个方面的难题都是人的问题，并且这三个方面的难题具有一种递进的关系。训练士卒们的技能要比懂得排兵布阵更难，改变士卒们的态度要比训练士卒的技能更难，践行理论要比知道理论更难。其实，《司马法》针对军事组织提出的推动组织发展需要克服的三个方面难题也适用其他组织。因为组织是由人构成的，组织发展问题在本质上是人的发展问题，具有通用性。所以组织发展最根本的还是组织领导者的自我管理问题，组织领导者通过自我管理，拥有了极高的素质，那么，传授下属和员工各种技能，改变他们的态度，践行各种管理理论，提升下属和员工素质，继而推动组织不断发展等各项工作，就有了坚实的基础。

## 三、组织建设的具体方法

《司马法》针对军队组织建设的方法提出了几个基本要求，即"凡战之道，位欲严，政欲栗，力欲窕，气欲闲，心欲一"。意思是，为了应对战争，军队建设要从这几个方向进行努力，组织工作要严格细致；军令要残酷无情，达到让士兵们感到战栗的地步；士兵们要训练有素，体力要保持充沛，士气要保持高昂，全军上下的思想要统一。这句话可以说是战前训练和准备的总纲，也是军队组织建设方法的总体概述。如果军队通过训练，达到了上面所说的状态，就有了打胜仗的基础。这句话其实描述了三种状态：一是"位欲严，政欲栗"，这是军队法令制度建设所希望达到的一种理想状态；二是"力欲窕，气欲闲"，这是军队士兵技能训练所希望达到的一种理想状态；三是"心欲一"，这是全军上下思想灌输所希望达到的一种理想状态。

### （一）如何达到"位欲严，政欲栗"的状态

《司马法》原文花了大量的篇幅论述"位欲严，政欲栗"的状态。大体上《司马法》主要从军队组织管理、军队训练、军令发布三个方面来分析如何实现"位欲严，政欲栗"的状态。需要说明的是，《司马法》原文中有不少关于军队训练具体细节的内容，由于这些内容缺乏通用性，对当代管理的意义不大，我们不予论述。

1. 军队组织管理

《司马法》认为军队建设过程中，有四项军队组织管理工作是领导者需要认真关注的，即"凡战之道，① 等道义；立卒伍；定行列，正纵横；察名实"。下面我们对这四项管理工作进行分析。

（1）"等道义"，所谓"等道义"就是统一思想。领导者要统一人们对战争"正义性"的认识，让人们乐于参战，觉得自己是为了正义而战。这就需要找到发动战争的理由，如告诉士卒们要为了自己的亲人和家园而战，或者为了自己和集体的荣誉而战，或者为了祖国、民族的生存和发展而战等。统一思

---

① 《司马法》中有"凡战之道"和"凡战"两个词汇，我们认为它们是有区别的。前者主要指的是还没有发动战争，在战前准备时期军队应该做的事情或者应该把握的基本原则；后者指的是已经发动战争之后，军队应该做的事情或应该把握的基本原则。

想是训练军队的第一步工作,也是最重要的一项基础工作。这项工作做得好,训练就会比较顺利,否则,将严重影响后面的各项工作。

(2)"立卒伍",所谓"卒伍"是古代军队的编制名称。古人常常以五人为伍,百人为卒。用现代管理学的术语来说,"立卒伍"就是要建立参战部队的各级岗位体系,给各个岗位选定合适的军官,建立军队组织的管理层级和管理团队。

(3)"定行列,正纵横"。"行列"、"纵横"都是军队训练时常用的术语。"定行列"是对一支军队的士兵在操练场地如何进行队列操练提出的相关要求;"正纵横"是在野外进行多支军队之间配合作战的实战演练提出的相关要求。因此,"定行列,正纵横"就可以引申为对军队进行严格而规范的训练。

(4)"察名实"。所谓"察名实"一般有两种解释:一是检查各项命令和要求是否都已经被落实了;二是勘察各支队伍真正的实力是否和预期一致。因为在和平时期特别是和平的时间很长之后,军队建设很容易被忽视,军队士卒往往会缺乏必要的训练,各种军事装备、军事设施也可能得不到及时的维护和更新。一支号称配备众多兵力和装备设施的军队,很可能有很多缺乏战斗力的老弱病残和老旧损坏武器装备。那么,这支军队名义上的战斗力就会和实际的战斗力严重不符。如果不把这种情况弄清楚,将来作战时就可能误导领导的决策,种下失败的种子。两种解释都有一定的道理,第一种解释在原文中与上下文之间的衔接更为合理些,而第二种解释更加完善些,实际上可以把两种解释结合起来理解。

2. 军队训练

古代军队训练非常重视"战阵"的演练和运用,对此《司马法》有很多精辟的观点,《司马法》说,"凡陈,行惟疏,战惟密,兵惟杂。"意思是,军队战阵安排的基本原则主要有三个:第一,战阵在行进过程中队形要保持连续而松散,这样可以保持灵活性;第二,进行战斗时,队形要变得密集,这样可以提升攻击力;第三,士兵使用的兵器种类要多样化,这样不同的兵器之间可以进行配合,取长补短,提升战阵的攻击力和防御力。例如,明代著名将领戚继光的鸳鸯阵,就是一个按照《司马法》的战阵安排原则来设计的典型战阵,该阵法在实战中表现出超强的战斗力。根据相关资料记载,鸳鸯阵以11人为一队,最前面为队长,队长身后有两个人护卫,一人执长牌、一人执藤牌。长牌手执长盾牌遮挡倭寇的箭矢、长枪,藤牌手执轻便的藤盾并带有标枪、腰刀,长牌手和藤牌手主要掩护部队前进,藤牌手除了掩护还可与敌近战。再后

# 第七章 组织变革与发展的伦理管理之道

面两人为狼筅手,执狼筅,狼筅是一种非常长的兵器,每支狼筅长 3 米左右,狼筅手利用狼筅前端的利刃刺杀敌人以掩护盾牌手的推进和后面长枪手的进击。接着是四名手执长枪的长枪手,左右各二人,分别照应前面左右两边的盾牌手和狼筅手。鸳鸯阵最后面是两个手持镗钯的士兵,主要担任警戒、支援等工作。鸳鸯阵充分发挥了各种兵器的长处,阵形可以根据具体情况和作战需要灵活变换。根据历史记载戚继光率领戚家军运用鸳鸯阵,在与倭寇的作战中,每战皆捷。

《司马法》还详细论述了训练的方法,"立进俯,坐进跪。畏则密,危则坐。远者视之则不畏,迩者勿视则不散。"意思是,采用立阵时前进要弯腰,采用坐阵时移动用膝行。军队有畏惧心理时,队形就要保持密集状态。情况危急时就要使用坐阵。对于远处的敌人要观察清楚,然后采取合适的应对策略,这样士卒们就不会畏惧;对近处的敌人则要求士卒们不要去观察有多少敌人,只管集中精力,听从命令,进行战斗,这样军心就不会动摇。《司马法》又说,"位下,① 左右下甲坐,誓徐行之;位逮,② 徒甲③筹以轻重。振马,躁徒甲,畏亦密之,跪坐、坐伏,则膝行而宽誓之",意思是,部队即将达到预定位置时,将官左右两边准备出击,出击前要采取坐阵进行宣誓,然后从容出击;部队到达指定位置之后,徒兵和甲兵要根据战场的特点和敌人的情况配合作战,以达到"轻重得宜"的最佳状态。然后,主将就催动战马,喝令士兵出击。如果士兵们有恐惧的心理,就应当让他们相互靠拢使队形密集,采用跪阵或坐阵,用膝行的方式前进,与此同时主将还应该用舒缓而低沉的语言,带领大家一起宣誓。宣誓的内容《司马法》虽然没有说,但一般情况下,不外乎告诉士卒我方这次征战是正义的行为,必定会得到上天的庇佑,强调我方的优势和敌方的劣势,向大家表明胜利的决心,树立大家必胜的信念,这样士卒

---

① "位下":位置,此处特指战场位置或者说与敌人会战的位置,指的是将要到达预定的作战位置时。

② "位逮",已经到达作战的预定位置之后。与上面的注释"位"对应。

③ 文中的"徒"、"甲"指的是两种不同的兵种,"甲"是指全副重型武装的士兵,他们主要承担攻坚和防御任务,是古代军队中的核心力量。"徒"是配合甲兵作战的士兵,他们可能只有简单的防护,冲锋陷阵和防御能力都比较差。但是正因为防护少,负重也少,所以他们的行动比较迅速轻快,适合承担后勤补给、前线侦察、偷袭以及配合作战等任务。甲兵离不开徒兵的配合,而且在实际战斗过程中,甲兵因为全副重型武装承担正面作战的任务,体力消耗大,一旦他们筋疲力尽了,徒兵就可以穿上重铠甲成为甲兵担任正面作战任务,而甲兵则转为徒兵,担任配合作战的任务。二者的配合就是所谓的"筹以轻重"的问题。

们就会镇定下来。《司马法》又说,"起,躁鼓而进,则以铎止之。衔枚、誓、糗、坐、膝行而推之。"意思是,如果部队要转入进攻状态,就让士卒们起立,高声呼喊,擂鼓前进。如果要停止进攻,就鸣金。当士卒衔枚、宣誓或吃饭时,都应坐下进行,在这个过程中如果士卒必须移动位置,就应该用膝行的方式移动。

《司马法》还特别强调在实战演练或者实际作战过程中,军队指挥官要宽猛相济,"执戮禁顾,噪以先之。若畏太甚,则勿戮杀,示以颜色,告之以所生,循省其职。"意思是,临战时,主将要手执杀人的兵器,严禁士卒左顾右盼,大声喝令他们向前冲锋。若有人胆敢临战退缩,则杀无赦。但是,如果士卒们胆怯的心态太强烈了,就不要杀戮临阵退缩者。因为杀不胜杀,而且他们害怕敌人胜过害怕主将的军令,所以杀戮就不会有用。这个时候主将就应该改变脸色,用温和的态度对士卒们进行教育和引导,告诉他们在战斗中的求生方法。当然如果出现这种情况,这次战斗很可能会以失败而告终,但是由于告诉了士卒们求生的方法,实力还可能得以保存。遇到这种情况,主将就要"循省其职",① 反省这种情况到底是哪方面的原因造成的,自身是不是有失职的地方或者用人出现了失误。出现大规模的士卒临战退缩的情况必须在领导和干部身上找原因,可能是领导判断决策失误,可能是干部组织工作不细致,等等。

3. 军令发布

《司马法》区分了三类军令,并且要求把伦理精神融入军令发布。《司马法》说,"凡战:三军之戒,无过三日;一卒之警,无过分日;一人之禁,无过皆息。"② 这句话素来难解,常常被解释为三军之中对全军下达的号令,3天内就要执行;对小部队下达的号令,半天以内就要执行;对个别人员下达的禁令,要立即执行。这种解释存在的问题是,没有区分"戒"、"警"、"禁"3个词的差别。而且,战争都开始之后,对三军下达的命令,下属要执行,还可以有3天的准备时间,似乎也不合理。如果界定为战前准备的命令,3天时间却又未必够。而对个人下达的禁令必须立刻执行,似乎也显得毫无价值,对个人的禁令一旦传达,肯定不会给他一个缓冲时间,这可以说是常识。因此我们认为这样的解释不合理。我们认为这句话实际上提出了古代军队中的三种命

---

① "循省其职",到底是"省"自己的"职",还是"省"下属的"职",应该说两个方面都应该反省才是最合理的。而且两个方面归结起来,都是自己的问题,要么自己的准备不足、决策有问题;要么自己用人有问题,用了不称职的人。

② "皆息",解释为与禁令相关的任务全都已经完成。

令:戒备令、警戒令和禁令。"戒备"是一种被动的状态,要求戒备人员时时警惕周围可能出现的危险;"警戒"则是一种主动的状态,要求警戒人员主动搜索周围环境发现可能出现的危险。因此,这句话的意思是,作战的过程中:主将下达戒备令,让全军都保持戒备状态,不要超过3天;因为一旦超过3天,人们肯定会因为过于疲惫而陷入松懈,如果再次出现危险情况,主将想再让大家重新保持戒备状态就会变得很困难甚至不可能。而主将下达警戒令,也就是让一支小部队负责整个大部队的警卫工作,时间不要超过半天,就应该轮换,以保证警卫部队的能够一直有很好的状态。因为警戒比戒备需要耗费更多的精力,时间长了,效果就不好,所以应该多支部队轮换进行警戒;而对个别人下达的禁令,则不要超过相关的任务完成期限,也就是为了完成相关任务,主将可能对个别人下达禁令,如主将制定了派出奇兵绕到敌人背后进行偷袭的任务,那么,在奇兵偷袭成功之前,主将往往会禁止军队中一些相关人员外出,以防走漏消息等。但是奇兵偷袭的任务一旦完成,这些禁令就应该及时取消,否则就会招致相关人员的不满。主将在面对复杂情况时,可能会下很多禁令,但是却可能会忘记取消禁令或者说忘记说明禁令的时限,这些都是需要注意的问题。《司马法》提出的三类军令发布的要求既能够提升军令的执行效果,也保证了管理的人性化。可见,《司马法》的军队组织管理思想是细致入微的。

关于戒令和禁令,《司马法》还说,"凡三军:人戒分日;人禁不息,不可以分食;方其疑惑,可师可服。"这句话也是比较难解的,关键是"人禁"和"人戒"的意思比较模糊。《武经七书直解》解释为:"凡行三军,一人之戒不过分日,一人之禁不过一息,不可以分食。敌方疑惑之时,则可用师而服之。"并直接表示怀疑"此句上下亦有阙文"。因为,"方其疑惑"如果指的是敌人一方,那么,与前文的关系就衔接不上。我们认为这句话并没有阙文,这里的"人禁"和"人戒"中的"人"应该解释为"仁",这样整个句子就有了逻辑,也变得容易解释了。"仁"为伦理道德,"人戒"和"人禁",就是"仁戒"和"仁禁"。意思是,主将对士卒们进行战争相关的伦理道德教育,如让他们不要伤害老百姓、不要变得嗜杀、不得毁坏无辜平民的财物等之后出台的,与伦理道德相关的告诫要求和禁令。因此这句话的意思是,在三军中,如果没有特殊情况,将官每天要对士兵进行两次伦理道德教育,给他们灌输战争伦理和仁爱精神,告诫他们在战争中不要违反伦理道德;这些经过伦理道德灌输教育的军队,在实战演练或者实际作战过程中,主将会提前下达一些为了

## 《司马法》伦理管理思想研究

体现出兵作战的正义性和军队仁爱精神的禁令，这类禁令可以称为"仁禁"。具体的"仁禁"指的是什么呢？其实《司马法》在前文有提及，比如"入罪人之地，无暴圣祇，无行田猎，无毁土功，无燔墙屋，无伐林木，无取六畜、禾黍、器械，见其老幼，奉归勿伤。虽遇壮者，不校勿敌，敌若伤之，医药归之。"这些都是为了体现仁爱精神的禁令，即"仁禁"。如果在实战演练或实际战争中仍然有人或者有部队违反这类禁令，就叫作"人（仁）禁不息"，出现这种情况，主将就要对相关人员进行处罚。如果"仁禁"已息，则表示没有人违反这方面的禁令，说明仁爱伦理精神已经内化于军官和士兵们的思想和行动中了，士兵们会主动遵循伦理管理原则，推行仁爱精神。部队出现违反保证仁爱精神禁令的情况，说明这支部队的将官或者士兵还没有真正接受仁爱精神的思想灌输，伦理道德教育还没有达到应有的效果。鉴于在前文已经要求部队将官每天对士兵进行两次伦理道德教育，教育的时间和频率都有保障，仍然出现违反体现仁爱精神禁令的事情，说明将官或者士兵的态度还不够端正，没有真正落实这项思想教育工作，这样领导者就必须对他们使用惩罚的手段了。至于具体的惩罚手段，《司马法》推荐的是不允许这个作战单位的相关人员吃饭。《司马法》推荐运用不准吃饭的方法进行惩罚，是有特别用意的，目的是告诉这些将士，仁爱等伦理道德和吃饭是一样重要的。对违反"人（仁）禁"进行不准吃饭的惩罚，相关人员会不会服气呢？答案是很可能，由于下属将官素质有限，他们很可能会感到不服气。《司马法》在前文说过"权出于战"、"本末惟权"，在战争中"权"的原则是高于"仁"的原则的。军队领导一方面强调"权出于战"、"本末惟权"，另一方面又下达各种"仁禁"，岂不是束缚大家"权"变的空间。很多情况下，将官和士兵会觉得手足无措，不知道该怎么办。针对这种情况，《司马法》说，"方其疑惑，可师可服。"意思是，遇到这种情况军队的主将就要换位思考，理解下属将官们的疑虑和困惑，既可以像老师一样耐心地开导他们，解决他们的忧虑和疑惑，也可以直接要求他们服从命令。正如当代军事教育中强调服从命令是军人的天职一样。特别是遇到特殊情况或紧急情况时，主将可以要求他们先服从，然后再找合适的机会对他们进行教育和开导。

《司马法》这段话实际上是为了呼应前面"权出于战"，"本末惟权"伦理管理本质特征的。战争中不免有违反仁爱精神的行为出现，都应该迫于客观形势，万不得已而采取权变行为。一支正义的军队绝不能允许有故意违反仁爱精神的行为和命令出现，不然就是本末倒置，《司马法》提倡的以战止战、吊民伐罪也就会成为一句空话。

### (二) 如何达到"力欲窕,气欲闲"的状态

组织建设的第二个方面是努力达到"力欲窕,气欲闲"的状态,也可以称之为"力气充足"的状态。《司马法》认为打仗要想持久就得靠"力",要想取胜就得靠"气"。大体上"力"指的是临敌交战时,军队表现出来的实力;"气"指的是临敌交战时将士们表现出来的爆发力。《司马法》说,"凡战,以力久,以气胜;以固久,以危胜;本心固,新气胜",这段话中"本心"的意思是整个军队能够本着战前的初心。一般来说军队在战前都会进行军事动员,而成功的军事动员往往能够把士卒们的战斗热情激发出来,大家都慷慨激昂,不怕牺牲,渴望着战斗中建功立业。所以本心就是指那种慷慨激昂,勇于战斗,有着必胜的坚定信念的一种心态。如果军队上下都能够本着这样一种初心去战斗,那么就能持久战斗。所以《司马法》说"本心固"。整句话的意思是打仗时,如果双方的人数和素质都差不多,则主要靠持久力和爆发力赢得胜利。体力充沛的一方能够依靠力气持久的优势而战胜对方,士气旺盛的一方能够依靠高昂士气带来的爆发力战胜对方。武器装备好,防御坚固的一方持久力一般会比较强。敢于冒险,出奇制胜的一方一般会有很强的爆发力;军队本着一心求战的初心,阵势就会坚固,然后一鼓作气发动进攻就能够获胜。这段话主要探讨了"力"和"气"在战斗中的作用。《司马法》对"力"做了解释说,"马、牛、车、兵、佚饱,力也。"意思是,马牛的数量和质量、战车和兵器的数量和质量以及官兵们是否劳累、是否吃饱饭等,都是评价军队实力的重要参考因素。当然这些都是冷兵器时代影响军队力量的因素,对于现代军队和非军事组织不一定完全适用,在当代我们需要根据具体情况具体分析。对于"气",今本《司马法》没有解释,不过《左传》记载了一个一鼓作气取胜的故事,原文是这样的,"公与之(曹刿)乘。战于长勺。公将鼓之。刿曰:'未可。'齐人三鼓。刿曰:'可矣。'齐师败绩……既克,公问其故。对曰:'夫战,勇气也。一鼓作气,再而衰,三而竭。彼竭我盈,故克之'"。意思是,鲁庄公和曹刿一起率军队和齐国的军队在一个叫长勺的地方交战。战前,鲁庄公按照惯例打算擂战鼓进攻,却被曹刿劝住了。于是,当齐军第一次擂鼓出战时,鲁军则被动防御。齐军第一次进攻没有成功,然后又第二次擂鼓进攻,仍然没有成功。等到齐军第三次擂鼓进攻时,曹刿对鲁庄公说:"这次我们可以擂鼓进攻了。"随着鲁国的战鼓声响起,早已摩拳擦掌的

鲁军奋勇而上。而齐军三次进攻没有成功，早已士气大减，疲惫不堪。鲁军的突然进攻使他们猝不及防，很快就抵挡不住，战败逃走了。战争胜利后，鲁庄公问曹刿说："为什么要等齐军擂三次鼓后，我们才擂鼓进攻呢？"曹刿说："打仗主要靠军队的士气。敲第一遍鼓时，士气最旺；敲第二遍鼓时，士兵的勇气就已经减退了；等到敲第三遍鼓时，士兵的勇气已经耗尽了。所以，当敌人第三次擂鼓进攻时，他们的勇气已耗尽了，而我军队勇气正旺盛，士气旺盛之军攻打松疲怠懈之军哪有不胜的道理？"曹刿讲的道理正是《司马法》说的"本心固，新气胜"。

因此，军队作战过程中主将要善于保持军队的"力"和"气"，这样才有取胜的基础。而为了保持军队的力气，《司马法》要求采取军事行动的过程中要做到"舒"。《司马法》说，"军旅以舒为主，舒则民力足。虽交兵致刃，徒不趋，车不驰，逐奔不踰列，是以不乱。"意思是，在一般情况下，军队行动应该以从容不迫为基本原则，因为从容不迫就能保持士卒力量的充沛，这样军队始终都有旺盛的战斗力。即使在两军正面交锋作战的时候，步兵也不要快步走，战车也不要快速奔驰。打了胜仗追击敌人或者打了败仗撤退时也都必须保持队形不变，这样军心就能保持不乱。军心不乱的外在表现就是"舒"，即舒缓，队形不乱。特别是在打仗过程中受到挫折或者打了败仗时，队伍都能够保持原有的队形不乱，保持相对的舒缓，就说明军心还比较稳定。在两军交战斗时，只要军心不乱，即使一时失利，仍然有挽回局面的机会。打败仗撤退时军心不乱就能够保存实力，不会出现一败涂地的情况。《司马法》进一步说，"军旅之固，不失行列之政，不绝人马之力，迟速不过诫命。"意思是，军队在作战和行进过程中必须保持既定的行列秩序，不用尽人和马的力量，行动的快慢都不许超出的规定，这样即使遇到了敌人的突然袭击，也能够保持坚固的阵势。换种说法，军队行动"舒缓"是军心稳固的表现，军心稳固是军队行动"舒缓"的本质。"舒缓"说明军队的力气没有耗尽，留有余地，这也就是《司马法》所说的"力欲窕，气欲闲"的状态。

《司马法》继续分析如何在战前提升军心士气，"凡战之道：既作其气，因发其政。假之以色，道之以辞；因惧而戒，因欲而事；蹈敌制地，以职命之，是谓战法。"意思是，一般作战的原则：主将把士气鼓舞起来后，紧接着就要颁布军令纪律和各种作战安排。在颁布军令纪律和各种作战安排时，主将一定要用严肃的态度，郑重地告诉下属将官和士卒，让他们感受到军令如山，接受了任务就一定要全力以赴完成，否则后果很严重；这样他们就会对军令产生畏惧心理,这种畏惧心理可以使他们非常小心谨慎地对待主将交代的任务。同时,在临战前,主将还要善于进行煽动性的演讲,用激动的言辞和丰富的表情以及各种肢体语言来煽动士兵的情绪,激发他们内心的欲望,这些欲望会成为他们奋斗的动力,激励他们主动去完成主将交代的任务。军队一旦进入敌境就要控制有利地形,并按将士的职位和能力分派他们任务,准备随时应战,这就是基本的战法。

《司马法》还提出了在多个回合的战斗中保持军心士气的基本做法,"凡战,胜则与众分善。若将复战,则重赏罚。若使不胜,取过在己。复战,则誓以居前,无复先术。胜否勿反,是谓正则。"意思是一个优秀的将领,作战取得了胜利,会把功劳分给大家;如果一次合战结束后,紧接着又要再战,他会提高赏罚的标准,以激励将士们再接再厉持续作战。如果作战没有取得应有的胜利,他会主动承担失败的责任。第一次战斗没有取胜,进行第二次战斗时,他会和将士们一起宣誓或者立下军令状,亲自率领大家一起冲锋陷阵,并且,他会使用新的战术。因为此时,己方的士气由于第一次战斗受挫而多少有些低落,主将必须采取一些方法激励士气,同时还应该总结失败的教训,运用新的战术作战。这些做法都是为了使军心士气始终都保持稳定。所以《司马法》说,这是一场大会战过程中多个回合战斗的用兵作战的基本原则,无论胜败都不要违反这个原则。一场大会战当中会有多次战斗,其中某次战斗可能输,也可能赢,这是非常平常的事情,也就是人们常说的"胜败乃兵家常事",最关键是不能把军心士气输掉。只要军心士气在,就有在下一个回合的战斗中取胜的可能。如果军心士气没有了,那么,下一个回合的战斗就不可能取胜甚至一触即溃。

### (三)如何达到"心欲一"的状态

组织建设的第三个重要方面是要努力达到"心欲一"的状态。所谓"心欲一",就是要统一组织上下所有人的思想,让大家能够心往一处想,劲往一处使,提升组织内部的凝聚力。那么具体该怎样做,才能达到"心欲一"状态呢?

首先,《司马法》认为人心都是相通的,"将心,心也,众心,心也。"将领的心,士兵们的心,都是一条心。"运用之妙,存乎一心",主将一定要了解下属将领和士兵们的心理,做好他们的思想工作,引导他们去思考,让他们和自己能够一条心。这里的关键就是要善于将心比心,换位思考,认真揣摩下属将官和士兵们的心理,才有可能让他们和自己一条心。

其次,《司马法》认为在战争中,要掌握士兵最常见的两种心理。一是能够让士兵们积极参战的心理,即必胜的信心;二是让士兵们害怕战斗的心理,即怯战的畏惧心。《司马法》说,"人有胜心,惟敌之视;人有畏心,惟畏之视;两心交定,两利若一;两为之职,惟权视之。"意思是,士兵们产生了战胜敌人的信心主要原因在于他们对敌人的看法;士兵们产生畏惧怯战的心理主要原因必须具体分析。信心与畏惧心必须达到一种平衡,才能让士兵们的情绪平静,从而能够兼得两种心态的优点。要兼得两种心态的优点,必须根据具体情况来分析。主将的一个重要职责就是想办法让必胜的信心和畏惧心都定下来,发挥两种心态有利的一面,防止不利于的一面。具体来说就是,主将如果发现自己的下属和士兵们有取得胜利的信心,就要分析他们产生信心的原因。一般来说,产生战胜敌人信心的主要原因在于他们对敌人情况的看法,肯定是认为敌人实力不如己方,甚至认为敌人不堪一击,只有这样他们才会产生战胜敌人的信心。有信心的好处是可以提升士气和战斗力,但是信心也可能变成骄傲之心,从而带来不利的后果,即过于自信可能会导致骄傲冒进,陷入敌人的圈套或者作战一旦受到挫折之后,士兵们发现敌人实力非常强大和自己先前想象的完全不同,从而导致士气一蹶不振,信心反而变成了畏惧和懊恼之心。反过来,如果主将发现自己的下属和士兵们没有取得胜利的信心,而有畏惧之心,就需要认真地分析造成他们畏惧心理的原因。一般来说,产生畏惧心的原因有可能是他们认为敌人实力非常强大,难以战胜或者觉得己方的力量太弱,领导决策有问题,或者有巨大的不确定的危险因素可能来临。畏惧心的会动摇军心,打击士气,但是畏惧心也可能变成士兵的警惕心,使他们不容易上敌人的当。可见,信心和畏惧心都有利有弊。故此,主将应该想方设法让士兵把心情平静下来,既要有战胜的信心又不至于骄傲轻敌,既要有警惕心又不至于胆怯畏惧,达到真正的军心稳定,这就是所谓"两心交定"。这样就可以一举得到两种心态带来的利益,也就是所谓的"两利若一"。大体上,信心和警惕心是一种理性分析带来的稳定心理因素,在心理学上属于心态的范畴;骄傲与胆怯则是一种感性主导的不稳定心理因素,在心理学上属于情绪的范畴;因此,"两心交定"就是要消除负面的情绪,把一时的激情、热情带来的自信感,以及一时的畏惧带来的警惕心,转化为自信的心态和警觉的习惯。

《司马法》列举了一些让将士们"心欲一"的具体做法,"书亲绝,是谓绝顾之虑;选良次兵,是谓益人之强;弃任节食,是谓开人之意;自古之政

第七章 组织变革与发展的伦理管理之道

也。"意思是,临战前有三件事情需要做:第一,为激发士兵们的斗志,让士兵们给亲人写下遗书,这叫作抛弃所有的顾虑,抱定必死之心;第二,选拔优秀的人才,给他们性能优良的武器装备并且设计好各种兵器之间的有效配合方法,教会他们使用这些兵器及其组合方法,这叫作增强军队士兵的战斗力;第三,舍弃笨重后勤辎重,少带粮食,以激发士卒死战的决心。少带粮食的目的有两个,一是让士兵们能够轻装上阵,二是让士兵们下定决心,一定要在粮食吃完前打败敌人,速战速决,不然就后患无穷。这些都是从古以来治军作战的方法。主将在军队施行这三件事情的根本目的也就是要达到"心欲一"。

## 四、组织变革与发展的伦理管理思想特质分析

本章《司马法》组织变革的原则、组织发展的基础、组织发展的境界以及组织建设的方法等方面探讨了组织变革与发展的伦理管理思想。

我们把组织变革与发展的伦理管理思想作为 $T_5$,那么,构成 $T_5$ 主要内容的子特质主要有四个:

子特质 $T_{51}$:组织变革的原则,"凡事善则长,因古则行"。

子特质 $T_{52}$:组织发展的基础,"有天,有财,有善"。

子特质 $T_{53}$:组织发展的境界。组织发展有四个递进的境界,分别是第一个境界,"乐人行豫",记为 $T_{531}$。第二个境界,"大军以固",记为 $T_{532}$。第三个境界,"多力以烦",记为 $T_{533}$。第四个境界,"堪物简治",记为 $T_{534}$。

子特质 $T_{54}$:组织建设的具体方法比较复杂,《司马法》把组织建设分为3个方面来论述,第一方面是"位欲严,政欲栗",记为 $T_{541}$。《司马法》从组织管理、军队训练、军令发布三个方面来探讨如何达到这个状态。我们分别把这三个方面记为 $T_{5411}$、$T_{5412}$、$T_{5413}$。第二方面是"力欲窕,气欲闲",记为 $T_{542}$。组织建设的第三个重要方面是要努力达到"心欲一"的状态,记为 $T_{543}$。

这样,组织变革与发展的伦理管理思想特质 $T_5$ 的四个子特质:组织变革的原则 $T_{51}$、组织发展的基础 $T_{52}$、组织发展的境界 $T_{53}$、组织建设的具体方法 $T_{54}$。可以记为 $T_5$:$\{T_{51},T_{52},T_{53},T_{54}\}$。

我们归纳《司马法》伦理管理思想特质群 $T_5$ 组织变革与发展的伦理管理思想 KJ 图如图 7-1 所示。

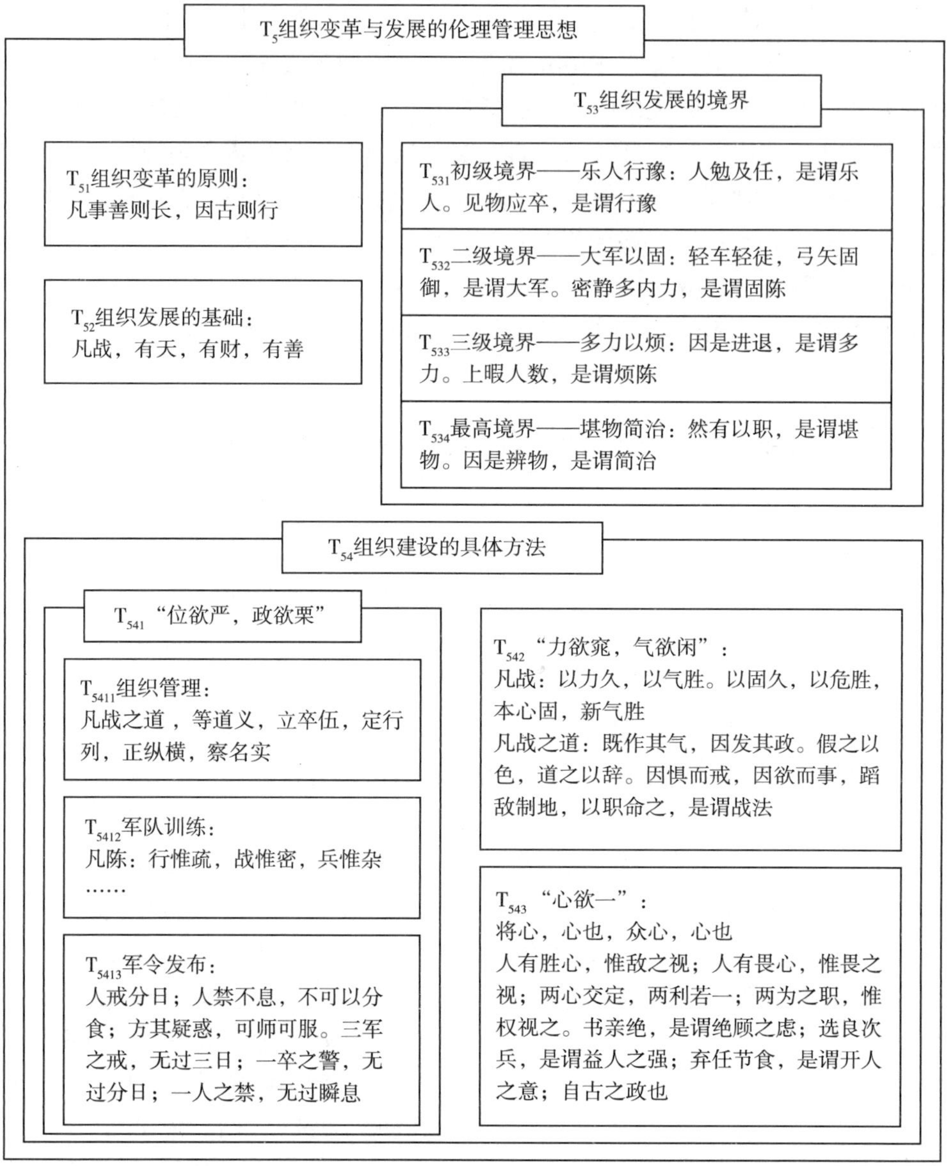

## 《司马法》伦理管理思想研究

**T₅ 组织变革与发展的伦理管理思想**

- **T₅₁ 组织变革的原则**：凡事善则长，因古则行

- **T₅₂ 组织发展的基础**：凡战，有天，有财，有善

**T₅₃ 组织发展的境界**

- **T₅₃₁ 初级境界——乐人行豫**：人勉及任，是谓乐人。见物应卒，是谓行豫

- **T₅₃₂ 二级境界——大军以固**：轻车轻徒，弓矢固御，是谓大军。密静多内力，是谓固陈

- **T₅₃₃ 三级境界——多力以烦**：因是进退，是谓多力。上暇人数，是谓烦陈

- **T₅₃₄ 最高境界——堪物简治**：然有以职，是谓堪物。因是辨物，是谓简治

**T₅₄ 组织建设的具体方法**

**T₅₄₁ "位欲严，政欲栗"**

- **T₅₄₁₁ 组织管理**：凡战之道，等道义，立卒伍，定行列，正纵横，察名实

- **T₅₄₁₂ 军队训练**：凡陈：行惟疏，战惟密，兵惟杂……

- **T₅₄₁₃ 军令发布**：人戒分日；人禁不息，不可以分食；方其疑惑，可师可服。三军之戒，无过三日；一卒之警，无过分日；一人之禁，无过瞬息

**T₅₄₂ "力欲窕，气欲闲"**：

凡战：以力久，以气胜。以固久，以危胜，本心固，新气胜

凡战之道：既作其气，因发其政。假之以色，道之以辞。因惧而戒，因欲而事，蹈敌制地，以职命之，是谓战法

**T₅₄₃ "心欲一"**：

将心，心也，众心，心也

人有胜心，惟敌之视；人有畏心，惟畏之视；两心交定，两利若一；两为之职，惟权视之。书亲绝，是谓绝顾之虑；选良次兵，是谓益人之强；弃任节食，是谓开人之意；自古之政也

图 7-1 《司马法》伦理管理思想特质群 T₅ 组织变革与发展的伦理管理思想

# 第八章 组织竞争的伦理管理之道

本章主要阐述《司马法》关于组织面临竞争时的伦理管理思想。作为一部兵书,《司马法》花了大量的篇幅讨论了军事竞争问题,其军事竞争思想涉及多个层面,不仅包括大战略思想、战略思想,还有很多非常具体的战术思想。《司马法》对于不同层面的竞争问题都提出了相关的伦理原则或管理的手段。

## 一、竞争的层次与竞争力

### (一)竞争的层次

《司马法》把军事竞争分为"战"、"斗"、"阵"三个层次。"战"的竞争是宏观层次上的竞争,相当于一场战争;"斗"的竞争是中观层次上的竞争,相当于一场战役;"阵"的竞争是微观层次上的竞争,相当于一次战斗。《司马法》提出了三个不同层次竞争的总原则:"凡战,智也。斗,勇也。陈,巧也。"意思是,在双方实力相当的情况下,决定一场战争胜败的关键因素是双方智慧的较量;决定一场战役胜败的关键因素是双方勇气的比拼;而决定一次战阵对垒胜负的关键因素是双方内部力量和资源的巧妙组合。根据《司马法》后文的论述,战争层次的竞争还可以细分为两个子层次:一是重视使用非军事暴力手段的大战略竞争;二是重视使用军事暴力手段的军事战略、战术竞争。其实,现代战略理论对不同层次的竞争有着比较详细的分类和论述。大体上战略可以分为三个层次:

第一个层次的战略是国家战略,这是最高层次的战略。国家战略大体上又可以分为两个密切相关的分战略,即国家发展战略和国家安全与竞争战略,两个分战略密切相关，互为基础。国家发展战略关注国家的长远发展和长期的和平稳定，重视国家内部建设；而国家安全与竞争战略则更加关注国家的外部环境，重视国家短期稳定和安全，希望保持自己国家的战略优势，并超越比自己强大的国家。

第二个层次的战略是国家战略下面的子战略，也称为二级战略。在国家发展分战略下常见的二级战略有经济发展战略、政治发展战略、国防战略、科教文卫发展战略。在国家安全与竞争分战略下面也有多个常见的二级战略，如经济竞争战略、政治竞争战略、外交竞争战略、军事竞争战略等。这几个战略的关系非常密切，互为基础和手段，经济竞争战略是其他三个战略的基础，政治竞争战略是国家安全与竞争战略的核心，外交竞争战略是政治竞争战略的常规手段，而军事竞争战略是政治竞争战略的极端手段。

第三个层次的战略是二级战略下面的子战略。以军事竞争战略来说，在军事战略下，一般还有国防与军队建设战略，战争战略等。而在战争战略之下还有策略、战术、战阵等细分，不过这些概念涉及的内容非常具体，已经不能算战略的范畴了。但战略、策略、战术、战斗、战阵等概念都是表述不同层次竞争的术语。大体上战略用于表述较高层次的竞争，而策略、战术、战斗、战阵用于表述较低层次、较为具体的竞争。

图8-1是对这些战略层次和类型的关系说明。

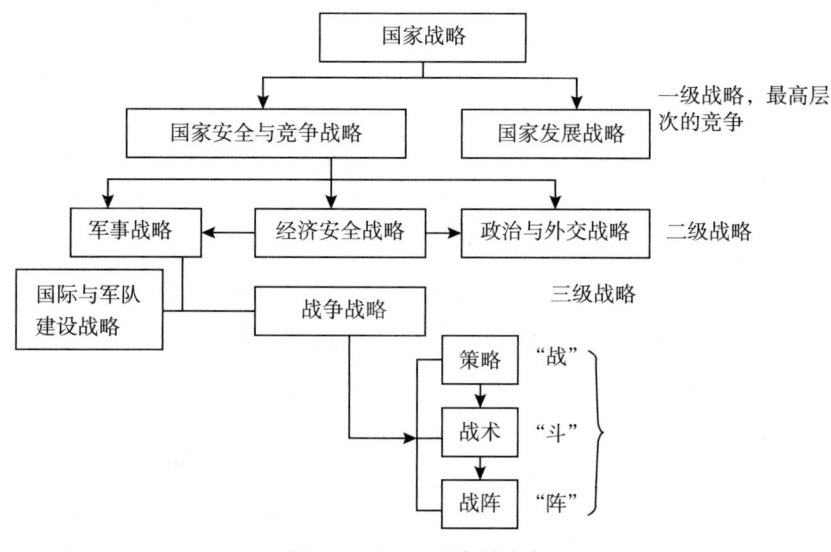

图8-1 不同层次的竞争

《司马法》对于组织竞争的论述涉及了上述所有竞争层次。就一级战略来说，《司马法》主要涉及国家安全与竞争战略，天子治理诸侯的方式就属于这个层面的战略；在二级战略层面，《司马法》有运用政治和外交等手段形成对竞争对手强大压力的大战略竞争思想；在三级战略层面，《司马法》的论述就更加丰富了，不仅有国防和军队建设思想，还有丰富的战争战略思想以及各种非常具体的战役策略和战术、战阵的思想。

## （二）竞争力的影响因素

关于竞争力问题，儒家亚圣孟子有一段千古名言："天时不如地利，地利不如人和。三里之城，七里之郭，环而攻之而不胜。夫环而攻之，必有得天时者矣；然而不胜者，是天时不如地利也。城非不高也，池非不深也，兵革非不坚利也，米粟非不多也；委而去之，是地利不如人和也。"其实，《司马法》也有类似的思想，《司马法》说，"顺天、阜财、怿众、利地、右兵，是谓五虑。"即顺应天道，聚集资财，悦服人心，利用地形，重视运用兵器，这是作战必须考虑的5件事情。这5个方面的因素决定了竞争双方总体实力的对比，领导者必须认真考虑。相比《孟子》特别强调"人和"来说，《司马法》的观点显得更完善。虽然"人和"非常重要，但是在缺乏外部机会、缺乏武器装备和必要财富时，"人和"的力量是很难发挥出来的。分析竞争对手双方哪个实力更强，不能单看某一个方面，必须从上述5个方面综合考虑。《司马法》从军事竞争的角度，对这5个方面进行了详细的阐述，即"顺天，奉时；阜财，因敌；怿众，勉若；利地，守隘险阻；右兵，弓矢御、殳矛守、戈戟助。"下面我们逐一进行分析：

1. "顺天，奉时"

"顺天"就是顺应天道，顺应天道的根本就是要善于把握时机。具体而言，有两类时机需要把握，一类是有利于战胜敌人的时机，如自然的季节气候变化或者国际形势变化带来的外部机会，抓住这些机会，因时因地制宜采取行动可以帮助我方战胜敌人。这些时机有时候会对双方综合实力产生决定性的影响。在竞争中相对弱小的一方，借助外部自然的力量或者形势的变化，就有可能战胜相对强大的敌人。例如"二战"后，很多第三世界的小国家纷纷摆脱西方列强的殖民统治而实现了独立，就是依靠了外部机遇，如果没有"二战"，这些小国家要独立是非常困难的。第二类是可以避免过分扰民和损害仁爱精神的作战时机，正如前面所说"战道，不违时，不历民病，所以爱吾民也；不加丧，不因凶，所以爱夫其民也；冬夏不兴师，所以兼爱其民也。"发动战争是为了吊民伐罪，如果吊民伐罪的战争反而给人民带来更多痛苦的话，那么，发动战争就失去了意义。

2. "阜财，因敌"①

"阜财"不是要聚敛财富，而是要根据敌人的力量情况来准备将来作战所需要的金钱和物资。经济实力因素是决定双方综合实力的基础。经济实力强的国家军事潜力大，即使在当时军事实力不强，但是经过一段时间，它就有可能把经济力量转化为军事力量。例如"二战"前美国的军事力量弱小，日本军部觉得日军可以轻松战胜美军。但是珍珠港事件之后，美国超强的经济实力很快就转化成为军事实力，在很短的时间内，美国军事力量和日本相比，就由绝对劣势转化为绝对优势。在"二战"后期的几次大海战中，美军都是依靠拥有绝对优势的武器装备战胜日军的。但是需要指出的，《司马法》强调的是根据敌人的力量来投入相应的金钱和物资，反对因为军事行动而对老百姓的生活造成过大的压力，更不可以为了备战而搞军国主义或者军备竞赛。那样做只会让老百姓的生活变得穷困，不仅不符合伦理管理的精神，也不利于统治的稳定。

3. "怿众，勉若"

人心向背和士气因素是决定战争双方综合实力的第三个重要的因素。"怿众"的"众"可以指代老百姓，也可以指代士卒。如果指代老百姓，"怿众"就可以解释为人心相背；如果指代士卒，"怿众"就可以解释为士气，二者都合理。"怿众，勉若"就是要善于根据具体情况，运用多种手段来激励士卒奋勇战斗。在秦末楚汉相争时期，发生过一次以少胜多的战役——彭城之战，当时刘邦乘田荣起兵反楚、项羽出兵齐地之机袭占关中。并以项羽杀害楚怀王为口实，在洛阳聚集各路诸侯联军56万，分路进攻彭城，很快攻占彭城。项羽闻讯后，留部将继续攻齐，自率精兵3万回师反攻。楚军晨时开始进攻，中午即大破联军，斩杀十余万人，余部向西南山地溃退。楚军追至灵壁的睢水再歼联军十余万。刘邦仅率数十骑逃走。刘邦能够聚集50多万人攻占楚国的都城，是因为他获得了民心，得到了各路诸侯的帮助。而项羽能够依靠3万人打败刘邦50多万人，一方面是因为出其不意，刘邦没有想到项羽率领3万人就敢向他发动进攻。另一方面则是因为项羽的士兵为了解救都城中的亲人而变得士气

---

① 还有一种解释是，利用敌人物资以增强我之实力，类似《孙子兵法》"因粮与敌"，从军事战略上来说是合理的。但是这种观点不合乎《司马法》的伦理精神，有人甚至因此怀疑《司马法》有些内容是战国时期后人添加上去的，故我们不取这种观点。

高昂。从中我们可以看到"怪众，勉若"的力量。

4. "利地，守隘险阻"

"利地"就是要抢先控制对战局有重大影响的战略要地，利用战略要地的特殊地形来增强己方的战斗优势。地形因素也是决定战争双方综合实力极为重要的因素。如战国时期的秦国，一直很少遭受其他国家的侵略和攻打，原因就是秦国有着非常有利的地形，被称为四塞险固之地。所谓四塞就是，东有函谷关、西有大散关、南有武关、北有萧关，都非常险峻。四关之内称为"关中"。"关中"有八百里秦川沃土，农业非常发达。由于四塞的保护，秦国在军事上进可攻，退可守，具有很强的主动权。而关中的经济也得以一直不间断地发展，不像别的国家那样，经济建设会时常被其他国家的军事侵略打断。这样，秦国在经济上就领先了六国。可以说，秦国在军事和经济上的优势都得益于其地理优势。

5. "右兵，弓矢御、殳矛守、戈戟助"

"右兵"就是战斗中要善于把各种武器的优势综合起来，发挥最大的攻击与防护作用。在当时的技术条件下，就是要充分运用和发挥弓矢、殳、矛、戈、戟5种兵器的特点。《司马法》还有一段文字，专门谈兵器配置问题，"兵不杂则不利。长兵以卫，短兵以守，太长则难犯，太短则不及。凡五兵五当，长以卫短，短以救长。"意思是，各种兵器如果不能很好地配合就不能很好地发挥各自的优势；长兵器的优势在于可以攻击较远的敌人，使敌人无法近身，并且还能够很好地保护自己；短兵器的优势在于可以攻击距离很近的敌人，一旦敌人靠近自己，要进行有效的防守，短兵器就是必不可少的武器。然而，兵器太长则难以对付那些敢于和自己贴身近战的敌人。因为，在贴身近战时，兵器太长就显得不灵活，使用就会困难，此时攻击力和防守力都会大大下降。而兵器太短则攻击范围太小，离自己稍微远些的敌人就无法攻击到。因此长兵器和短兵器需要配合使用，长兵器可以用以掩护短兵器，短兵器可以弥补长兵器的不足，这就是当时的武器配合使用之道。在现代科技条件下，武器是否先进几乎可以决定一场战争的输赢。例如，1986年美国和利比亚的战争，美军利用武器优势对利比亚的导弹基地和舰船进行了猛然的火力打击，利比亚"萨姆"导弹基地几乎全部被毁，5艘巡逻艇被击沉，150人死亡，而美方竟无一人伤亡。利比亚虽然发射了大量的导弹，却根本打不到美国的飞机。再如，在伊拉克战争中，美国依靠先进的电子武器在正式对伊拉克发动军事打击之前就发动了电子战，对伊军的电子系统、防空系统、指挥与控制系统和情报设施的关键点进行了贯穿全程的毁灭性打击,使伊军变成了"瞎子"、"聋子"和"哑巴"。在这种情况下,伊拉克想取得胜利无疑是难以登天。其实,《司马法》也考虑到了武器装备会不断发展进步、更新换代,因此他提出,"见物与侔,是谓两之。"意思是,发现敌人的新兵器,就应该及时仿效制造,才能与敌人保持力量平衡。

其实,从企业管理的角度来说,企业要在激烈的市场竞争中赢得胜利,也可以从这 5 个方面去考虑:首先,"顺天,奉时"就是企业领导者要善于把握市场机会。所谓时势造英雄,很多著名的大企业都是抓住特定的时机才获得了长足的发展。如微软是因为早期获得与 IBM 合作的机会,才得以成长为一家大型的公司的。而阿里巴巴公司,更是因为赶上了电子商务的时代大潮,才成为中国最有实力的互联网公司。如果没有好的时机,阿里巴巴公司早出现 10 年或者晚出现 10 年都很可能造成其发展陷入困境;对于初创的企业或者小型企业来说,遇到并抓住合适的时机可能比其他任何因素都重要。其次,"阜财,因敌"就是企业要根据竞争的情况来进行相应的融资工作;企业要有一定的资本才能开展正常的企业运营活动,才能招揽优秀的人才。大多数情况下企业都存在资本不足的情况,因而需要广泛利用各种资本市场进行融资;但是融资也存在着相关风险,如果从银行等组织贷款则需要支付利息,而发行股票则不仅需要分红,还有失去企业控制权的风险。因此,企业进行融资工作应该根据行业发展情况和竞争对手的情况来考虑,而不是一味地追求银行的贷款或上市。再次,"怿众,勉若"就是要在企业内部建立一支凝聚力强士气高昂的人才团队。而要建立这样一个团队,就要求企业有良好的激励考核机制,同时,领导者也善于做激励工作。又次,"利地,守隘险阻"就是要进行市场定位,充分发挥自己的所长,占据有利的市场地位和形成自己的经营优势。这就需要领导者认真分析行业特点和企业面临竞争形势,在此基础上对自己产品和品牌进行市场定位,让自己的产品获得广大顾客群体喜欢与支持。最后,"右兵"就是要有自己的拳头产品或者核心技术。对于企业来说,兵器就是能够支撑企业核心竞争力的各种技术专利、流程、产品品牌与特色等。因此,"右兵"就是要形成企业的核心技术或者能够给自己带来丰厚利润的有竞争优势的产品。

### (三) 大战略竞争手段

大战略竞争思想来自 1973 年美国的现代战略理论家约翰·柯林斯的《大

战略》一书，他提出在国家战略之下不但有军事战略，而且有政治战略、经济战略等子战略。每一种战略都不仅存在着自身的"安全"问题，而且都直接或间接地关系着国家安全。这些直接关系国家安全的战略汇集起来便构成大战略，即在各种情况下运用国家力量的一门艺术和科学，以便通过威胁、武力、间接压力、外交、诡计以及其他可以想到的手段，对敌方实施各种程度和各种样式的控制，以实现国家安全的利益和目标。需要指出的是大战略不是军事战略。军事战略一般是以使用暴力或以暴力相威胁为基础的，主要通过武力来取得胜利。而大战略则希望减少使用暴力的必要性，它寻求的不是战争的胜利，而是持久的和平。军事战略主要是将军们的事，而大战略则主要是政治家们的事。大战略支配着军事战略，而军事战略只是大战略的一个组成部分。利德尔·哈特认为大战略真正的目的与其说是寻求战斗，不如说是寻求一种有利的战略形势。这种战略形势如此有利，以至于即使它本身不能收到决定性的效果，那么在这种形势的基础上再打一仗，就肯定可以收到这种决定性效果。这种观点和孙子兵法"不战而屈人之兵"的思想以及《六韬》的"文伐"思想，非常接近。

《司马法》也有类似的大战略竞争思想，《司马法》说，"誓作章，人乃强，灭厉祥"。意思是，把战斗誓言写下来，作为军令状，那么士兵们的士气就会旺盛，战斗力就会增强。如果战斗的目的是铲除暴戾的邪恶势力而不是为了个人私利，就会获得上天的保佑，必定会有吉祥的结局。写下战斗誓言、宣布战斗誓言，不仅仅是为了激励全军上下努力作战，更要揭露敌人的邪恶与可恨之处，不仅要激发人们的战斗意志，更要获得道义上的主动性，这样士兵们就会奋勇作战。而且拥有了道义上的主动性，在战争中也更容易获得兵员的补充和外部力量的帮助。

接下来《司马法》提出了所谓的"灭厉之道"，即铲除邪恶势力，消灭暴戾的敌人的方法。概括起来有两个基本方法，分别是"义"和"权"。

所谓"义"就是，"被之以信，临之以强，成基一天下之形，人莫不悦，是谓兼用其人。"意思是，以诚信感召敌人、以实力威慑敌人，造成统一天下的形势，使人人心悦诚服，这就能争取敌国的人为我所用。"成基一天下之形"这句话非常重要，如在解放战争时期，解放军发动渡江战役时，国民党还有几百万军队，却很快就一败涂地，解放军用很短的时间就解放了长江以南。这就是当时已经形成了"一天下之形"的形势，使各阶层的民众不得不跟着形势走。因为，在形势尚不明朗的时候，各阶层的民众很可能会静观其变,会习惯性地听从身边小范围内占优势的势力的指挥。但是一旦人们发觉自己所做的事情失败的概率极大,就会改变态度,顺应形势的发展。如何才能形成"一天下之形"的态势呢?当然自身拥有雄厚的实力是基础,在这个基础之上,最重要的就是要用道义来感召天下的各种势力。孙中山曾经说过,"天下大势,浩浩汤汤,顺之者昌,逆之者亡。"秦朝的灭亡就是因为违背道义搞暴政,激起了人们强烈的反抗,只要有一个人带头,就有一群人跟着起义。明末李自成的成功与灭亡都可以用"一天下之形"来解释,李自成能够在很短的时间东山再起,打到北京推翻明朝的统治,一个重要的原因就是他提出一个极具蛊惑力和冲击力的口号:均田免粮。所谓"均田",就是夺取地主豪绅的土地分给农民;所谓"免粮",就是农民军驻地不征收任何赋税。一句看似朴素的口号,恰好迎合了农民群众的迫切愿望,从而产生了巨大的政治影响力。起义军高呼"三年免征,一民不杀","平买平卖"的口号,使各地民众的民心都倒向了起义军。起义军所到之处都是"杀牛羊,备酒浆,开了城门迎闯王,闯王来了不纳粮"的欢呼声中,浩浩荡荡地进军北京。然而他的失败也是因为在北京城野蛮的搜刮钱财的行为,导致失去了民心,加上对满军和吴三桂联军的作战失败,最终一败涂地。

所谓"权"就是,"成其溢,夺其好,① 我自其外,使自其内。"意思是设法助长敌方领导者的骄横心态,养成一些不良习惯,比如设法让敌方领导者失去谦虚谨慎、积极进取等一些比较好心态和做法,形成骄傲自大,荒淫懈怠的习惯;然后,一方面用兵力从外部向它发动进攻;另一方面用间谍搞破坏,从敌人内部策应我方的进攻。显然,要做到上述,必须要有一个强大的间谍组织,通过收买敌方领导者身边的奸臣等手段,才可能做到"成其溢,夺其好"。《六韬》的《文伐》篇提出"文伐"的十二种方法,其实就是《司马法》这个思想的细化:"太公曰:凡文伐有十二节:一曰,因其所喜,以顺其志,彼将生骄,必有奸事。苟能因之,必能去之。二曰,亲其所爱,以分其威。一人两心,其中必衰。廷无忠臣,社稷必危。三曰,阴赂左右,得情甚深,身内情外,国将生害。四曰,辅其淫乐,以广其志,厚赂珠玉,娱以美人。卑辞委听,顺命而合。彼将不争,奸节乃定。五曰,严其忠臣,而薄其赂。稽留其

---

① "夺其好",可以有多种解释,夺取敌人的要害地点、铲除敌人的主要人才、夺取敌人非常在乎的东西,使得敌人在愤怒状况下做出不理性的决策,但是,我们认为解释为设办法消除敌方领导者的一些好的品质更为合理,与前文的"成其溢",都是要让敌人领导者的品质和心态产生变化,从而为我方寻找战机提供基础。

## 第八章 组织竞争的伦理管理之道

使,勿听其事。亟为置代,遗以诚事。亲而信之,其君将复合之。苟能严之,国乃可谋。六曰,收其内,间其外,才臣外相,敌国内侵,国鲜不亡。七曰,欲锢其心,必厚赂之,收其左右忠爱,阴示以利,令之轻业,而蓄积空虚。八曰,赂以重宝,因与之谋,谋而利之,利之必信,是谓重亲,重亲之积,必为我用,有国而外,其地大败。九曰,尊之以名,无难其身,示以大势,从之必信。致其大尊,先为之荣,微饰圣人,国乃大偷。十曰,下之必信,以得其情。承意应事,如与同生。既以得之,乃微收之。时及将至,若天丧之。十一曰,塞之以道,人臣无不重贵与富,恶死与咎,阴示大尊,而微输重宝,收其豪杰。内积甚厚,而外为乏。阴纳智士,使图其计。纳勇士,使高其气。富贵甚足,而常有繁滋,徒党已具,是谓塞之。有国而塞,安能有国?十二曰,养其乱臣以迷之,进美女淫声以惑之,遗良犬马以劳之,时与大势以诱之,上察而与天下图之。"这段话的意思是,文伐的方法有十二种:一是依照敌人的喜好,顺从他的心愿,使他滋长骄傲情绪,去做邪恶的事情,我方再巧妙地加以利用,就必能将他除掉。二是拉拢敌君的宠信的权臣,帮助权臣获得更大的权势,诱惑其产生取代国君的想法。一旦权臣产生了二心,他就会打压朝廷的忠臣,一个国家的朝廷里没有了忠臣,就可以想办法消灭这个国家。三是贿赂敌国的近臣,和他建立深厚的情谊,使他们身居国内却心向国外,敌国就必将发生祸害。四是助长敌国君主过分的享乐行为,扩大他的荒淫意趣。用大量珠玉贿赂他,赠送美女讨好他,言辞卑下,顺从其命令,迎合其心意。这样他就很容易忘记和我方做斗争,从而放肆发展其邪恶的行为。五是尊重敌国的忠臣,给他少量的礼物。当使者前来交涉时,要故意拖延他,不要听从他的意见。想方设法促使敌君改派他人来替代,然后给后来的使者透露一些真实情况,表示亲近信赖以结友好。让敌君听到前后两种不同的说法,从而对忠臣产生怀疑,就可以谋取他的国家了。六是收买敌国君主左右的大臣,离间君主和边关大臣的关系,使其有才干的大臣都帮助外国,再加以外国的入侵,这个国家就很少有不灭亡的了。七是要想使敌国君主对我深信不疑,就必须赠送他大量礼物,收买他左右亲信的大臣,暗中给他们好处,使其君臣忽视生产,造成其国家积蓄空虚。八是赠送敌国君以重宝,进而与他同谋别国,所图谋的又对他有利。由于对他有利,他必然信任我,这就密切了敌国君主与我的关系。关系越密切,敌国君主必为我所用。他有国而被外国利用,其国必亡。九是用煊赫的名号颂扬他,不让他受到危难,给他势倾天下的感觉,毕恭毕敬地顺从他;夸耀他的功绩显荣,恭维他德比圣人,这样他必然会狂妄自大而对于国事懈怠废弛了。十是对他要表示恭顺诚信，以取得他的友情和信任；顺承他的意图办事，好像兄弟一般亲密；既已得到他的友情和信任，就进一步微妙地控制他；时机一到，就像上天叫他灭亡一样而把他消灭了。十一是闭塞敌国君主视听的方法：凡是臣民没有不渴望富贵而厌恶危难与灾祸的，用暗中许给尊贵的官位、秘密送给大量财宝的方法，收买敌国的英雄豪杰。国内积蓄很多，外表却装作穷困。暗中收纳智士以制定谋略；收纳勇士以提高士气。要满足他们取得富贵的愿望，而不断发展壮大，结成自己的党徒，聚集起力量。这样做就能闭塞人的视听而秘密壮大自己了。敌人虽有国家，但耳目已为人所闭塞，那还能够保住他的国家呢？十二是扶植敌国的乱臣，以迷乱其君主的心智；进献美女淫声，以迷惑其君主的意志；送他良犬骏马，使他沉溺在犬马游猎之中而神形疲惫；又常报以有利的形势，使他高枕无忧；然后，观察有利时机与天下人共同谋取他的国家。文伐的内容虽然比较复杂，但其主旨却很简单，就是利用敌人的内部矛盾，收买、分化、瓦解、离间、麻痹、削弱敌人。春秋时期吴越争霸，越国国王勾践被吴王打败之后，通过卑躬屈膝的哀求和贿赂吴王夫差身边的奸臣等手段获得了苟延残喘的机会。之后勾践卧薪尝胆，在修明内政、选贤任能、重整武备的基础上，使用了各种"文伐"的手段，具体而言，有四个方面：第一，不断给夫差送去各种礼物和美女，诱使夫差沉溺女色，荒废政事；第二，采集良材，选派能工巧匠送给夫差，让吴国的奸臣鼓动夫差追求个人享受，大兴土木，大大消耗了吴国人力、物力；第三，通过各种方式和途径表忠心，以消除夫差对越国的戒备；第四，贿赂吴国的奸臣，让奸臣进谗言，使夫差对身边最重要的忠臣伍子胥产生了厌恶和远离之心。这些手段归结起来就是要让夫差原有的一些好的思想和行为消失了，只剩下狂妄自大，自以为是。使夫差身边的忠臣消失，只剩下阿谀奉承的小人和奸臣，这就是《司马法》说的"成其溢，夺其好"。勾践的上述措施，取得显著的效果，壮大了自己，削弱了敌人，之后，勾践在吴国的间谍和奸臣的帮助下出兵伐吴，消灭了吴国。其实人的心态是很不稳定的，面临强大外部压力、感觉到随时可能发生危险时，人们可能会小心谨慎、积极进取。但是，人们一旦觉得外部没有什么压力，自己足够强大了，就很可能变得懈怠放逸，追求享受。对于缺乏深谋远虑智慧和修身习惯的领导者来说，经过一段时间的奋发图强，取得了一些成功之后，很容易就半途而废。所以，吴国夫差失败的根本原因还是领导者的智慧不足，缺乏良好的修身习惯，不会对自己内心的贪心欲望进行分析与观察，及时打压或者化解，提升自己的个人修养和道德品质。如果领导者拥有深谋远虑的智慧和养成了良好的修身习惯，"成其溢，夺其好"的策略就很难成功。

### （四）组织进入竞争状态的步骤

军事组织作为竞争性最强的组织，有两种状态：一是和平时期的训练和防御状态；二是出现战争威胁或者已经发生战争后为了应对战争的战时状态。在面临外部强大的军事威胁或者因为其他的特定原因时，军队往往必须在很短的时间内把训练和防御状态转换成临战状态。那么具体应该怎样做呢？《司马法》说，"凡战，定爵位，著功罪，收游士，申教诏，询厥众，求厥技。"意思是，凡是准备发动战争，把平时训练的体制转为战斗体制，需要做好以下5个方面的事情。

第一，"定爵位"。领导者要确定参战人员的官职与地位，给予他们比平时更高的官职和地位，以鼓舞人们参战的热情。

第二，"著功罪"。领导者要有意识、有目的地提高对有功之人的奖励力度和加强对有罪之人的惩罚力度，形成和平时不同的战时奖惩制度，从而激励人们参战。《吴子》就提出，打仗时要强化赏罚，"进有重赏，退有重刑"，并且要求对军中优秀战士给予优厚的待遇，甚至惠及他的家人，形成一种人人都希望获得奖励，畏惧惩罚的状态。如果能够做到这一点，军队的战斗力可以倍增，即"其有工用五兵、材力健疾，志在吞敌者，必加其爵列，可以决胜。厚其父母妻子，劝赏畏罚，此坚陈之士，可与持久，能审料此，可以击倍"。

第三，"收游士"。"收游士"有两种解释：一是要把那些四处传播自己观点的游说之士管制起来，不允许他们四处乱窜，以免人们被其观点所迷惑，从而动摇参战的决心；二是要花钱收买那些经常游走于各个相关国家或者相关势力之间的人士，利用他们收集敌方的情报。两种解释都有道理，可以合在一起理解；也就是在国内要禁止各种与官方不一致思想的传播。而在国外，特别是在敌对国家或者可能敌对的国家则派出相关游说人员去收集政治军事情报，传播各种可以动摇敌对势力内部团结的思想，从而间接削弱敌方的潜在力量。战国时期秦赵长平之战，赵国失败的一个重要原因就是就是赵王中了秦国的反间计，用纸上谈兵的赵括代替了名将廉颇。而秦国施行反间计的主要方法就是派出间谍去赵国散布流言说，廉颇年纪大了，胆小变小了，躲在壁垒中不敢出战，如果赵括来了，就能够很快打败秦军。如果赵国在大战状态下，能够做到"收游士"，秦国的反间计就无法实施了，长平之战鹿死谁手还未可知。

第四,"申教诏"。与和平时期相比,战时法律、法令肯定要所有变化。因此,领导者需要加强宣传教育工作,申明各种战时的法律、法令以及相关要求,让人们有所警惕。例如,在"一战"期间,德国议会通过了14项战时法规,使政府在战争期间有权禁止公民及企业的某些权利,政府有权调拨、冻结某个企业财产。这些特别的战时法令法规使整个国家很大一部分经济与社会力量都转向为战争服务,这样就间接增强了国家的军事实力。

第五,"询厥众,求厥技"。领导者要审视己方人才和技术情况,分析在面对将要到来的战争时,还缺乏哪些人才和技术;然后努力去寻找这些人才和技术,以应对未来战争的需要。战争中需要的人才大体上可以分为两类:一是体现军队战斗力的精锐部队,这个方面吴起有非常精彩论述,《吴子》说,"民有胆勇气力者,聚为一卒。乐以进战效力,以显其忠勇者,聚为一卒。能踰高超远、轻足善走者,聚为一卒。王臣失位而欲见功于上者,聚为一卒。弃城去守、欲除其丑者,聚为一卒。此五者,军之练锐也。有此三千人,内出可以决围,外入可以屠城矣。"二是指导与配合精锐部队作战的各种人才,这方面姜太公有很精彩的论述。《六韬》的《龙韬·王翼》篇说,"太公曰:腹心一人,主赞谋应卒,揆天消变,总揽计谋,保全民命;谋士五人,主图安危,虑未萌,论行能,明赏罚,授官位,决嫌疑,定可否;天文三人,主司星历,候风气,推时日,考符验,校灾异,知人心去就之机;地利三人,主三军行止形势,利害消息,远近险易,水涸山阻,不失地利;兵法九人,主讲论异同,行事成败,简练兵器,刺举非法;通粮四人,主度饮食,蓄积,通粮道,致五谷,令三军不困乏;奋威四人,主择才力,论兵革,风驰电掣,不知所由;伏旗鼓三人,主伏旗鼓,明耳目,诡符节,谬号令,阐忽往来,出入若神;股肱四人,主任重持难,修沟堑,治壁垒,以备守御;通材三人,主拾遗补过,应偶宾客,论议谈语,消患解结;权士三人,主行奇谲,设殊异,非人所识,行无穷之变;耳目七人,主往来听言视变,览四方之事、军中之情;爪牙五人,主扬威武,激励三军,使冒难攻锐,无所疑虑;羽翼四人,主扬名誉,震远方,摇动四境,以弱敌心;游士八人,主伺奸候变,开阖人情,观敌之意,以为间谍;术士二人,主为谲诈,依托鬼神,以惑众心;方士二人,主百药,以治金疮,以痊万病;法算二人,主计会三军;营壁、粮食、财用出入。"如果缺乏这些不同人才的话,军队就不可能有强大的战斗力。在企业等组织中也是如此,寻找组织需求的人才和技术是领导者最重要的工作之一。

# 第八章 组织竞争的伦理管理之道

上述五个方面是主将在战前需要做的五项基本工作。但是，还有一个比上述更重要的因素就是主将自身的思维决策能力，这才是制胜的关键。前期的战争准备和后续的战略战术决策都依赖于主将的分析决策水平。实际战争中面临的情况千变万化，考虑稍有不周就可导致严重的后果。那么领导者怎样做才能做好分析与决策工作呢？

《司马法》提出，"方虑极物，变嫌推疑，养力索巧"，这句话中"方"有遍及的意思，方虑就是遍其思虑的意思；"变"通"辨"，即辨别；"索巧"有些注家解释为索求巧计，我们认为这种解释不是很合适，"方虑极物，变嫌推疑"本来就是要索求巧计，没有必要再重复说；还有注家把"索巧"解释为发掘部队中的人才，这就和前文的"询厥众，求厥技"，意思有重复，也不合适。我们认为"养力索巧"应该解读为"养力"才能"索巧"，意思是只有养足了力量，巧计才能很好地运用。"巧"就是各种战术的灵活应用。如果没有充足的精力，军队就无法达到灵活机动，即使有很多巧妙的战术策略都难以实施。所以整句话的意思是领导者在考虑问题做决策是，应该尽量做到把事情发展的各种情形都想到，而且要去详细分辨那些相似并容易混淆的情况，排除各种疑惑，然后根据具体情况，找到能够更好积蓄自己力量和运用自己力量战胜敌人的办法。那么领导者如何才能做到"方虑极物，变嫌推疑，养力索巧"，是否有一套科学的方法和工具呢？这是一个很关键的问题，很遗憾《司马法》中没有给我们详细地解答，他只给出了四个字："因心之动。"这四个字是非常耐人寻味的。"因心之动"很多注家都解释为，根据军心或者民心来采取行动或者认真思考之后再采取行动。这种解释太过简单，与前后文之间缺乏严密的逻辑关系，甚至有同义重复之嫌。前文"方虑极物，变嫌推疑"就是认真思考的意思，肯定是要考虑军心、民心的。我们认为"因心之动"应该是指儒家的心性功夫。前文我们已经分析了，《司马法》对于管理者修身提出了"时中"的要求。"时中"可以使"虑多成"，继而让像石头一样顽固的人都信服。而"中"是"喜怒哀乐之未发"的状态，在"中"这种状态下，人的各种欲望和主观偏见都被排除，因而能够进入和天地万物合为一体的状态，最大限度地发挥自己的潜能。从这个角度来说，"中"是一种"不妄动心"或"不动心"的状态，心灵不为各种欲望情绪所动，能够安住在心性本体的纯净状态上思考问题。关于这种状态《孟子·公孙丑》有比较深刻的解释："公孙丑问曰：'夫子加齐之卿相，得行道焉，虽由此霸王，不异矣。如此，则动心否乎？'孟子曰：'否，我四十不动心。'曰：'若是，则夫子过孟贲远矣。'曰：'是不难，告子先我不动心。'曰：'不动心有道乎？'曰：'有。北宫黝之养勇也：不肤桡，不目逃，思以一豪挫于人，若挞之于市朝，不受于褐宽博，亦不受于万乘之君；视刺万乘之君，若刺褐夫；无严诸侯，恶声至，必反之。孟施舍之所养勇也，曰：视不胜犹胜也；量敌而后进，虑胜而后会，是畏三军者也。舍岂能为必胜哉？能无惧而已矣。孟施舍似曾子，北宫黝似子夏。夫二子之勇，未知其孰贤，然而孟施舍守约也。昔者曾子谓子襄曰：子好勇乎？吾尝闻大勇于夫子矣：自反而不缩，虽褐宽博，吾不惴焉；自反而缩，虽千万人，吾往矣。孟施舍之守气，又不如曾子之守约也。'曰：'敢问夫子之不动心与告子之不动心，可得闻与？''告子曰：不得于言，勿求于心；不得于心，勿求于气。不得于心，勿求于气，可；不得于言，勿求于心，不可。夫志，气之帅也；气，体之充也。夫志至焉，气次焉；故曰：持其志，无暴其气。''既曰，志至焉，气次焉。又曰，持其志，无暴其气。者何也？'曰：'志壹则动气，气壹则动志也，今夫蹶者趋者，是气也，而反动其心。''敢问夫子恶乎长？'曰：'我知言，我善养吾浩然之气。''敢问何谓浩然之气？'曰：'难言也。其为气也，至大至刚，以直养而无害，则塞于天地之间。其为气也，配义与道；无是，馁也。是集义所生者，非义袭而取之也。行有不慊于心，则馁矣。'"这段话看上去比较复杂，但意思其实比较简单，公孙丑问孟子，如果当了齐国的卿相是否会影响其心志的变化，孟子说自己40岁时就做到心不妄动，也就是心志做到了恒定专一，不会为外界的名利所动摇。而且孟子认为要做到这一点不难，告子比自己做到更早。接着孟子以几个做到了心不妄动的人为例子，分析他们是如何做到"不动心"的。一个是北宫黝，他把心志安住在勇气上，无论在何时、何种情况下，他的勇气都不会动摇；一个是孟施舍，他也是把心志安住在勇气上，但他是通过在精神上树立必胜信心的方式让自己的勇气不动摇，显然要容易些。但他们把"不动心"的功夫用在"勇"方面层次比较低，而告子和孟子则把"不动心"的功夫用"智"上，层次则较高。告子"不动心"的方法是"不得于心，勿求于气"，即在任何情况下，都做到理性客观，哪怕当理性陷入困境时，也绝对不让各种情绪进入心灵，因为感情用事只会把事情弄糟。孟子"不动心"的方法则在告子的基础上更加进了一步，不仅做到理性客观，同时善养浩然之气，以浩然正气来支撑自己的心志和理性。这种浩然之气乃是基于道义养成的，如果不合乎道义，这个气就没有力量了。可见，孟子的不动心是把心志安住道义和理性上的一种功夫，无论想要做到哪种"不动心"，都需要长期修炼自己的心性。

有了"不动心"心性功夫,做事情就会超越常人。明代大儒王阳明曾经说过,最上乘的兵法并不是《孙子兵法》所推崇的"出其不意、攻其不备",而是"此心不动,随机而动",意思就是"心"首先必须做到"不妄动",在"不妄动"的基础上,"心动"才会有敏锐的观察力,才能真正理性客观地分析问题,发现最好的行动时机。我们认为这才是《司马法》所说的"因心之动"的真正含义。一般人思考的过程基本上都是"此心妄动,随性而动",习惯于一种掺杂着各种情绪和主观偏见的思维方式。这种思维方式的整个思维过程都受到各种欲望、情绪的干扰,经常让人焦躁不安,无法冷静下来,不仅看不清外部客观世界的真实情况,甚至自己内心的真实想法都会被遮蔽,很容易陷入"当局者迷"的状态。一个领导者在这种状态下进行战略决策,无疑很难有正确的判断。因此,我们认为"因心之动"乃是"时中"心性功夫基础上的一种应用。只有做到了"心不妄动",才能做到"因心之动"。一个组织的领导者必须通过修身做好心性功夫,只有做到了"心不妄动",才能比较轻松地做到"方虑极物,变嫌推疑,养力索巧",否则面对非常复杂的外部环境,想要做出正确的决策就很困难了。

## 二、竞争分析与决策

### (一) 决策的基础与分析的影响因素

竞争的分析与决策是竞争行动的基础,而要做好竞争的分析与决策工作,其基本前提就是要获得可靠的情报。《司马法》非常重视情报工作,对情报工作提出了,"凡战,间远,观迩;因时,因财;贵信,恶疑"的观点,虽然只有14个字,但却把情报工作的手段、方法和原则都概括了。

"间远,观迩"是收集情报的两种基本手段,即间谍法和观察法。要弄清远处的敌人、敌对势力的情况或者远期可能出现战争威胁地区的情况,就要使用间谍法。具体做法就是派出相关人员潜入需要收集情报的地方去收集情报,然后把情报传递回来。而要弄清楚近处敌人的情况或者近期可能出现的危险,如大雨、洪水、疫病、天灾等时,则主要用观察法。

"因时,因财"是收集情报的基本工作方法。在收集情报工作的具体实施过程中,基本的工作方法主要是要善于把握好时机和有相应的财力支持。如果是运用观察法收集情报,那么把握观察的时机是最重要的。要观察敌情往往需要找到适合观察的位置和适合观察的时间,如观察者需要思考在哪里观察、在什么时候观察才有最可能观察到所需要的情报,同时又最不容易被敌人发现。如果是运用间谍法收集情报,就需要寻找一个好的机会派出间谍。缺乏好机会的话,我方间谍人员就很难打入敌方内部,更谈不上收集情报。此外,没有财力支持的话,一方面派出去的间谍缺乏足够的动力来完成任务,另一方面也无法收买敌方相关人员为自己的活动提供方便。

"贵信,恶疑"是收集情报的基本原则。《司马法》认为情报贵在可信,模棱两可的情报不仅没有价值,反而可能误导领导的决策或者动摇将士的军心。

有了可信的情报,就要认真进行战前的分析和决策。《司马法》认为战前的分析和决策可以从五个方面进行权衡:"大小,坚柔,参伍,众寡,凡两,是谓战权。"

第一,"大小"的权衡。有两重意思,从战略分析的角度来说,所谓"大小"指的是敌人兵力部署情况,敌人兵力集中的地方就是"大",敌人兵力分散、数量少的地方就是"小"。当然对己方也应有"大小"的分析,但一般情况下,己方的情况都是已知的。从战略决策的角度来说,所谓"大"可以解释为战略上收缩兵力进行大规模的主力作战;所谓"小"指的是战略上分散兵力进行小规模的分兵作战;一般情况下,战争双方的军事力量不可能在战场上平均分配,有主力部队,也有配合作战的部队。在什么地方、什么时候收缩兵力进行大规模的主力作战;在什么地方、什么时候分散兵力进行小规模的分兵作战,这是进行军事战略决策需要认真考虑的一个重要方面。

第二,"坚柔"的权衡。也有两重意思,从竞争分析的角度来说,所谓"坚"指的是敌方战斗力极强的精锐部队,所谓"柔"指的是敌方战斗力比较弱的杂牌部队。在分析了"大小"之后,为什么还要分析"坚柔"呢?因为在有些情况下,兵力集中,人数多并不一定就表示有强大的实力,有时候一支人数很少的精锐部队可以打败人数数倍于自己的杂牌部队。所以,进行战略分析的时候弄清楚敌方的"大小"之后,还必须弄清楚敌方的"坚柔",才能真正了解敌方的实力分布,从而为战略决策提供扎实的情报基础。从竞争决策的角度来说,所谓"坚"指的是在战略上选择首先攻击敌人最强大的精锐部队,从而一举打垮敌人的士气;所谓"柔"指的是在战略上优先选择攻击敌人弱小的、分散的部队,从而逐步消耗敌人的实力,蚕食敌人。

第三,"参伍"的权衡。"参伍"是不同的战斗单位,这方面的权衡指的是战斗中,具体把部队分成多个战斗单位,每个战斗单位如何组织,战斗单位之间如何配合;无论是攻"坚"还是打"柔",都需要制订具体的作战方案,考虑在某个阶段、某个范围投入多少部队,各个部队之间如何进行配合作战,这就是"参伍"的权衡。要具体实施"大小"和"坚柔"的战略,"参伍"的权衡就是第一步要考虑的。

第四,"众寡"的权衡。所谓"众寡"并非完全指人数的多少,而是指战斗力的强弱,如果都是乌合之众,"虽有百万,何益于用"(《吴子》)。而"众寡"的权衡主要是要分析在战斗过程,如何形成局部的相对优势,用自己的相对优势去攻击敌人的相对劣势。当前面三步分析和决策都完成时,才能做好这一步的分析。

第五,"凡两"的权衡。在战争过程中,情况瞬息万变,战机转瞬即逝。因此,主将虽然制定了既定的战略,但是在实际战斗过程中,各个作战部队什么情况下必须坚持原定作战计划、什么情况下可以灵活处理必须有一个权衡。主将必须对下属各级军官做一个交代,这样才能保证战时各个基层部队的灵活性和机动性。

除了上述五个方面,《司马法》认为,作战前还有几个影响胜利的重要参考因素,即"称众,因地;因敌,令陈;攻战守,进退止;前后序,车徒因,是谓战参"。这些因素在战略决策过程中很难细化,只能在具体的战斗过程中根据具体情况来考虑。

第一,"称众,因地"。意思是,主将要善于分析地形对敌我双方"众寡"态势的影响,从而决策己方应该投入多少兵力参加一次战斗。造成我众敌寡的态势是战胜敌人的基本方法,寡必定不能敌众。要造成我众敌寡的态势,并不一定需要己方的兵力绝对比敌人多。因为,众寡是相对的,众寡形势总是在特定的范围内比较形成的。聪明的将军可以利用地形特点分散敌人的兵力,造成局部我众敌寡的势态。狭路相逢,人多的一方根本不可能把所有兵力都同时投入战斗,投入战斗的总是前面的一部分人,这个时候占据更有利地形和士气更旺盛的一方往往更能够取得胜利。还有一些地形,可以产生"一夫当关万夫莫开"的效果,控制这样的地形就可能以少胜多,这就是地形改变了众寡力量的对比。

第二,"因敌,令陈"。意思是,将领要根据敌方的具体情况和战术来选择己方的战术。面对不同的敌人要采取不同的战术。例如,发现敌方没有防备或者还没有做好防备，常见的战术就是兵贵神速，机不可失，迅速组织力量攻打敌人。如果发现敌人已经全面进入战斗状态，那么常见的战术就是暂时避免正面决战，而使用攻击敌人的粮道或者诈败引诱敌人进入自己的圈套或者不断佯攻骚扰敌人，等待敌人变得疲惫，放松警戒之后，再发起突然袭击这样一些战术来争取胜利。

第三，"攻战守，进退止"。意思是，主将在实施直接进攻作战战术时，必须考虑防守问题；在实施大踏步前进和大踏步后退的运动战中，必须考虑部队的休整问题。这些都是将领在完成了"称众"、"令陈"的分析与决策工作之后，实施具体的战术时必须考虑的重要细节。

第四，"前后序，车徒因"。意思是，主将要注意部队在行军和作战过程中各支队伍之间的行动配合对战斗力的影响。一般来说，在进行较大规模的战役时军队往往会分成多个部队，如先头部队、主力部队、后勤部队。主力部队往往还可以分为战车部队、骑兵部队、步兵部队等，这些部队行动速度不一。领导者必须要考虑到先头部队与主力部队以及后勤部队之间的衔接问题，考虑到战车部队、骑兵部队与步兵部队之间的协同与配合问题。这些都是实施具体战术时常见的问题，这些问题看上去琐碎，但是一旦出问题往往会导致很严重的后果。

大体上，上述四个方面的分析一个比一个具体，有层层细化的逻辑关系。

### （二）可能导致军事行动失败的内部因素分析

《司马法》还讨论了可能导致军事竞争行动失败的各种因素，并把这些因素称为"战患"和"毁折"。这些因素乃是对双方竞争力分析的具体化，也是竞争决策分析需要细化的内容。

《司马法》说，"不服，不信；不和，怠、疑；厌、慑；枝、拄；诎、顿、肆；崩、缓，是谓战患。""骄傲，慑慑；吟旷、虞惧；事悔，是谓毁折。"大体上，"战患"主要是从士兵心理和部队组织工作两个方面来说的，前7个因素"不服、不信、不和、怠、疑、厌、慑"是心理因素，后7个因素"枝、拄、诎、顿、肆、崩、缓"是组织因素。而"毁折"主要指将官的不良心态。这些因素都会导致部队力量的削弱，是隐藏在表面实力背后的弱点。如果敌方有这样一些问题，我们就有可能从中找到制胜的机会，如果我方有这样一些问题就必须尽快解决，不然就有可能导致行动的失败。

从士兵的心理来说，《司马法》认为有三个方面的因素会导致失败：第一,"不服、不信"。士兵不服从上级或者说对上级不服气,出现这种情况一般都是因为上级没有取得士兵们的信任。第二,"不和,怠、疑"。士兵们与上级的关系不和睦,出现这种情况一般都是因为上级对士兵们的过于怠慢或者过于做作显得虚伪,引起了士兵们的猜疑。第三,"厌、慑"。① 士兵们厌战,出现这种情况一般都是因为上级把自己胆小害怕的心态传递给了士兵。

从部队组织工作方面来说,《司马法》认为也有三个方面会导致失败:第一,"枝、拄"。② 军心涣散往往是主将不肯承担责任,过分责难下属。第二,"诎③、顿、肆"。而下属将官们向主将进言得不到采纳,委屈难申,士卒疲劳困顿,多因主将不懂得爱惜军力,肆无忌惮地使用自己的权威和发布各种让下属军官和士卒们疲于奔命的号令。第三,"崩、缓"。整个军队分崩离析,多因主将不懂治军之道,不能从严治军,令行禁止,导致军纪废弛,整个军队没有战斗力。

《司马法》还进一步提出,如果军队组织中存在上述问题,在军官和士兵身上往往会表现出"骄傲,④ 慑慑,吟旷;虞惧,事悔"等现象,即主将骄傲自大,自以为是;下属将官们胆小怯弱,对上唯唯诺诺,遇到事情推诿;而士卒们则吵吵闹闹,不严格遵守军纪;更糟糕是当主将进入战场之后,一旦遇到事先未预料到的情况时,原先骄傲自大、自以为是的心态马上就变成了胆小害怕,对下一步该怎么办,决策时犹豫不决,一会儿觉得应该这样做,一会又觉得应该那样做,发出的命令不断地改变,从而导致临战时军心不稳。

这些问题都是导致失败的部队内部因素,这些因素归结起来,还是主将的素质有问题,缺乏治军的才能。遇到这种情况,最好就是能够替换主将,重新对部队进行严格有效的教育和训练。

## 三、竞争行动的原则及方法

《司马法》对于军事竞争行动有很多精辟的论述,《司马法》认为军事竞

---

① "慑",害怕之意。
② "枝"同"支",支离破碎,有军心涣散之意。"拄"互相指责,互相拆台。
③ "诎",《广韵》"辞塞",《礼记》"叩之,其声清越以长,其终诎然"。孔颖达疏曰,"诎,谓止绝也。"《墨子·公输》"公输盘诎",可见,"诎"大体的意思是说不出话,无话可说。
④ "骄傲",又做"骄骄"。

## 《司马法》伦理管理思想研究

争必须遵守一个基本的行动原则,那就是"用其所欲,行其所能,废其不欲不能。于敌反是。"意思是,军队指挥者应该想方设法寻找和利用各种有利于实现自己战略意图的机会和资源,使自己的优势能够充分发挥出来。同时,想方设法去除各种不利于实现自己战略意图的障碍,掩盖或者弥补自己的劣势。而对于敌方则应该采取相反的策略。即想方设法寻找和利用各种有利于能够阻碍对方战略意图实现的因素,不让敌方发挥他们的优势;主动设置各种障碍阻止敌方战略意图的实现,同时用自己的优势去攻击敌方的劣势。用《孙子兵法》的观点来说,就是要把握主动,做到"制人而不制于人"。[1]

那么,如何才能把握主动呢?《司马法》认为就是要充分了解敌情。我们在前面说过,领导者在做战略分析与决策时为了了解敌情可以用间谍法和观察法,即"间远,观迩"。在具体的军事竞争行动过程中是否也可使用这两种方法呢?这两种方法肯定是需要使用的,但是,在临战时使用这两种方法有时效果并不好。因为,在一般情况下,临战时双方都戒备森严,想要派人去观察敌人的情况往往很难。派间谍打入敌方内部也往往难度很大,需要耗费很长的时间,即使我方事先早就埋伏了间谍,在这个时候也往往很难传递情报。因此,临战时,主将还必须使用其他了解敌情的方法,这就是试探法。《司马法》说,"凡战,设而观其作,视敌而举。"意思是,作战时,必须要充分了解敌情,为了了解敌情,还可以运用试探法,主将可以设计各种战法和阵势,根据具体情况运用这些战法和陈势看看敌人如何应对,然后根据敌人的应对策略判断敌人的情况,帮助我方做出正确的战略决策。《司马法》还论述了临战时具体如何去试探敌人,《司马法》说,"凡战,众寡以观其变,进退以观其固,危而观其惧;静而观其怠,动而观其疑,袭而观其治;"意思是,在作战时,有6种常见的试探敌情的方法:第一,可以派出或多或少的兵力出击,灵活运用分兵与和合兵的战术,观察敌人是否善于应变,这样可以看出敌人的统帅是否懂得分合为变的兵法;第二,用忽进忽退的行动和敌人周旋,以观察敌人在作战过程中的阵势是否稳固,从而了解敌人是否训练有素;第三,设计各种危险的情况去迫近威胁敌人,看敌人是否会恐惧,从而了解敌人的虚实;第四,长时间按兵不动,看敌人是否会懈怠;第五,进行佯动,看敌人是否会疑惑;第六,发动突然袭击,看看敌人的统帅是否治军有方;如果平时治军有方,遇到突然袭击,士兵们就不会慌乱,那么想要通过一次突然袭

---

[1]《孙子兵法·虚实篇》说,"善战者,制人而不制于人"。

## 第八章 组织竞争的伦理管理之道

击打垮敌人就很难。

仔细考察这段文字,还有一个递进的层次关系,"众寡以观其变"指的是通过兵力的分配与部署形成一部分地方兵力少,一部分地方兵力多的情况,看看敌人能否很好应对。如果敌人不能好好地应对,说明敌方的主将不懂兵法或者军队尚未训练好,这种敌人即使人数很多,也很容易击败。如果敌人能够很好应对的话,说明敌将懂得用兵的一般规律。这时候就要"进退以观其固"的方式进行进一步的试探,即通过我方军队进行试探性的攻击与撤退,在运动战中观察看看敌人的阵势是否稳固,寻找获胜的机会。如果敌人看到我方的攻击就紧张,看到我方撤退就赶紧来追击,说明敌方的阵势不稳固,在双方人数相当的情况下可以击败敌人。如果敌人的阵势很稳固,这时就要"危而观其惧"的方式进一步试探敌人,即攻击敌人某些可能的弱点,看看敌人是否会紧张,以确定这些可能的弱点是否真的是敌人的要害。只要找到了敌人害怕的弱点,抓住这个弱点猛烈攻击敌人,就可以击败敌人。如果找不到敌人弱点的话,那么就只好用"静而观其怠"的方式试探敌人,即临战时长时间的按兵不动,看看敌人军队是否会懈怠,如果懈怠就是打败它的好机会。这是一种消极的试探方式,但是面对一支训练有素的敌方部队也只能这样了。战国末年,秦将王翦攻打楚国时,对付楚国大将项燕时就是用了这个方法。王翦率领秦军和项燕的楚军对峙了半年都没有发动攻击,原因就是项燕是经验丰富的大将很有才干,军队也训练有素。王翦在短期内找不到楚军的破绽,只好采取静观其变的方式,等到项燕以为秦军只是为了自保,没有攻打楚国意思,从而思想发生懈怠之后,王翦才率领秦军突然发动进攻,把项燕打得一败涂地。当然王翦攻打楚国和楚军对峙半年属于比较极端的情况,一般情况下,敌我双方都不希望战争时间拖得过长,因为这对国家经济来说是非常沉重的负担。因此,在大多数情况下,静观其变的时间不会太长,如果静观其变没有效果,就只好再次动起来,"动而观其疑",这里的"动"不仅指军事上的佯动,还应该包括政治、外交、宣传等各种可以激起敌方怀疑的手段。例如,战国时期赵国的两位名将廉颇和李牧都治军有道,能征善战,秦国军队拿他们一点办法也没有。一开始秦军和廉颇率领的赵军对峙,秦军占不到明显的便宜。于是,秦国就派奸细混入赵国都城邯郸,一方面散布谣言说廉颇老了不中用了,不敢和秦军交战;另一方面用重金收买赵王身边的奸臣,让奸臣推荐只会纸上谈兵的赵括去代替廉颇。结果赵王起了疑心,用赵括取代廉颇为大将,导致赵军大败。后

· 219 ·

来，李牧率赵军抵抗秦军，秦军仍然没有办法取胜。之后，他们还是如法炮制，派奸细混入赵国都城邯郸，一方面散布谣言说李牧勾结秦军想造反；另一方面用重金收买赵王身边的奸臣，让奸臣推荐其他人来取代李牧。结果悲剧再次发生，赵国也因此亡国。如果这个方法也无法奏效的话，那么就只有一个方法了，即"袭而观其治"进行试探性的攻击，看看敌人的弱点在哪里，然后集中力量攻击其弱点。当然，这可能会付出相当大的代价，如果敌方遇到袭击仍然不慌乱，从容反击，说明敌军确实是治军有道，这样的敌人是难以打败的。所以《孙子兵法》说，"胜可知而不可为"。

要找到敌人的弱点非常困难，经验不足的将领有时候会误判，必须善于对一些细节进行分析和判断，《司马法》举了一个例子："凡战，击其微静，避其强静；击其疲劳，避其闲窕；击其大惧，避其小惧，自古之政也。"意思是，作战时，要攻击微静的敌人，不要攻打强静的敌人；要攻打疲劳的敌人，不要攻打精力充沛的敌人；要攻打军心已散的人，不要攻打非常警觉的敌人，这些都是古代流传下来的重要作战经验。这里"疲劳"和"大惧"是"微静"状态的描述；"闲窕"和"小惧"是对"强静"状态的描述。主将如果发现敌人看上去很安静，必须要明白敌人的这种"静"的状态，有"微静"与"强静"之分，发现敌人是微静状态，就是发现了敌人的弱点，这时就要抓住机会马上发动进攻，一举打垮敌人的战斗意志；如果发现敌人是强静状态就不能贸然进攻，应该重新寻找作战的机会。那么什么是微静，什么是强静呢？所谓微静有两种情况，一是敌人因为各种原因非常疲劳，无力喧哗躁动而整体上显得比较安静；二是敌人因为实力弱小或者其他原因心里对我方非常惧怕，但仍然故作镇静。所谓强静也有两种情况，一是敌人经过了充分的休息，对将要作战有着充分的准备和充足的信心，而显示出来的一种安静的状态；二是敌人有着严格的军纪或者高度的警惕心，士兵们畏惧军纪或者对我方行动有所戒备而显示出来的一种安静的状态。

## 四、组织竞争的伦理管理思想特质分析

本章《司马法》首先分析了竞争的层次和竞争力的影响因素，其次分析大战略竞争手段以及组织如何从平时和平状态转为竞争状态，再次讨论了如何

# 第八章 组织竞争的伦理管理之道

进行竞争分析与决策，分析了可能导致决策和行动失败的相关因素，最后提出了竞争行动的原则和方法。我们把竞争中的伦理管理思想 $T_6$，那么，构成 $T_6$ 主要内容的子特质主要有四个：

子特质 $T_{61}$：竞争力的影响因素。《司马法》认为竞争力的影响因素主要有五个，即"顺天、阜财、怿众、利地、右兵，是谓五虑"。

子特质 $T_{62}$：大战略竞争手段。《司马法》关于大战略竞争的文字主要有，"誓作章，人乃强，灭厉祥"，"灭厉之道：一曰义。被之以信，临之以强，成基一天下之形，人莫不悦，是谓兼用其人；一曰权。成其溢，夺其好，我自其外，使自其内"。

子特质 $T_{63}$：组织进入竞争状态的步骤。《司马法》对于组织如何从平时状态转变为竞争状态的文字主要有，"凡战：定爵位，著功罪，收游士，申教诏，询厥众，求厥技，方虑极物，变嫌推疑，养力索巧，因心之动"。

子特质 $T_{64}$：决策的基础与分析的影响因素。具体而言有三个子特质：第一，决策的基础，"凡战：间远，观迹，因时，因财，贵信，恶疑。"记为 $T_{641}$。第二，决策的第一类影响因素"战权"，"大小，坚柔，参伍，众寡，凡两，是谓战权。"记为 $T_{642}$。第三，决策的第二类影响因素"战参"，"称众，因地，因敌令陈；攻战守，进退止，前后序，车徒因，是谓战参。"记为 $T_{643}$。

子特质 $T_{65}$：导致竞争行动失败因素分析。有两类因素，第一类是"战患"："不服、不信、不和、怠、疑、厌、慑、枝、拄、诎、顿、肆、崩、缓，是谓战患。"记为 $T_{651}$。第二类是"毁折"："骄傲、慑慑、吟旷、虞惧、事悔，是谓毁折。"记为 $T_{652}$。

子特质 $T_{66}$：竞争行动的原则及方法。竞争性的原则是，"用其所欲，行其所能，废其不欲不能。于敌反是。"记为 $T_{661}$。具体方法则有"凡战：设而观其作，视敌而举"；"凡战：众寡以观其变。进退以观其固，危而观其惧，静而观其怠，动而观其疑，袭而观其治"等，记为 $T_{662}$。

这样，组织竞争的伦理管理思想特质 $T_6$ 有六个子特质：竞争力的影响因素 $T_{61}$、大战略竞争手段 $T_{62}$、组织进入竞争状态的步骤 $T_{63}$、竞争决策分析的影响因素 $T_{64}$、导致竞争行动失败因素分析 $T_{65}$、竞争行动的原则及方法 $T_{66}$。可以记为 $T_6$：$\{T_{61}, T_{62}, T_{63}, T_{64}, T_{65}, T_{66}\}$。

我们归纳《司马法》伦理管理思想特质群 $T_6$ 竞争中的伦理管理思想 KJ 图如图 8-2 所示。

```
┌─────────────────────────────────────────────────────────────────────┐
│                    T₆ 竞争中的伦理管理思想                              │
│                                                                       │
│  ┌──────────────────────────────┐  ┌──────────────────────────────┐ │
│  │ T₆₁ 竞争力的影响因素：          │  │ T₆₄ 决策的基础与分析的影响因素  │ │
│  │ 顺天、阜财、怿众、利地、右兵、   │  │                              │ │
│  │ 是谓五虑                       │  │ ┌──────────────────────────┐ │ │
│  └──────────────────────────────┘  │ │ T₆₄₁ 决策的基础——情报工作的方法│ │
│                                    │ │ 与原则：                    │ │
│  ┌──────────────────────────────┐  │ │ 凡战，间远，观迹；因时，因财；贵│ │
│  │ T₆₂ 加大战略竞争手段：          │  │ │ 信，恶疑                   │ │
│  │ "誓作章，人乃强，灭厉祥"，"灭厉之│  │ └──────────────────────────┘ │ │
│  │ 道：一曰义。被之以信，临之以强，│  │                              │ │
│  │ 成基一天下之形，人莫不悦，是谓兼用其人；│ │ ┌──────────────────────────┐ │ │
│  │ 一曰权。成其溢，夺其好，我自其外，│ │ │ T₆₄₂ 战斗力分析——战权：     │ │ │
│  │ 使自其内"                      │  │ │ 大小，坚柔，参伍，众寡，凡两 │ │ │
│  └──────────────────────────────┘  │ └──────────────────────────┘ │ │
│                                    │                              │ │
│  ┌──────────────────────────────┐  │ ┌──────────────────────────┐ │ │
│  │ T₆₃ 组织进入竞争状态的步骤：     │  │ │ T₆₄₃ 能力分析——战参：       │ │ │
│  │ 凡战：定爵位，著功罪，收游士，申教诰，│ │ 称众，因地；因敌，令陈；攻战守，│ │
│  │ 询厥众，求厥技，方虑极物，变嫌推疑，│ │ 进退止；前后序，车徒因      │ │
│  │ 养力索巧，因心之动              │  │ └──────────────────────────┘ │ │
│  └──────────────────────────────┘  └──────────────────────────────┘ │
│                                                                       │
│  ┌──────────────────────────────┐  ┌──────────────────────────────┐ │
│  │ T₆₅ 导致竞争行动失败的因素分析    │  │ T₆₆ 竞争行动的原则及方法       │ │
│  │                              │  │                              │ │
│  │ ┌──────────────────────────┐ │  │ ┌──────────────────────────┐ │ │
│  │ │ T₆₅₁ 战患：               │ │  │ │ T₆₆₁ 竞争的基本原则：       │ │ │
│  │ │ 不服，不信；不和，怠、疑；厌、慑；│ │ 用其所欲，行其所能，废其不欲不能。│ │
│  │ │ 枝，拄；诎、顿、肆；崩、缓 │ │  │ │ 于敌反是                   │ │ │
│  │ └──────────────────────────┘ │  │ └──────────────────────────┘ │ │
│  │                              │  │                              │ │
│  │ ┌──────────────────────────┐ │  │ ┌──────────────────────────┐ │ │
│  │ │ T₆₅₂ 毁折：               │ │  │ │ T₆₆₂ 竞争行动常用的方法：    │ │ │
│  │ │ 骄傲，慑慑；吟旷，虞惧；事悔│ │  │ │ 凡战：设而观其作，视敌而举。凡战，│ │
│  │ └──────────────────────────┘ │  │ │ 众寡以观其变，进退以观其固，危而│ │
│  │                              │  │ │ 观其惧，静而观其急，动而观其疑，│ │
│  │                              │  │ │ 袭而观其治                 │ │ │
│  │                              │  │ └──────────────────────────┘ │ │
│  └──────────────────────────────┘  └──────────────────────────────┘ │
└─────────────────────────────────────────────────────────────────────┘
```

图 8-2 《司马法》伦理管理思想特质群 $T_6$ 竞争中的伦理管理思想

# 第九章 《司马法》伦理管理思想体系及其应用

《司马法》伦理管理思想是一个具有内在逻辑结构的思想体系。《司马法》伦理管理思想体系对于组织提升管理的境界,实现组织长期可持续发展具有重要的指导意义。

## 一、《司马法》伦理管理思想体系

### (一)《司马法》伦理管理思想体系的概念及其基本结构

汉语词典中,思想一般也称"观念",其活动的结果属于理性认识。思想是人们在实践基础上对某种存在的现象或问题理性思考的成果,这种思考成果是否正确还需要通过实践来检验。思想是构建理论的基本素材,任何一个理论都是建立在一系列密切相关思想的集合之上的。

所谓思想体系是指有着内在逻辑结构,能够独立说明某个问题、现象或者指导解决某个实际问题的一系列相关思想的组合。思想体系具有一定的系统性和相对完整性。我们认为从一般意义上来说,思想体系和理论并没有本质的差异。思想体系是从思想提出者的角度来说的,主要在针对某个特定对象的语境中使用,如某个人的思想体系、某个学派的思想体系或者某部经典的思想体系。而理论是从应用的角度来说的,一般都是为了解释某个特定问题(可以是实际的问题,也可以是抽象的问题)、现象或者为了指导特定的实践工作而提出的一套具有严密逻辑结构、内容清晰完整的思想观点。一个思想体系可能涉及多个问题、多个领域甚至包含若干理论,从这个角度来说,思想体系涵盖的范围可能比理论更大,这使思想体系虽然具有内在的逻辑结构,但在清晰性、严密性和完整性方面往往比理论要差一些。思想体系可以容忍在某些方面存在缺失或者比较模糊的观点，只要能够对某些问题、现象作出解读，无论是正确或者错误的解读，都不失为一种思想体系。而理论则更加强调各种思想之间逻辑关系的严密性，能够系统而完整地解释某个问题或现象。而且理论应该比思想体系更加有贴近实践的天然倾向，因为错误的理论终究会被淘汰，而不再被人们关注。思想体系与提出者相关的，只要提出者被关注，就自然而然会被人们所关注，即使是错误或者存在重大缺失的思想体系。在本书中，一个完整的思想体系应该由主题、各个思想之间的基本逻辑结构、基本假设、重要命题以及相关推论等要素组成。

《司马法》伦理管理思想体系关注的是中国传统伦理管理问题，也可以说是一种广义的伦理管理问题。因为当代西方管理者在研究伦理管理问题时往往局限于组织范围内，这和中国传统管理思维方式差别非常大。中国传统管理思维方式中的管理包含着修身、齐家、治国、平天下等多个层面的管理问题，并非组织管理可以概括。《司马法》伦理管理思想也是如此，它探讨的不仅限于组织中的伦理管理问题，而是涉及自我管理（修身）、团队管理（齐家）、组织管理（治国）、竞争管理（平天下）等多个层面的伦理管理问题。这就是《司马法》伦理管理思想体系关注的主题。

下面我们讨论《司马法》伦理管理思想的基本逻辑结构，并在此基础上分析构成《司马法》伦理管理思想体系的相关基本假设、重要命题以及推论等内容。

根据我们对《司马法》伦理管理各部分思想的分析，可以知道《司马法》把管理活动看成两条主线的融合。第一条主线是对人的管理，即管人。管人最基本的原则就是要了解人性规律，以人性论为管理的依据。因此管人必须深入地探讨人性问题，如果对人性的认识不正确则整个管理活动都可能出问题。人性在管理实践中就表现为管理的伦理性。第二条主线是对事情的管理，即理事。理事最基本的原则就是要了解事物的规律，以事物的客观规律为管理的依据。如果对客观规律认识有错误，事情就无法做好。事物的规律在管理实践中就表现为管理的科学性。

管理的伦理性和科学性都是管理的基本属性。管理的伦理性解决人的动力问题和管理的方向问题，而管理的科学性解决管理的效率问题。从这个方面来看，科学性是从属于伦理性的，因为方向如果不正确，则效率就会变得毫无意义。西方管理学有一个值得商榷的思维倾向，他们总是试图把人性作为一种工

# 第九章 《司马法》伦理管理思想体系及其应用

具或者管理活动的前提,而不关注人性中的方向性要求,不明白人性也是可以发展的甚至是必须发展的。人性是有目的性的,而且人性的目的性问题比管理活动中的效率问题更加重要。因为,我们追求做事效率,本质上还是为了人的生存发展服务的。不符合人的目的性的效率没有意义,也不值得追求。

在管理活动的第一条主线中有两个基本元素:管理者和被管理者。他们是双向的互动关系。在这种双向互动关系中,管理者占主导地位。管理者对被管理者的影响远远大于被管理者对管理者的影响。因此,管理者必须先把自己管理好,才能够把对被管理者的影响发挥到最大,并且把整个管理活动导向所希望的方向。在这条主线活动中,管理者有两个重要工作必须做好:一是自身素质的提升,这是最基础的管理工作,也是整个管理活动的出发点;二是管理者通过与被管理进行不断的沟通交流,对其进行正式或者非正式的教化工作,统一被管理者的思想,提升被管理者的境界。这两项工作本质上都是伦理管理工作。在管理活动的第二条主线中也有基本元素,即管理者和组织。他们之间是一种单向的主动与被动的关系。在这条主线中管理者有其第三项重要工作,即构建和不断完善组织的制度,使之适应组织变革、发展与应对外部竞争的需要。

总体上说,伦理管理要求管理者做的事情主要就是三件事情:修身、引导教化被管理者、构建和完善组织制度。管理者在第一条主线中的两项工作不仅构成了第二条主线工作的基础,还影响着第三项工作应该遵循的原则,并直接决定了人们努力的方向。因此,在《司马法》看来,管理者是不能抛开第一条主线来谈第二条主线的工作的,否则管理活动很容易迷失方向,最终的效果也不好。《司马法》伦理管理思想体系关于第一条主线的相关思想实际上就是传统管理思想强调的"修身"、"齐家"问题,这些思想主要体现在第五章《司马法》伦理管理思想对管理者的要求和第四章《司马法》伦理管理的主要依据和手段的内容中。《司马法》伦理管理思想体系关于第二条主线的相关思想主要体现在第六章《司马法》伦理管理思想对制度建设的要求。第三章《司马法》伦理管理的基本观点和第四章中对人性的论述则构成了支撑两条主线的基础。第七章组织变革与发展中的伦理管理之道和第八章组织竞争中的伦理管理之道则构成了两条主线在实践中相互融合,在不同领域中的具体应用的体现。

根据上述,我们可以用图来表示《司马法》伦理管理思想体系的基本逻辑结构,如图9-1所示。

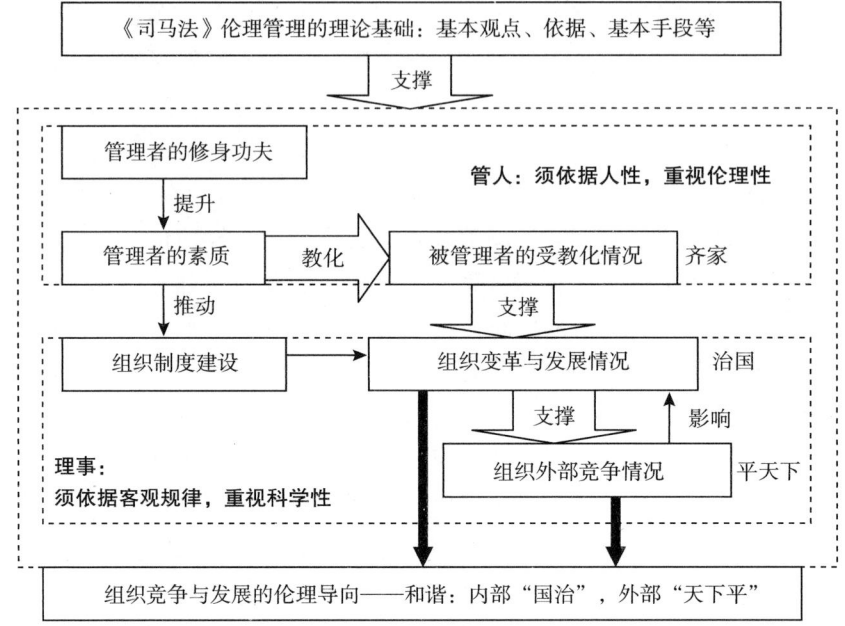

图9-1 《司马法》伦理管理思想体系的基本逻辑结构

## （二）《司马法》伦理管理思想的基本假设、命题和推论

我们认为《司马法》伦理管理思想体系本质上是在竞争性的环境下，组织如何实现内部能力提升和外部长治久安的一套思路和方法。根据这个基本论断，结合上述对《司马法》伦理管理思想体系的逻辑结构分析，我们来具体分析《司马法》伦理管理思想的基本假设、基本命题和重要推论。

1. 《司马法》伦理管理思想的基本命题一：伦理管理本质特征是"以仁为本，以义治之"

在具有浓厚儒家思想色彩的《司马法》看来，"仁"是区分善恶的唯一标准。伦理管理在任何时候都不能违背这个基本性质，否则就不是伦理管理。伦理管理的这种基本性质也可以称为"以仁为本，以义治之"，它使管理者在一般情况下都会表现出"仁爱"与"合乎道义"的行为，这就是所谓的"正"道管理，也可以称为"正"治。不过在某些特殊情况下，管理者为了维护"以仁为本，以义治之"的基本原则，不得不采用的一种特殊表现形式，这就是所谓的"权"变管理，也可以称为"权"治。"权"治表面上或者从短期看，可能会出现一些违反"仁爱"精神的管理行为，好像不符合伦理管理的本质特征，但从实质上看或者从长远看，反而是符合伦理管理的本质特征的。特别是组织在面临激烈的外部竞争时，"正"治反而无法达到"仁爱"的目标，管理者不得不选择"权"治，其根本目的还是维护长期的"正"治。所以，无论"正"还是"权"都必须"以仁为本"，所以《司马法》伦理管理思想的第一个基本命题就是伦理管理本质特征是"以仁为本，以义治之"。

《司马法》为什么如此强调管理要"以仁为本，以义治之"？原因就在于，《司马法》有一个重要的假设作为自己的信念，那就是其作者观察到，"凡事善则长，因古则行"。他发现了伦理道德在管理中具有不可或缺的价值，"故礼见节，仁见亲，义见说，智见恃，勇见方，信见信。"并且因此而推断，"以礼为固，以仁为胜，既胜之后，其教可复，是以君子贵之也。"这就是"正"治的特别优势。"正"治不仅是获取成功的重要因素，还可以保证成功的可持续性。因而，除非是在战争这样的特殊情况下，"正"治实在没有效果，才会选择"权"治，即所谓"凡大善用本，其次用末。执略守微，本末惟权。战也"。上述中《司马法》作者的基本信念构成了《司马法》伦理管理思想的一个基本假设。而其他的思想则构成了《司马法》伦理管理第一个基本命题的相关推论。下面，我们给出命题一的五个推论和保证命题一的一个基本假设：

推论一：伦理管理有两种的表现形式："正"治和"权"治。

推论二："正"治的优势在于成功的可持续性，即"既胜之后，其教可复"。

推论三："正"治和"权"治选择的原则是："凡大善用本，其次用末。执略守微，本末惟权。战也。"

推论四："权"治的条件是："正不获意则权。权出于战，不出于中人。"

推论五：伦理道德的管理价值是："故礼见节，仁见亲，义见说，智见恃，勇见方，信见信。"

基本假设一："以仁为本"的理由是："凡事善则长，因古则行。"这个基本假设也是《司马法》组织变革与发展的相关思想的基本依据。

2. 《司马法》伦理管理思想的基本命题二：伦理管理的依据是人性论

人性论不仅仅是管理依据，也是伦理的依据。《司马法》认为人性是动态变化的，人需要伦理道德的教化，这样人性才会不断地发展，人的境界才能不断地提升。他提出，"人方有性，性州异；教成俗，俗州异，道化俗。"如果不依靠伦理道德的力量进行教化,那么不同环境中人们的思想就很难统一,做事情也就不可能齐心协力。《司马法》还观察到在战争这种特殊的情况下,让人们拼死作战是需要特别激励的,他提出,"凡人,死爱,死怒,死威,死义,死利"。因此,伦理管理的依据是人性论,这就形成了《司马法》伦理管理思想的第二个基本命题。《司马法》还提出了两个人性的基本假设,这两个关于人性的基本假设构成了《司马法》人性论的主要内容:

基本假设二:关于人需要伦理教化的人性假设:"人方有性,性州异;教成俗,俗州异,道化俗"。

基本假设三:关于激励人拼死作战的人性假设:"凡人,死爱,死怒,死威,死义,死利"。

3.《司马法》伦理管理思想的基本命题三:伦理管理的前提是领导者进行自我管理

《司马法》认为实施伦理管理的基本前提就是领导者要有较高的道德素质,如果领导者不具备"礼"、"仁"、"信"、"义"、"勇"、"智"这些德行,那么就不可能获得"礼见节,仁见亲,义见说,智见恃,勇见方,信见信"这些德行带来的管理价值。这六种德行中"仁义"是核心,所谓"故心中仁,行中义,堪物智也,堪大勇也,堪久信也。""仁"和"义"是领导者必须具备、不可缺少的基本品质。而领导者要具备较高的道德素质就必须进行自我管理,培养自己的德行,这构成了《司马法》伦理管理思想的第三个基本命题。具体到领导者如何进行自我管理,培养自己的德行呢?《司马法》认为是要"纯取法天地而观于先圣"。即以天地运行之道和古圣先贤的行为为效仿的依据。这就构成了关于领导者自我管理的一个基本假设。《司马法》认为领导者自我管理的具体操作方法有二:一是修心功夫,即"时中",因为"时中"能够"服厥",然后管理境界就能不断地提升,即"次治"。二是在各种不同的情况中践行各种德行,所谓"作兵义,作事时,使人惠;见敌静,见乱暇,见危难无忘其众"。经过自我管理之后,具有各种优秀德行的领导者的具体表现是:"在国言文而语温,在朝恭以逊,修己以待人,不召不至,不问不言,难进易退;在军抗而立,在行遂而果,介者不拜,兵车不式,城不上趋,危事不齿;居国惠以信,在军广以武,刃上果以敏。居国和,在军法,刃上察。居国见好,在军见方,刃上见信"。

综上所述,我们就形成了《司马法》伦理管理思想的基本命题三的四个重要的推论和一个基本假设。

# 第九章 《司马法》伦理管理思想体系及其应用

推论一：领导者自我管理的核心内容，就是修"礼"、"仁"、"信"、"义"、"勇"、"智"六种德行。

推论二：领导者自我管理内在的修心功夫是："时中"。

推论三：领导者自我管理外在的践行办法是："作兵义，作事时，使人惠；见敌静，见乱暇，见危难无忘其众。"

推论四：经过自我管理之后，具有各种优秀德行的军队领导者的具体表现，或者说自我管理的行为要求是，"在国言文而语温，在朝恭以逊，修己以待人，不召不至，不问不言，难进易退；在军抗而立，在行遂而果，介者不拜，兵车不式，城不上趋，危事不齿；居国惠以信，在军广以武，刃上果以敏。居国和，在军法，刃上察。居国见好，在军见方，刃上见信"。

基本假设四：领导者自我管理的依据假设："天子之义，必纯取法天地而观于先圣。"

4. 《司马法》伦理管理思想的基本命题四：管人的基本方法是伦理道德教化

伦理道德教化是伦理管理的基本方法，也是伦理管理活动第一条主线"管人"活动的主要工作。《司马法》认为对下属进行教化是领导者的基本职责，否则很多工作就无法开展，即"故虽有明君，士不先教，不可用也"。而在实践中，能够对下属进行伦理道德教化的主体实际上有两个——父母和领导，即"士庶之义，必奉于父母而正于君长。"对于前者，《司马法》没有做过多的论述。对于后者，《司马法》根据教化的内容和时机分为两类教化，即平时的教化，"六德以时合教，以为民纪之道也，自古之政也。"和战时的教化，"凡战，教约人轻死，道约人死正。"作为一部兵书，《司马法》还特别提出军事组织伦理教化的基本内容："凡民，以仁救，以义战，以智决，以勇斗，以信专，以利劝，以功胜。"伦理道德教化的基本原则就是要"必立贵贱之伦经，使不相陵"。即"德义不相踰，材技不相掩，勇力不相犯"最后达到"故力同而意和"的目标。经过了初步的教化之后，《司马法》认为还需要有一些手段来巩固教化的成果，并且把教化推向极致。这就是伦理教化的后续工作或者教化的最高境界，包括选择任命德才兼备的优秀人才做干部，设计完善的伦理管理制度，并坚持不懈地教化，让教化的内容变成人们的习惯，习惯一旦养成，整个社会的道德水平就会提高，这就是教化的最高境界，即"既致教其民，然后谨选而使之。事极修，则百官给矣，教极省，则民兴良矣，习惯成，则民体俗矣，教化之至也"。

综上所述，可见《司马法》伦理管理思想的第四个基本命题是管人的基本方法是伦理道德教化。它有六个重要的推论。

推论一：管理者必须对被管理者进行教化，因为"故虽有明君，士不先教，不可用也"。

推论二：平时的教化方法是："六德以时合教，以为民纪之道也，自古之政也。"这也可以说是教化之"正"。

推论三：面临战争威胁时教化的基本原则是："凡战，教约人轻死，道约人死正。"这也可以说是教化之"权"。

推论四：面临战争威胁时教化的主要内容是："凡民，以仁救，以义战，以智决，以勇斗，以信专，以利劝，以功胜。"

推论五：教化的基础和目标是："古之教民，必立贵贱之伦经，使不相陵。德义不相踰，材技不相掩，勇力不相犯。故力同而意和也。"

推论六：教化的后续工作和最高境界："既致教其民，然后谨选而使之。事极修，则百官给矣，教极省，则民兴良矣，习惯成，则民体俗矣，教化之至也。"

5.《司马法》伦理管理思想的基本命题五：理事的基本方法是进行伦理管理制度建设

把伦理道德精神融入管理制度，进行组织制度建设是伦理管理活动第二条主线"理事"的主要工作，简称为伦理管理制度建设。制度建设是组织变革与发展的基础，组织要不断地发展壮大，就必须根据具体情况构建合适的制度。而《司马法》要求把伦理道德精神融入组织制度建设中去，认为"理事"的基本方法就是进行伦理管理制度建设，这是《司马法》伦理管理思想的第五个基本命题。《司马法》认为组织伦理管理制度建设的前提是组织稳定，不能处于混乱状态，否则任何制度出台都不会有效。因此他提出了消除组织混乱状态的方法，"治乱之道：一曰仁，二曰信，三曰直，四曰一，五曰义，六曰变，七曰专"。针对伦理管理制度建设，《司马法》主要提出五个方面的内容：第一，伦理管理制度建设的基本流程是，"凡人之形：由众之求，试以名行，必善行之。若行不行，身以将之。若行而行，因使勿忘，三乃成章，人生之宜，谓之法"。第二，伦理管理制度建设的影响因素是，"立法：一曰受，二曰法，三曰立，四曰疾，五曰御其服，六曰等其色，七曰百官宜无淫服"。第三，伦理管理制度建设有四个境界是，"凡军：使法在己，曰专；与下畏法，曰法；军无小听，战无小利，曰成；行微，曰道"。第四，推出伦理管理制度建设的难点和要点是，"凡战：正不行则事专，不服则法。不相信则一，若怠则动之，若疑则变之，若人不信上，则行其不复。自古之政也"。第五，把伦理精神融入组织制度的方法是，"凡战：固众相利，治乱进止，服正成耻，约法省罚，小罪乃杀，小罪胜，大罪因。"这五个方面的内容构成了《司马法》伦理管理思想第五个基本命题的五个重要推论。

推论一：制度建设的前提是消除组织混乱状态，消除组织混乱状态的具体方法有七个，即"治乱之道：一曰仁，二曰信，三曰直，四曰一，五曰义，六曰变，七曰专"。

推论二：伦理管理制度建设有七个方面的影响因素，即"立法：一曰受，二曰法，三曰立，四曰疾，五曰御其服，六曰等其色，七曰百官宜，无淫服"。

推论三：伦理管理制度建设有四重境界，即"凡军：使法在己，曰专；与下畏法，曰法；军无小听，战无小利，曰成；行微，曰道"。

推论四：伦理管理制度建设有一定的流程，即"凡人之形：由众之求，试以名行，必善行之。若行不行，身以将之。若行而行，因使勿忘，三乃成章，人生之宜，谓之法"。

推论五：推行伦理管理制度建设可能遇到的难点和推进的方法，即"凡战：正不行则事专，不服则法。不相信则一，若怠则动之，若疑则变之，若人不信上，则行其不复。自古之政也"；"凡战：固众相利，治乱进止，服正成耻，约法省罚，小罪乃杀，小罪胜，大罪因"。

6. 《司马法》伦理管理思想的基本命题六：组织伦理管理有三个层次的境界

组织伦理管理境界主要体现在《司马法》对上古时期圣贤君主治国情况的论述中。《司马法》认为组织伦理管理大体上可以分为三个不同层次的境界，分别是：①"圣德之治"，具体表现是"诸侯说怀，海外来服，狱弭而兵寝"。②"贤王之治"，具体表现是，"制礼乐法度，乃作五刑，兴甲兵以讨不义"。③"王霸之治"，具体表现是"同患同利以台诸侯，比小事大以和诸侯。"因此，我们认为《司马法》伦理管理思想的第六个基本命题就是组织伦理管理有三个层次的境界。这个基本命题有三个重要的推论。

推论一：伦理管理的最高境界是"圣德之治"，即"诸侯说怀，海外来服，狱弭而兵寝"。

推论二：伦理管理的次高境界是"贤王之治"，即"制礼乐法度，乃作五刑，兴甲兵以讨不义"。

推论三：伦理管理的第三境界是"王霸之治"，即"同患同利以台诸侯，比小事大以和诸侯"。

至此，我们提出了四个基本假设、六个基本命题和多个与基本命题相关的推论。这四个基本假设、六个基本命题和相关推论构成了《司马法》伦理管理思想体系的骨架，违背这些观点的思想都不符合《司马法》伦理管理思想的要求。

7.《司马法》伦理管理思想的基本命题七：伦理道德是组织变革、发展和竞争的重要手段

《司马法》原文还讨论了组织变革与发展、组织竞争等领域的伦理管理思想。不过，我们认为这些思想都是以上述四个基本假设和六个基本命题为基础的，并且《司马法》这些思想的论述基本上都是针对军事组织的特点展开的，并不具有通用性。如果把《司马法》对于组织变革与发展、组织竞争等领域的相关论述应用于非军事组织，可能需要进行较大的修正。因此，我们对这些思想不做具体的分析，而是从总体上对这些内容提出《司马法》伦理管理思想的第七个基本命题，伦理管理是组织变革、发展和竞争的重要手段。这个命题有七个重要的推论。

推论一：伦理道德可以作为削弱竞争对手的重要手段。这是命题七最重要的推论，通过助长敌人的不良德行、弘扬自己的美好德行来改变双方的实力对比和形势，为击败对手打下坚实的基础。即"灭厉之道：一曰义。被之以信，临之以强，成基一天下之形，人莫不就，是谓兼用其人。一曰权。成其溢，夺其好，我自其外，使自其内"。

推论二：组织发展的基础有三个方面，即"凡战：有天，有财，有善"。

推论三：军队组织发展的境界有四个，即"凡战：乐人行豫，大军以固，多力以烦，堪物简治"。

推论四：竞争力的影响因素有五个，即"顺天、阜财、怿众、利地、右兵，是谓五虑"。

推论五：组织进入竞争状态的步骤是："凡战：定爵位，著功罪，收游士，申教诏，询厥众，求厥技，方虑极物，变嫌推疑，养力索巧，因心之动"。

推论六：军事决策的基础和影响因素是："凡战：间远，观迩，因时，因财，贵信，恶疑"；"战权"；"战参"；"战患"；"毁折"；等等。

推论七：军事竞争行动的原则是："用其所欲，行其所能，废其不欲不能。于敌反是"。

## 二、《司马法》伦理管理思想体系与西方管理理论的比较

从西方管理理论与实践发展的过程来看，大体上可以分为科学管理、行为科学、现代管理等不同的发展阶段。如果我们仔细分析西方管理理论和实践发展的逻辑线索，可以发现存在两条基本线索，一是强调工具理性的"科学管理"；二是强调尊重人性的"人性管理"。西方管理理论基本上在这两条线索的推动下不断发展，但是这两条线索发展是不平衡的，基本上是科学管理主导着人性管理。科学管理的实质是强调用科学的方法和手段去管理每一个组织活动，侧重研究管理制度、管理方法和管理行为的规范化，但却不太关注人，甚至把人的情感等因素视为管理的障碍。而西方的人性管理思想也受到这种观念的影响，虽然关注人的现状是怎样的，但却不关注人应该怎样，虽然关注应该如何管理被管理者，但却不关注管理者自身素质的提升以及管理者和被管理者之间的互动。在西方管理理论中，管理事务和人的发展问题不是统一的，而是对立的，管理者的自我管理和管理者对他人的管理不融合，而是分裂。例如，早期科学管理理论将管理对象视为"经济人"，"经济人"的假设认为人生来就是厌恶劳动、追求享受的，如果管理者不通过各种严格且科学的制度和手段去约束工人的行为，工人们将可能采取消极的甚至对抗的行为。因此，必须用强硬的管理办法严格监督和控制工人。然而随着时间的推移，人们逐渐意识到了这个假设的局限性，开始重视人性，反思"经济人"假设。此后，麦格雷戈从人性管理的角度提出了Y理论，大内则在日本企业管理研究成果的基础上沿着Y理论的思路，提出了Z理论。西蒙在从理性管理的角度，提出了"有限理性"假说，指出经济活动当事人在决策时不仅面临复杂环境的约束，而且还面临自身认知能力的约束，即使一个当事人能够精确地计算每一次选择的成本收益，也很难精确地做出选择，因为当事人可能无法准确了解自己的偏好序。卡尼曼和特维斯基则通过吸收实验心理学和认知心理学等领域的最新进展，以效用函数的构造为核心，把心理学和经济管理学有机地结合起来，提出一种更为精确的人性论。虽然西方管理理论对人性的认识在不断地发展，但是却始终局限于对人性现状的分析，始终把人性置于组织效率之下。归根结底就是始终在用行为科学的研究范式去研究人的行为，思考如何设计符合人性现状的管理制度和方法，以提高组织的效率，而人自身的需求和目的都成为实现效

率的手段。在西方管理理论中,作为管理客体的人和物都得到了极大的关注,然而作为管理主体的"人"却完全没有了地位,即使是领导理论也是把领导者作为客体进行研究。我们认为这种研究取向无论如何都逃不脱本末倒置的嫌疑。因为人一旦在管理理论中失去了主体地位,就导致两个严重的后果:第一,彰显管理伦理性的基石被抛弃了,因为伦理道德是需要人的主动性来彰显的。不研究人的主体性问题,伦理问题就会变成管理活动之外的事情,而这是不符合管理现实的。这也是为什么当前管理和伦理相结合研究的主流是基于伦理学视角的管理伦理研究,而不是基于管理学视角的伦理管理研究。我们在第一章所说的伦理管理悖论问题是西方管理理论特有的问题,这个问题本质上就是西方管理理论的研究取向造成的。第二,由于管理理论研究中没有管理者主体性地位,使得管理理论研究得出的知识缺乏实践可操作性,管理的"知"与"行"始终处于分离状态。这样西方管理理论研究在整体上和实践脱节也就不足为奇了。

而《司马法》伦理管理思想体系则始终以伦理目的、伦理原则为管理的指导方向,始终彰显管理者的主体性地位,其管理知识具有很强的知行合一性质,故此能够较好地指导管理实践。下面我们对《司马法》伦理管理思想体系与当代西方管理理论做一个比较,这种比较不仅可以帮助我们进一步把握《司马法》伦理管理思想体系的内涵,在一定程度上也可以帮助我们在现代管理实践中合理运用《司马法》伦理管理思想。我们从管理观念、管理要素以及管理活动三个层面对《司马法》伦理管理思想体系与西方管理理论进行比较。

### (一)从管理观念层面来看

西方管理理论秉承西方传统的技术经济理性思维范式,管理认知的焦点在于对企业或组织的管理,重视管理客体,遵循组织理论的研究范式,关注管理事务和效率问题。而《司马法》伦理管理思想则秉承中国传统的价值理性精神,关注对人的管理,重视管理主体,遵循修己以治人的逻辑,强调管理者的自我管理以及管理者与被管理者之间的互动,关注道德和幸福问题。西方管理理论的思维特点是一种以逻辑实证为基础的认知型思维,具有明晰性,重视分析和思辨,常常形成可制度化、流程化的客观知识。《司马法》伦理管理思想是一种以直觉体悟为基础的价值推导性思维,具有灵活性和经验性,常常形成需要灵活把握的行动原则。这种思维方式强调的是事物的属性或意蕴,所谓得意忘形,强调对事物整体的直觉把握。通过整体直觉的思维方式来把握管理客体使得《司马法》伦理管理思想避免了现代管理学所面临的两难问题——要么用抽象静态的分析工具试图对动态的具体管理过程进行描述，从而难以对综合的、复杂的、艺术性强的管理活动作有力的指导，要么否定理论，陷入经验主义。但是这种思维方式对于管理者自身来说是一个挑战，如果管理者缺乏足够的悟性、知识和道德基础，他将很难掌握《司马法》伦理管理思想体系及其应用方法。因此，在这种管理观念和思想方式中，管理者自身的学习与修身活动就变得无比重要，成为管理他人不可缺少的前提。

### （二）从管理要素层面来看

西方管理理论和《司马法》伦理管理思想在目标、组织、环境等方面存在较大差异。西方管理理论产生于西方企业管理实践，其目标是实现企业的使命。企业的使命长期被认为是提升效率，获取竞争优势。企业被视为和人的目的没有直接关系的一种独立存在。而在《司马法》伦理管理思想中任何组织、事物都是人的工具，都要为人的目的服务，无论是国家、军队或者其他的组织都必须服从追求和平、和谐以及人民生活幸福这个终极目的。国家管理和军队管理以及竞争管理的最终目的，都可以归结为"以战止战"，"诸侯说怀，海外来服，狱弭而兵寝，圣德之治"。从环境来看，西方管理理论中的基本组织——企业所面临的环境是市场环境，它会受到政治、经济乃至军事环境的影响，但是市场本身有自己独立的运行规则，市场规则对企业运作的影响是根本性的。而《司马法》伦理管理思想关注的环境则主要是政治、军事和文化环境，基本上没有考虑市场环境。

### （三）从管理活动层面来看

西方管理理论主要关注做事，而且是企业这种特定组织中的特定事务，即企业的经营活动，如营销管理、财务管理、人力资源管理、生产管理以及战略管理。西方管理理论期望解决的主要是企业的效率和企业的发展问题。而《司马法》伦理管理思想关注的是做人，包括自我管理（修身）、人员管理（齐家）、组织管理（治国）、竞争管理（平天下）等多个层面，解决的是人生发展和社会发展问题。西方管理理论关注领域和《司马法》的"治国"和"平天下"两个层面的内容比较接近，都探讨了组织管理和组织竞争问题，二者的内容在一定程度上可以相互借鉴。在讨论组织管理（治国）问题上，西方管理理论和《司马法》伦理管理思想都非常重视制度建设以及组织的发展与变革。在讨论竞争管理（平天下）问题上，西方管理理论和《司马法》伦理管理思想都非常重视情报的获取和决策分析，强调在环境的动态变化中把握机会，战胜竞争对手。但是西方管理理论强调依靠科学规范化的运营管理开发企业资源，获取企业能力，同时运用各种科学工具和理论制定、执行和调整战略以适应环境变化。这种竞争遵守商业伦理和市场规则。而《司马法》则重视权变手段的应用，强调在分析利害关系和弘扬道义力量的基础上，运用谋略和武力等手段战胜竞争对手。这种竞争遵守"军礼"，希望在降低军事行动破坏性的同时获得胜利。

我们把《司马法》伦理管理思想体系与当代西方伦理管理思想的主要差异总结到表9-1中。

表9-1 《司马法》伦理管理思想与西方管理理论的主要差异

| | | 西方管理理论 | 《司马法》伦理管理思想 |
|---|---|---|---|
| 管理观念层面 | 理性形式 | 工具理性 | 价值理性 |
| | 管理认知 | 对企业或组织的管理，重视管理客体，遵循组织理论的研究范式 | 对人的管理，重视管理主体，遵循修己以治人的逻辑 |
| | 思维特点 | 一种以逻辑实证为基础的认知型思维，具有明晰性，重视分析和思辨，常常形成可制度化、流程化的客观知识 | 一种以直觉体悟为基础的价值推导性思维，具有灵活性和经验性，常常形成需要灵活把握的原则 |
| 管理要素层面 | 目标 | 追求效率，获得利润和各利益相关者的认同，实现企业使命 | 追求和平与和谐，人民生活幸福，即"以战止战"，"诸侯说怀，海外来服，狱弭而兵寝，圣德之治" |
| | 对象 | 企业组织 | 个人、团队、国家和军事组织 |
| | 环境 | 市场环境 | 政治军事环境 |
| 管理活动层面 | 特点 | 竞争与合作共存，遵守商业伦理和市场规则 | 在伦理道德和周天子的相对权威规范下的诸侯国之间的政治军事竞争，具有有限的破坏性 |
| | 层次 | 组织管理层次、业务管理层次 | 自我管理（修身）、人员管理（齐家）、组织管理（治国）、竞争管理（平天下） |
| | 手段 | 主要依靠科学规范化的运营管理开发资源获取企业能力，同时运用各种科学工具和理论制定、执行和调整战略以适应环境变化 | 依靠利害关系、伦理道德等手段使内部团结一致，运用谋略和武力等手段，在环境、自身和对手动态行动变化中，把握机会，战胜对手 |

## 三、《司马法》伦理管理思想的应用探讨

《司马法》伦理管理思想应用问题可以分为在管理理论上的应用和在管理实践上的应用两个方面。《司马法》伦理管理思想在管理理论上的应用价值毋庸置疑，我们在前文已经进行了很多探讨，它可以成为构建中国自己的管理理论的重要资源。而《司马法》伦理管理思想在当代管理实践中的应用问题则是一个非常复杂的问题。因为《司马法》产生的时代和当今时代有很大的差异，这种差异不仅仅表现在物质上，也表现在价值观、文化以及管理的对象上。如何根据时代的特点，在具体的管理实践中灵活应用《司马法》伦理管理思想是研究面临的最大挑战。这不是一两篇论文或者一两个研究课题就能够解决的，而是需要学术界和实践界的共同努力。"实践是检验真理的唯一标准"，《司马法》伦理管理思想的当代管理实践中的应用价值最终必须由当代管理者在具体的管理实践中去检验。然而如果管理理论研究者不能在把《司马法》伦理管理思想体系阐释清楚的基础上，提出一些如何应用思路和想法，管理实践界人士恐怕也很难直接把这部晦涩的古代经典中的伦理管理思想运用自如。

### （一）《司马法》伦理管理思想应用的思路

我们认为《司马法》伦理管理思想在当代中国管理实践中的应用还存在诸多难题，其中最大的一个问题就是当代的中国文化传统资源已经严重不足。换句话说就是，虽然中国以"文明古国"和"礼仪之邦"而著称于世，有着极为丰富的伦理思想和管理思想遗产。但是从文化传承的角度来看，中国古代伦理文化和管理文化中很多非常重要的东西，在当代的文化中已经很难找到了。在中国古代伦理管理思想精髓的文化传承已经中断的情况下，很难在当代文化传统中找到支持传统伦理管理思想应用的群众基础。

为了阐明这个问题，我们引入大传统和小传统的概念。1956年，美国人类学家罗伯特·雷德菲尔德提出了大传统和小传统的概念。大传统指代表着国家与权力、由城镇的知识阶级所掌控的书写的文化传统；小传统则指代表乡村的、由乡民通过口传等方式传承的大众文化传统。他的这种二元区分很快被学术界接纳，并且在运用中改称精英文化与通俗文化。大传统对于小传统来说，

是孕育、催生与被孕育、被催生的关系，或者说是原生与派生的关系。大传统铸塑而成的文化基因和模式，成为小传统发生的母胎，对小传统必然形成巨大和深远的影响。反过来讲，小传统之于大传统，除了有继承和拓展的关系，同时也兼有取代、遮蔽与被取代、被遮蔽的关系。具体而言大传统一般是指一个社会里上层的贵族、士绅、知识分子所代表的生活文化。这种生活方式代表正统、权威的思想意识，它自上而下影响和熏陶着普通民众。小传统则是以下层民众为主体的生活文化，其传承的资源、价值理想基本上都来自大传统，但体现了民间的立场和感受。大传统和小传统可以互相转化。大传统的维护和运行主要靠国家权威的支持和推行。小传统中某些因素也可以被国家权威接纳，从而上升为大传统。一个比较稳定、良好的社会文化环境里，大小传统之间是互相支持、吸纳的，这种互动的顺畅保证了社会文化结构的稳定。

　　中国传统伦理管理思想的传承也有大传统和小传统两条传承线索。中国传统伦理管理思想的大传统源于春秋战国时期。当时百家争鸣，由孔子创立，经孟子、荀子等人发展和完善的儒家思想成为中国传统伦理思想和管理思想的主流。除此以外，还有以墨子为代表的墨家伦理思想和管理思想，强调兼爱非攻；以老子和庄子为代表的道家伦理思想和管理思想，强调"小国寡民"，"返璞归真"；以商鞅、韩非等人为代表的法家伦理思想和管理思想，强调人和人之间的利益关系，否认道德的社会作用，提出了一种以利益和暴力为基础的社会管理理论。整个先秦时期是中国古代伦理思想与管理思想发展的一个高峰，后来出现的各种伦理管理学说，几乎都可以从这一时期的思想中找到理论原型或思想渊源。西汉时期儒家思想逐步战胜了其他诸子的思想而成为中国社会的主流伦理思想和管理思想。特别是汉文帝提出了"以孝治天下"的政治主张之后，汉武帝又进一步推出了"举孝廉"制度，这使伦理思想和管理实践开始密切地结合，伦理管理从理论正式走向实践。这种伦理管理实践借助政府的权威使儒家伦理管理思想由大传统渗透到小传统。可以说，中国传统伦理管理在西汉时期成为中国文化的大传统和小传统的重要组成部分。之后这种以儒家思想为核心的伦理管理思想在历史的传承中成为几乎所有中国封建王朝都非常重视的统治国家的管理手段。特别是在两宋时期，以程颢、程颐、朱熹为代表的程朱学派，吸收佛教、道家的思想，建立了一套以理为最高范畴的庞大而精致的思想体系。这套思想体系使传统伦理管理思想有了更加坚实的理论基础，从而将中国传统伦理管理的理论与实践推向高峰，造就一批诸如宋仁宗、赵普、范仲淹、寇准、司马光、王安石等奉行传统伦理思想的优秀管理者。宋代也成为中国历史上文化和经济最发达的封建王朝。

然而中国传统伦理管理思想在宋朝达到顶峰之后，就开始了衰败进程。由于蒙古军队长达半世纪的侵略，南宋灭亡了，一大批掌握大传统文化的知识精英死于战乱，之后是蒙古人建立的元朝。由于统治者的不认同和人才匮乏，中国传统伦理管理思想遭遇到巨大的打击。直到明朝中期陆王学派的兴起才有所恢复，但真正掌握并践行传统伦理道德的知识精英群体已经变得很小众了。明朝的知识精英和宋代的知识精英相比已经发生了巨大的蜕变，那种"先天下之忧而忧，后天下之乐而乐"的崇高道德情怀和"为天地立心，为生民立命，为往圣继绝学，为万世开太平"宗教般的人生理想在明朝知识精英和政府官员身上已经很难再看到了。对比南宋的灭亡和明朝的灭亡，我们可以看到两个朝代精英阶层的巨大差异。南宋崖山海战失败之后，陆秀夫背着少帝赵昺投海自尽，许多忠臣追随其后，十万军民跳海殉国，誓死不降。而明朝亡国前，崇祯皇帝最后一次上朝没有一个大臣来，他决定自杀殉国，只有一个老太监陪他死。根据一部分史学家的观点，明朝实际上是亡于财政危机。而财政危机的根源并非因为当时的经济水平落后，而是因为代表当时新兴工商阶层的有钱知识分子为了一己私利组织了力量强大的东林党，强烈反对政府对工商业收取合理的税收。然而为了应对天灾和外敌入侵，政府又不得不想方设法去收税，最终税收的重担全部落到穷困的农民身上，导致农民起义此起彼伏，无法扑灭。在国家即将灭亡之际，他们也不愿意拿出钱来帮助政府，而是偷偷地去迎接李自成的军队，希望在新主人的统治下继续过自己的小日子，结果梦想最终破灭。之后的南明小朝廷基本上也在不断的利益争夺和内讧中灭亡。可见，当时那些知识分子中真正有崇高道德理想的人寥寥无几，这就是明宋两朝精英阶层的区别。精英阶层的堕落不仅深深影响了大传统文化的传承，也使儒家伦理管理思想的源头活水被污染，儒家伦理管理思想开始了沦为脱离现实的招牌的历程。这种沦落在清朝早期和中期正式完成。清朝统治者大肆推行文字狱，禁锢知识分子的思想，迫使有清一代的知识分子阶层不得不从关注现实生活转向关注纯学术的内容，乾嘉学派开始流行。清代学者花费了大量的精力研究考据，不敢过多地关注现实政治和社会伦理问题，知识分子不仅没有了崇高道德理想，就连关心现实的勇气都没有了，完全沦为权贵的附庸。可以说，到了清朝大传统的传承虽然还存在，但是已经和宋朝以及明朝有了本质的差异，知行不再合一，理论和实践之间已经出现了鸿沟，脱离实践的理论不仅沦为一块招牌而且还变得日益僵化，失去了活力和吸引力。而小传统失去了大传统的滋养，各种实用主义和利己主义思想开始盛行。这样中国传统伦理管理在大传统和小传统中都开始了全面衰败的历程。

因此，我们很难在当代中国的管理实践中找到中国传统伦理管理思想应用的实际案例。而对于《司马法》伦理管理思想来说更是如此，因为《司马法》本来就是一部晦涩难懂的上古经典，即使是从小学习文言文的学者也会感觉阅读有困难，更别说当代的管理实践者。因此，我们推动《司马法》伦理管理思想的应用更多只能从理论构建和教育的角度思考。不过最近几年，中国社会有相当一部分人的价值观不坚定，道德水平滑坡，为了个人私欲和金钱不择手段，引发了食品安全问题、贪污腐败问题、环境污染问题等诸多社会问题，这使得人们开始重新反思中国传统伦理管理思想的价值。特别是中共十八大以来，以习近平总书记为核心的党中央表现出对中国传统思想文化极大的重视。这预示着中国传统伦理管理思想即将焕发新的生命力，而我们推动《司马法》伦理管理思想的应用也就有了新的机会。

要推动《司马法》伦理管理思想的应用首先就是要区分应用领域，不同领域应用《司马法》伦理管理思想的难度和方法都会存在差异。我们至少可以把《司马法》伦理管理思想的应用分为两大领域：一是《司马法》伦理管理思想在其传统的应用领域——政治、军事领域的应用。在政治领域要把《司马法》伦理管理思想和当代中国官方提倡的主流意识形态融合起来，在主流意识形态的引导下，为构建社会主义伦理道德和价值观提供一种支撑。同时，《司马法》伦理管理思想体系中的很多基本假设和基本命题具有永久的生命力，在政治管理领域，《司马法》很多具体的伦理管理手段根据具体情境做一些调整就可以发挥很大的效果。在军事领域，要分析当代军事技术和军事环境对《司马法》军事伦理管理思想的影响。同时还要分析当代军队的伦理道德现状和《司马法》所提倡的伦理道德要求的差距，从《司马法》中吸取有价值的思想和理念，有所取舍地推动军队伦理文化建设和管理境界更上一层楼。二是《司马法》伦理管理思想在新领域——企业管理领域的应用。企业伦理管理是《司马法》没有涉及的领域，但只要我们能够真正领会《司马法》伦理管理思想的深刻内涵，根据企业管理的具体情境进行合理的取舍，《司马法》伦理管理思想同样可以为企业管理者提供很多有价值的启发。而且，企业和国家、军队这样的组织相比更加具有灵活性，企业领导者有可能依靠自己个人的权威，在相对独立的范围内，即在自己的企业内部推行《司马法》伦理管理的相关理念，从而构建一个受外界影响较小的企业内部伦理道德环境。

从这个角度来说，相比国家和军队这种大型组织来说，企业反而是推动《司马法》伦理管理思想在当代应用的最好试验田。

推动《司马法》伦理管理思想的应用可以重点考虑以下几个方面：

第一，加强《司马法》伦理管理思想的宣传和教育工作。对于企业来说，如果要在企业中推行《司马法》伦理管理思想，就必须加强《司马法》伦理管理思想的相关宣传和教育工作，让企业员工熟悉这些思想、认同这些思想，这是推动《司马法》伦理管理思想应用的前提条件。对于国家来说，这个工作则需要依靠政府部门的重视以及相关媒体、教育机构的共同努力才能做好。

第二，领导者要带头进行"修身"，搞好自我管理。要把优秀的传统思想应用于实践必须要有一批掌握优秀传统文化精髓的精英阶层，这些精英阶层可能是企业家、地方官员、学校领导等。要掌握优秀传统文化精髓并不是读几本古代经典就行了，而是要有一定的心性修炼的功夫，知行合一。换句话说，"修身"、"齐家"、"治国"、"平天下"之间递进的逻辑关系不能改变。管理者必须先学会自我管理，在相当长的时间努力践行传统的修身功夫，才有可能真正懂得传统经典的意义和价值，继而才能进一步搞好"齐家"、"治国"和"平天下"等管理工作，真正把优秀传统思想应用于实践。

第三，培养一支懂得《司马法》伦理管理的相关管理干部队伍。领导者要推行《司马法》伦理管理思想就需要在组织内部花大力气培养一批掌握优秀传统文化经典思想的管理干部，在组织内部重建我们的大传统文化。有了这样一批干部，高层管理者才能把自己思想真正传播到整个组织，否则仅仅依靠领导者一个人的力量是很难改变整个组织的文化和观念的。而且领导者有了这样一批干部，还可以让自己从具体而琐碎的事务中解放出来，从而有时间去思考更加复杂和长远的问题。特别是《司马法》伦理管理思想中很多内容要很好地在当代组织中应用是需要进行一些修正和调整的，而这些修正和调整工作多数需要依靠领导者结合具体的情境进行深入的分析思考才能做好。领导者如果忙于企业的各种琐碎事务则很难有时间去做这个工作。

第四，形成符合《司马法》伦理管理的组织制度和组织文化。组织领导者和各级管理者要把《司马法》伦理管理思想融入组织制度建设或者组织文化建设，让组织中每一个员工都对《司马法》伦理管理思想有所了解，并且帮助每个员工把伦理管理思想和自己岗位工作的实际情况结合起来，在企业或者相关组织内部重建小传统。

其实，上述关于如何推动《司马法》伦理管理思想在当代应用的思路和步骤，具体该如何操作在《司马法》伦理管理思想中都有说明。对于真正懂得《司马法》伦理管理思想体系的管理者来说，上述文字完全是画蛇添足。《司马法》伦理管理思想体系本来就有一套非常严谨的指导推行伦理管理相关思想观念的思路和方法。

### （二）《司马法》伦理管理思想应用的案例分析

如前所述《司马法》伦理管理思想的应用可以从多个领域考虑，政治、军事领域是《司马法》伦理管理思想直接关注的领域，即使在当代，《司马法》伦理管理思想中的很多内容也可以直接应用。在这个领域的相关案例，我们在前文分析《司马法》伦理管理思想时也有一些分析。下面我们主要以近代和当代的几个企业管理的案例来说明《司马法》伦理管理思想应用问题。

**案例1：卢作孚及其民生公司的伦理管理**

西方学者一般认为，关于伦理和管理结合的研究兴起于西方发达国家20世纪的企业管理实践。但是，我们翻阅历史却发现，在西方企业管理界关注伦理与管理问题之前，中国近代民国时期一些持实业救国论的民族企业家在经营活动中已经开始着手将伦理与管理融合，显现出伦理管理的特点。其中中国民族航运业的代表卢作孚就是比较突出的一位。卢作孚是近代著名的企业家和爱国人士，他在1925年创立民生公司，以一只小轮船加入中外航运业激烈竞争的川江航运。不到10年时间，民生公司就打败了实力雄厚的捷江、太古等外资公司，垄断了川江航运。此后，卢作孚更是把民生公司发展成为近代中国最大的民族资本航运集团，航线由内河走向海洋，远及日本、印度、新加坡等地，经营范围扩展至机械、染织等领域。民生公司在近代中国内忧外患、艰难困苦的局面中发展壮大，创造出惊人的业绩，与卢作孚的伦理管理思想密不可分。不过需要指出的是，卢作孚和他的民生公司与当代的典型企业家和企业还存在一些重要的差异。这种差异不仅表现在时代背景方面，而且表现在企业治理的基本理念方面。在民生公司发展的中后期，卢作孚身为一个企业家同时也在国民政府担任高官，他先后出任了四川省建设厅厅长、交通部常务次长、三青团中央社会服务处处长、全国粮食局长等职务。企业家同时担任政府部门官员的行为显然不符合当代政企分开的企业治理理念。因为除了道德品质极高的个别人之外，企业家同时担任政府官员或者官员同时担任企业家，很容易出现利用公共权力谋取个人或者企业私利的事情。因此,在当代很多国家都出台了相关法规或者政策禁止这种情况的出现。在当代社会像卢作孚这样同时拥有政府官员和企业家双重身份的人很少见了。但是也正因为卢作孚这种双重的身份,使得他的伦理管理思想不仅能够在其企业得到了推行,而且还在当时重庆的北碚地区得到了广泛的推行。所以,他可以说是同时在企业管理领域和政府管理领域践行其伦理管理理念,他的伦理管理实践经验对于当代的企业家和政府官员来说都具有重要的参考意义。

　　王威(2014)认为卢作孚的伦理管理思想可以概括为将高尚的伦理道德和自我实现的理想紧密结合,并将之贯穿企业经营活动的始终,把企业作为一个道德主体进行管理,通过不断的道德教化和人才培养,消除传统经营管理中企业至上、利润至上的价值取向,实现企业经济目标与社会责任目标的统一。他还把卢作孚的伦理管理思想分为伦理管理目标、伦理管理决策、企业员工伦理道德素质的培养三个方面来说明。我们沿着王威的思路,结合《司马法》伦理管理思想来分析卢作孚的管理思想,可以看到二者在很多方面都具有相通之处。可以说,卢作孚可能没有读过《司马法》,但是他秉承的中国传统儒家的仁义精神和他创立的一套管理理念都与《司马法》伦理管理思想不谋而合。

　　首先,从管理理念来看,卢作孚的管理理念完全可以用《司马法》提倡的"以仁为本"、"以义治之"来概括。民生公司办企业的宗旨是"服务社会,便利人群,开发产业,富强国家",民生人时时遵循的公而忘私、为而不有、廉洁勤俭、锲而不舍、积极奋进等道德情操和进取精神都和《司马法》提出的伦理管理本质特征一致。刘重来(2005)认为,民生公司的精神魅力和巨大感召力源于中国优秀传统文化的深厚根基。卢作孚从小就受到中国传统文化中的"天下兴亡,匹夫有责";"天下为公"、"兼善天下";"先天下之忧而忧,后天下之乐而乐"等儒学思想的影响。孟子描述仁爱精神有句名言叫,"穷则独善其身,达则兼济天下"(《孟子·尽心上》),后人也常常把"兼济天下"称为"兼善天下",卢作孚深受这种思想的影响,他以"兼善"为名,创办了北碚兼善公司、兼善公寓、兼善餐厅、兼善中学,以"兼善"作为他和民生公司造福社会、造福国家的事业宗旨。他多次强调,"吾人做好人,必须使周围都好,只有兼善,没有独善";"民生公司不是一个自私自利的组织,绝对是一个帮助社会的事业";"民生人所共同努力的不仅仅在共同的利益,而更在帮助一般的社会。这范围是超乎事业的本身的"。"兼善"精神实质上就是"以仁为本"宗旨的体现,正如《论语》中孔夫子所说,

"夫仁者,己欲立而立人,己欲达而达人。能近取譬,可谓仁之方也已。"只有心中充满着仁爱,才有可能兼善他人甚至兼善天下。

其次,从管理目标来看,卢作孚从民族大义出发,把"实业救国"作为自己的企业管理根本目标,用创办和建设优秀企业的方式来推动国家整体现代化进程。近代中国面临种种深重的危机,时代精英们纷纷思考如何才能让祖国脱离危机,有主张改良的、有主张革命的、有主张进行基层教育的、有主张创办企业实业救国。面临当时中国具体的社会情况,一个拥有"以仁为本"伦理管理理念的领导者,必须仔细分析自己面对的时代背景和社会环境,结合自身情况选择一个可以实现的管理目标。这也是从"仁"心走向"义"行的过程。卢作孚认为近代中国"内忧外患是两个问题,却只须用一个方法去解决,这个方法就是将整个中国现代化"。他说,"中国的根本问题是建国不是救亡,是需要建立成功一个现代化的国家,使自己有不亡的保证,是要从国防上建设现代的海陆空军,从交通上建设现代的铁路、汽车路、飞机、电报、电话,从产业上建设现代的矿山、工厂、农场,从文化上建设现代的科学研究机关,社会教育机关和学校。"有鉴于此,卢作孚把民生公司作为他实现国家整体现代化构想的试验基地,力图达到以公司影响整个航运业,以航运业影响四川一省,进而影响全国,促进国家整体现代化目标的实现。当然,企业要生存必须盈利,卢作孚把做企业和爱国情怀结合起来,把帮助实现整个中国的现代化作为企业奋斗的终极目标,这个管理目标并非完全排斥利益,而是把"利"蕴含在"仁义"之中。在保证企业能够生存和发展的基础上,通过激发人们的爱国主义热情,提升人们的"仁爱"精神,从而使人们能够把国家和社会的利益这种"义"置于企业和个人的利益之上。正如马斯洛五层需求理论所揭示的人性事实一样,人人都有自我实现的需要。救国行为能够带来非常强烈的自我实现感,同时,在道德上也能够让人感受到"仁"心和"义"行的力量。正如《司马法》所说,"故心中仁,行中义,堪物智也,堪大勇也,堪久信也。"因此,这种和时代特点密切结合,有着浓厚伦理特色的管理目标正是卢作孚及其管理团队自我实现价值追求的体现,从而具有强大的动力和感召力。这种植根于个人自我实现需求和当时时代潮流的理想信念,通过各种伦理管理手段包括企业的制度规范、教育培训活动、经营活动、员工业余生活等渗透到全体员工工作与生活之中,形成了超越个人利益的民生企业文化。这种强烈的爱国主义精神成为全体民生人的共识和追求的目标,成为调动民生人积极性的原动力,使每一个民生人都有一种强烈的社会责任感和使命感,有为社会、为国家服务献身的光荣感、自

## 第九章 《司马法》伦理管理思想体系及其应用

豪感,才使民生公司在为发展我国的民族航运事业中创下了种种奇迹。

最后,从伦理管理的手段来看,卢作孚非常重视伦理教化的作用,有非常完善的伦理教化思想体系。《司马法》伦理管理思想认为管人的基本方法是伦理道德教化。管理者必须对被管理者进行教化,因为"故虽有明君,士不先教,不可用也"。卢作孚的伦理教化思想主要体现在对民生公司员工的教化和对北碚地区民众的教化两个领域。

卢作孚对员工的教化思想可以归纳为以下几个方面:

第一,通过伦理教化把伦理管理的理念和企业的宗旨传递给员工,提升员工的素质。卢作孚经常教育员工,"我们做事有两重目的:第一是自己尽量帮助事业;第二是要求事业尽量帮助社会。"每个员工的工作"不仅可以造成个人的成功,抑且可以造成事业的成功。不仅可以造成事业的成功,抑且可以造成国家整个建设的成功。""它(工作)有直接的报酬,是你做什么就成功什么……它(工作)有间接的报酬,是你成功在事业上,帮助却在社会上。"公司的轮船船舱、厂房及船员的床单、茶杯上处处印着增强员工社会责任感的口号:"个人为事业服务,事业为社会服务";"梦寐不忘国家大难,作息均以人群至乐";"一致克服国家的困难,事业的困难"。处处都提醒着员工自察、自审。通过各种形式的宣传,把个人工作与公司、国家命运休戚相关这种观念融入民生公司的血液。同时,卢作孚十分重视对员工进行时事教育,公司每天安排专门的读报时间供员工阅读报纸,讨论时事。九一八事变发生后,公司开展各种抗日救亡运动,如印发传单、张贴标语、上街游行、加强军事训练,利用朝会时间高唱抗日救亡歌曲。公司还经常邀请著名的学者、专家、各党派领袖及知名人士到公司演讲,如茅盾、黄炎培、冯玉祥、梁漱溟、陈独秀等都曾为公司员工做过报告,报告涉及政治、军事、经济、文化、航业等社会各个方面。这不仅增强了员工的社会责任感和爱国情感,而且开阔了员工的视野,丰富了员工的知识。卢作孚对员工进行的一系列道德教育向员工揭示了企业生存的意义和价值,使员工认识到自己工作的重要性,统一了员工的思想,增强了企业的凝聚力。

第二,把伦理教化需要传递的理念融入企业的制度规范。为了保证伦理教化的效果,卢作孚精心设计了各种制度和规范。他把伦理要求纳入员工的用人标准和考核中。比较典型的要求有:①对人群活动有热烈的感情;②对事务的努力有自己解决的毅力;③对难题有克服不已的勇气;④对学习有孜孜不倦,研究不已的恒心;⑤对不良嗜好有疾恶如仇的决心;⑥对同事的危难有牺牲自己援救他人的魄力;⑦对公共卫生秩序能绝对遵守规定;⑧头脑清醒，办事正确而迅速；⑨极富创造能力；⑩对身体锻炼有健全的习惯等。公司严禁员工赌钱、嫖妓、吸大烟，不准利用公司船只和职权谋取私利，不准管理人员公款吃喝，接受贿赂。卢作孚把伦理教化和企业的制度规范结合起来，使公司的伦理管理非常成功，整个企业形成了良好的风气和积极向上、朝气蓬勃的形象。参观过民生公司的知名人士张公权曾感叹道："在中国，看一般人的习惯，以为是无希望了，但看当时（民生公司）欢迎的干部和人群，人人精神振奋，热情洋溢，男男女女没有一个有恶习的，曾感动得流泪。"

第三，在经营实践活动中积极践行爱国主义伦理理念。这一点在抗战时期表现得最为突出。抗战开始后，民生公司在爱国主义精神的引导下，制定了"服务抗战，军运第一"的公司政策，迅速调集所有船只，一面运送大批川军出川杀敌，一面迅速抢运从前线撤退下来的人员和物资。其中以被称为"中国实业界的敦刻尔克"的宜昌抢运最为惊心动魄。1938年年末，武汉失守，宜昌危急，而此时囤积在宜昌的撤退物资达9万吨以上，器材遍地，堆积如山，敌机又不断轰炸。紧急关头，民生公司挺身而出，勇敢地承担了运输任务，公司全员动员，昼夜抢运，利用长江仅有的40天左右的中水位期把这些关乎中国抗战前途的人员和物资安全抢运到四川各地，为抗战时期西南大后方建设的顺利开展奠定了基础。据不完全统计，1937~1940年抗战前期的抢运过程中，经民生公司抢运入川的设备和器材，仅兵工器材就有162800吨，航空油弹器材33500吨。民生公司16艘轮船被炸沉，69艘轮船被炸伤，117名船员牺牲。著名作家陈祖芬曾经在一篇文章中记述了一件民生45名员工从容赴死的真实故事：有一年重庆发生大火，37条大街小巷化成焦土。民生公司的损失首当其冲，但公司管理者做的第一件事情就是用拖轮把两个装炸弹的船拖开，否则炸弹爆炸，那里的几万市民都会被炸死。拖轮第三次回到码头时起火，公司的现场负责人以身殉职。公司45名正在上班的员工奋力转移被大火围住的2000多名百姓，员工自己无一人出逃。烧焦的仓库警卫，双手还死死抱住一支同样烧焦的枪。没有老板在场、没有监督和命令，但是45名员工从容赴死。这说明什么？说明民生公司对于员工的教化已经到了极高的境界，"以仁为本"和"以义治之"的观念已经融入进员工的潜意识，成为他们的习惯。正如《司马法》说，"习惯成，则民体俗矣，教化之至也。"民生公司的员工能够冒着生命危险工作，不惜牺牲自己的生命，一是他们长期接受公司的道义教化，人人都充满爱国主义精神和仁爱精神，在强大的精神感召力的支持下，民生公司的员工甘愿为了祖国，为仁爱，为了

## 第九章 《司马法》伦理管理思想体系及其应用

心中的正义而死。可以说民生公司员工的表现正好诠释了《司马法》所说，"凡人，死爱，死怒，死威，死义，死利"，"凡战，教约人轻死，道约人死正"这种伦理管理基本理念。

卢作孚对北碚地区民众的教化思想可以概括为，了解一个地方的风俗然后用正规的文化教育和日常的言传身教相结合的方式来移风易俗。《司马法》说，"人方有性，性州异；教成俗，俗州异，道化俗。"卢作孚也是这样对北碚地区进行管理的。卢作孚认为当时中国民众中有一部分人有一些非常不好的习气，必须通过教育对其精神进行改造。为此他提出了五点：第一，醉生梦死之生活必须改正；第二，奋发蓬勃之朝气必须养成；第三，苟且偷生之习性必须革除；第四，自私自利之企图必须打破；第五，分歧错杂之思想必须纠正。为了改变北碚区人民的陈旧意识，卢作孚主要从三个方面做了努力：一是广泛推行社会教育。为了实施社会教育，卢作孚办了力夫学校、妇女学校、船夫学校、场期学校，在街头设置阅报栏，"在各茶社、酒店里都张贴着一切国防的、产业的、交通的、文化的和生活的、常识的照片和图画，都悬着新闻简报的挂牌。在市集正繁盛的时候都有人去作简单的报告"，使"每一个地方有人进出的时候，即是实施民众教育的时候"。用各种灵活的方式用电影、戏剧、动物园、博物馆等设施形成一种环境去熏陶影响人们，促使民众去学习，去了解现代社会生活方式。二是发展地方经济，增加人们的就业机会。卢作孚大力推动地方经济发展，通过发展工业、商业、农副业以及进行社会基础设施投资等方式，来增加人们就业的机会。三是推动乡村社会自治。卢作孚发动民众利用业余时间做社会工作，让民众能积极主动参与到地区的各项建设中，促起他们最后能够管理公众全部的事物，完成乡村社会自治工作。卢作孚为了让地处偏僻闭塞的峡区乡民迅速认识现代生活，他让峡区所有的工厂、机关、学校、医院利用节假日对外开放，请乡民参观甚至把办公、上课、研究的地方以至寝室、厨房、厕所等都让他们参观。他不仅要兴办现代的各项事业，而且还要让人们头脑现代化起来。在他的带动和影响下，仅仅十几年间北碚就发生了惊人的变化。1944年，一家外国报刊载文惊呼北碚是个"平地涌现出来的现代化市镇"。1948年，由中美两国专家组成的中国农村复兴委员会来到北碚考察，北碚的城市风貌使他们大为吃惊："各委员发现北碚市容，如宽广的街道，各种公共建筑，市政中心及其他事项，都远非普通中国城市所可望其项背。"梁漱溟在《怀念卢作孚先生》一文中，盛赞卢作孚在北碚推行的乡村建设是"从清除匪患，整顿治安入手，进而发展农业工业生产，建立北碚乡村建设实验区。终于将原是一个匪盗猖獗，人民生命财产无保障，工农业落后的地区，改造成后来的生产发展，文教事业发达，环境优美的重庆市郊的重要城镇。"今天的北碚是国家级社会发展综合实验区，是重庆市的第一个山水园林城区，也是著名的文化科技城，这与当年卢作孚把文化教育作为"乡村现代化"建设的重点做了大量基础性工作分不开。

其次，从伦理管理的主体——领导者来看，卢作孚可以说是一个践行着伦理管理修身思想的领导者。《司马法》认为伦理管理的前提是领导者进行自我管理。所谓"其身正，不令而行；其身不正，虽令不从。"管理者良好的道德素质是赢得感召力和吸引力的精神动力。卢作孚深刻地认识到这一点，他强调"从行为上影响别人，自得人佩服，才会收到教育人的效果"。卢作孚要求各级管理人员带头遵守各项制度，不许特殊化。公司从总经理到一般经理再到普通员工一律在食堂排队打饭，凑足8人一桌进餐；无论职务高低都身着三峡布做的民生服；各级领导包括总公司的巡回检查团到基层检查工作都与基层职工同吃同住。卢作孚本人更如此，他开会从不迟到，身穿民生服，脚穿草履到各船、厂、栈、库视察工作，倾听职工意见。他不谋私利，不徇私情，享受的待遇极低，除民生公司薪金外，兼职所得的薪水、车马费、红酬等都捐给了北碚的科研、教育公益事业。他一手创立了民生公司，但是他在公司里只有0.05%的股权，董事会为酬谢他奖给他的部分干股也被他留在公司，股息分文未取。据说，抗战时有一次他病了，家人连买只鸡给他吃的钱都没有，卢作孚死后也未给子女留下片瓦寸地和其他财产。他的崇高品质和高尚人格对公司员工的道德选择起到了很好的示范作用，带动了中层管理者兢兢业业地工作，从而在公司内部形成了一个团结高效的领导核心和干部团队，保证了公司的良性运作。在卢作孚人格魅力的吸引下，当时许多进步青年都抛弃了高薪工作进入民生公司追随他。

最后，从伦理决策的角度来看，卢作孚能够从社会整体角度进行决策与管理，协调处理好企业与利益相关者（包括顾客、员工、社区、竞争者等）关系，使企业的利益与社会整体的利益和发展结合起来。卢作孚的伦理决策思想和《司马法》所说的"作兵义，作事时，使人惠，见敌静，见乱暇，见危难无忘其众"是一致。卢作孚从社会整体角度进行企业战略选择，把"服务社会"作为民生公司事业的出发点。当时川江航线基本上被有着政治特权和经济技术优势的外国轮船公司垄断了。华商轮船公司资金短缺、力量分散、管理松弛，又经常受地方军阀骚扰，大都亏损，难以维持。对此，卢作孚提出"化零为整，统一川江"的战略，团结民族资本，共同抵御外国轮船公

# 第九章 《司马法》伦理管理思想体系及其应用

司,夺回内河航运主权。卢作孚认为,"将同类的生产事业统一为一个,或为全部的联合,其意义在消极方面避免同类事业的残酷竞争,积极方面在促成社会的供求适应。"而且就川江航运而言,能够使资源达到最佳配置,他说,"(航业)联成整个的,若干轮船只有一个公司,开支应较经济。何条航线需有几只轮船,或某线需要大船,某线需要小船,或有时需要大船,有时需要小船,应看需要分配,更较经济。"同时联营公司间也便于合作,公司的运营状况也会渐趋稳定,"轮船公司易于协定水脚,与商人间亦利于协定水脚,大家都入了安全的境地"。"这些利益,不是从社会上取得的,是从航业一经联成整个的时候产生的"。可见,卢作孚做出的统一川江航运这一战略决策,将社会整体利益与企业效益很好地结合在一起了。在这种决策的指导下,民生公司对长江航运进行了合并联营,至1935年有14家华商轮船公司、28艘轮船、11艘外轮被民生公司收买或合并。联合以后,民生公司轮船数量增加,开辟偏远城镇新航线的力量增强,过去时高时低的运费也稳定了下来。而且民生公司对华商轮船公司的合并是在照顾对方利益的前提下进行的,对合并的轮船大都提高了估价,并妥善安排其原有船员、职工、股东等。这一举措为民生公司在工商业中赢得了良好声誉。

卢作孚的伦理管理使民生公司形成了独具特色的伦理优势,并进一步转化为企业的竞争优势。"民生公司"成为顾客心中值得信任的品牌。公司拥有一批忠实的顾客群体,在航运繁忙的季节,许多乘客即使暂时买不到民生公司的船票,也不会转投另一家公司,而是等民生公司的下一班航船。卢作孚的伦理管理不仅为民生公司带来了可观的经济效益也有助于改善公司与地方势力、国民政府的关系。民生公司为北碚建设做出的巨大贡献及其在民众心中的良好声誉使各种地方势力都急于拉拢卢作孚和民生公司。同时,不少地方实力派为促使自己防区的经济繁荣都乐于支持民生公司,有些还入股投资。他们取消了兵差运输不交运费等不合理规定,为公司运作消除了地方军阀势力的障碍,赢得了竞争优势。而国民政府也正是看到民生公司与四川地方势力的良好关系以及民生公司在抗战初期的杰出贡献,才放弃了在抗战中吞并民生公司的企图,反而通过直接拨款造船、发损失补助、贷款、拨给外汇等方式支持民生公司的发展,为公司在抗战期间的持续发展创造了条件。可见,卢作孚的伦理管理大大提高了民生公司的整体素质,使企业获得了更多的发展机会,从而在实现经济效益的同时也获得良好的社会效益。卢作孚的伦理管理思想和实践是一份宝贵的思想财富,对于当代我国的企业伦理管理实践也有巨大的参考价值。

**案例2：强生公司在泰诺胶囊事件中体现的伦理管理思想**①

其实，在西方企业管理实践中，也有不少符合中国传统伦理管理思想的事件和现象。其中，最典型当属发生在20世纪的强生公司泰诺胶囊事件。

强生公司泰诺胶囊事件发生在1982年，当时芝加哥出现了多起服用掺有氰化物的浓缩"泰诺"（Tylenol）胶囊后死亡的事件。"泰诺"胶囊是强生的一个子公司生产的，占有止痛药市场35%的份额，其销售额约占强生总销售额的7%，利润占强生总利润的17%~18%。美国食品与药品管理局已经发布公告，禁止服用泰诺胶囊，但尚未要求公司采取任何针对性措施。强生公司管理层确信其位于宾夕法尼亚州的工厂并未出现氰化物污染。但是公司还是决定不应心存侥幸，于是将出现中毒药品的整批药全部收回。董事长兼首席执行官伯克亲自负责处理泰诺危机。收回活动从向消费者提供药片换回胶囊的广告开始。数以千计的信件寄往行业杂志，而且在媒体上发表声明，以便找到所有尚留在市场上的泰诺胶囊。胶囊的回收使泰诺的销售额大幅度下降，从35%下降到7%。据估计，损失将近80%。强生报道说他们1982年采取的保护公众的主动行为使公司损失了1亿美元。有人建议强生公司用新名称重新推出该产品，但强生公司认为这样做可能会误导消费者，他们决定保留原有的名称，并设计了一种抗破坏性包装。不久之后，全美受波及地区的消费者和相关的公众开始改变对强生的看法，认为强生公司是一家负责任的公司。事故发生后的5个月内，公司就夺回了该药原所占市场的70%，而8个月后，就重新夺回了失去的几乎全部市场份额。3年后的1986年2月，又发生人为的投毒案件，纽约一名妇女因服用遭氰化物污染的泰诺胶囊而死亡。强生公司立即把全部胶囊撤出市场，主动向已购买胶囊的顾客退款。公司做出一项重大决定，不再生产任何自由销售胶囊，因为无法确保安全性和不受非法污染。在电视节目中，伯克带着一个超大的泰诺药片模型表示这个糖衣药片将代替所有的泰诺胶囊。这将耗资1亿~1.5亿美元，还不算失去的市场份额所带来的损失。强生公司的决策与行动让一些人觉得难以理解，做企业不是为了赚钱吗？为什么要做这些看似赔本赚吆喝的事情呢？

其实，这正说明强生公司当时的领导者不完全认同企业就是要赚钱的观点。企业虽然是一个需要盈利的主体，但它首先应该是一个为了人的发展目的而成立的主体，因而也应该是一个道德主体。通过这个事情我们可以看出，当时强生公司领导者的伦理道德观念，他们所实施的伦理管理是一种真正的

---

① 资料来源：M. M. Jennings. Case Studies in Business Ethics [M]. St. Paul, NM: West, 1993.

## 第九章 《司马法》伦理管理思想体系及其应用

伦理情感而非理性的计算。因为,强生在突发事件之后的应对行为在短期内必定会给自身造成极大的损失,而长期的收益却很难预料。如果企业领导者都有这样的伦理管理观念,那么我们在前面所说的伦理管理悖论问题就不会存在了。可以说,这个案例也正是西方管理实践界对西方伦理管理理论研究界研究思路和价值观念的一次否定。另外,我们从强生公司要求本企业员工和管理层都恪守的信条也可以知道,强生公司在泰诺事情中的决策与行为与其平时对员工的伦理教化和公司深厚的伦理文化是有密切关系的。

强生公司要求企业员工和管理层都恪守下列信条①:

1. 我们相信我们首先要对医生、护士和病人,对父母亲以及所有使用我们的产品和接受我们服务的人负责。为了满足他们的需求,我们所做的一切都必须是高质量的。
2. 我们必须不断地致力于降低成本,以保持合理的价格。客户的订货必须迅速而准确地供应。
3. 我们的供应商和经销商应该有机会获得合理的利润。
4. 我们要对世界各地和我们一起共事的男女同人负责。
5. 每一位同人都应视为独立的个体。我们必须维护他们的尊严,赞赏他们的优点。
6. 要使他们对其工作有一种安全感。薪酬必须公平合理,工作环境必须清洁、整齐和安全。
7. 我们必须设法帮助员工履行他们对家庭的责任。
8. 必须让员工在提出建议和申诉时畅所欲言。
9. 对于合格的人必须给予平等的聘用、发展和升迁的机会。
10. 我们必须具备称职的管理人员,他们的行为必须公正并符合道德。
11. 我们要对我们所生活和工作的社会,对整个世界负责。
12. 我们必须做好公民——支持对社会有益的活动和慈善事业,缴纳我们应付的税款。
13. 我们必须鼓励全民进步,促进健康和教育事业。
14. 我们必须很好地维护我们所使用的财产,保护环境和自然资源。
15. 最后,我们要对全体股东负责。企业经营必须获得可靠的利润。我们必须尝试新的构想。必须坚持研究工作,开发革新项目,承担错误的代价并加以改正。必须购置新设备,提供新设施,推出新产品。

---

① 来自强生公司官网:http://www.jnj.com.cn/our-company/our-credo-values。

必须设立储备金，以备不时之需。如果我们依照这些原则进行经营，股东们就会获得合理的回报。

从强生公司的管理信条来看，强生公司的企业文化有着浓厚的伦理精神，在很多地方和《司马法》伦理管理思想相吻合。不过如果仔细分析，其实二者还是有一些细微区别的，强生公司的信条大量的是强调要尊重人、关心人，强调要把事情做好。只有第七条"我们必须设法帮助员工履行他们对家庭的责任"和第十三条"我们必须鼓励全民进步，促进健康和教育事业"涉及提升人的素质。至于推动员工在具体的某些伦理道德方面境界提升的信条则没有看到。从这个角度上说，强生公司的管理思想并没有完全脱离西方管理理论中"人性管理"的思路，只是把"人性管理"提升到了社会责任和员工素质层次，未完全达到"以仁为本"的层次。《司马法》强调的"以仁为本"原则，是在深刻认识到人性是动态发展的基础上提出来的，更加强调提升被管理者伦理道德境界，使被管理者在工作中变得自发自动，从而使组织能够灵活适应各种复杂多变的环境，获得最大的工作效率和最好的工作效果。

**案例3：联想和腾讯伦理价值观比较**

当代我国很多企业也非常重视企业伦理和价值观建设，鉴于时间和精力有限，我们选取两家著名的大企业——联想集团和腾讯公司进行伦理价值观的分析与比较，看看他们对于伦理管理是如何认识和运用的。我们仅从联想集团和腾讯公司对外公开的提倡的愿景、价值观来管窥二者伦理管理思想差异，因而结论不能完全代表两家公司的实际情况。

下面是联想集团的愿景和价值观。①

公司愿景：以产业报国为己任，致力于成为一家值得信赖并受人尊重，在多个行业拥有领先企业，在世界范围内具有影响力的国际化投资控股公司。

价值观：

1. 企业利益第一。企业利益是其他利益实现的前提，在价值判断和利益取舍时，把企业利益放在第一位，个人服从组织，局部服从整体。

2. 求实。实事求是，不骗自己；诚信负责，说到做到。求实是一种态度，也是一种能力。

3. 进取。超越眼前利益，立意高远；超越固有经验，有想象力和创造力；超越自我局限，将5%的希望变成100%的现实。

---

① 来自联想控股官方网站：http://www.legendholdings.com.cn/Manage/Culture.aspx。

# 第九章 《司马法》伦理管理思想体系及其应用

4. 以人为本。办公司就是办人，重视人的作用，尊重人的需求，为人的发展创造条件，搭建没有天花板的舞台。

下面是腾讯公司的愿景、使命和价值观。①

愿景：最受尊敬的互联网企业

1. 不断倾听和满足用户需求，引导并超越用户需求，赢得用户尊敬；
2. 通过提升企业地位与品牌形象，使员工具有高度的企业荣誉感和自豪感，赢得员工尊敬；
3. 推动互联网行业的健康发展，与合作伙伴共同成长，赢得行业尊敬；
4. 注重企业责任，关爱社会、回馈社会，赢得社会尊敬。

使命：通过互联网服务提升人类生活品质

1. 使产品和服务像水和电一样源源不断融入人们的生活，为人们带来便捷和愉悦；
2. 关注不同地域、不同群体，并针对不同对象提供差异化的产品和服务；
3. 打造开放共赢平台，与合作伙伴共同营造健康的互联网生态环境。

价值观：正直，进取，合作，创新

正直：

1. 遵守国家法律与公司制度，绝不触犯企业高压线；
2. 做人德为先，坚持公正、诚实、守信等为人处世的重要原则；
3. 用正直的力量对周围产生积极的影响。

进取：

1. 尽职尽责，高效执行；
2. 勇于承担责任，主动迎接新的任务和挑战；
3. 保持好奇心，不断学习，追求卓越。

合作：

1. 具有开放共赢心态，与合作伙伴共享行业成长；
2. 具备大局观，能够与其他团队相互配合，共同达成目标；
3. 乐于分享专业知识与工作经验，与同事共同成长。

创新：

1. 创新是为用户创造价值；
2. 人人皆可创新，事事皆可创新；

---

① 来自腾讯公司官方网站：http://www.tencent.com/zh-cn/index.shtml。

3. 敢于突破，勇于尝试，不惧失败，善于总结。

经营理念：一切以用户价值为依归

1. 注重长远发展，不因商业利益伤害用户价值；
2. 关注并深刻理解用户需求，不断以卓越的产品和服务满足用户需求；
3. 重视与用户的情感沟通，尊重用户感受，与用户共成长。

管理理念：关心员工成长

1. 为员工提供良好的工作环境和激励机制；
2. 完善员工培养体系和职业发展通道，使员工获得与企业同步成长的快乐；
3. 充分尊重和信任员工，不断引导和鼓励，使其获得成就的喜悦。

根据上述描述我们可以看到，两家企业的愿景其实比较接近，一个要成为值得信赖并受人尊重的企业，一个是要成为最受尊敬的互联网企业。然而在腾讯公司的愿景、使命和价值观中没有一个字提到要盈利或者利益，而联想公司价值观的第一条就是企业利益第一。其实，要让员工把企业的利益放在第一，并不是依靠几个制度或者进行培训洗脑就能够实现，必须要从人性的规律出发，站在普通员工的立场上思考他们是否能够真心诚意地做到、他们是否有把企业利益放在第一的理由。在一般情况下，普通员工是无法找到把企业利益放在第一位的理由的。所以，对于企业来说，把企业的利益放在第一，只能是作为对少数企业高管的要求，而不能对全体员工提这样的要求。否则就违反人性规律，对普通员工来说也不公平，因而，成功的可能性非常低。还有一些企业试图运用洗脑培训的方法，把这类违背人性规律的观念灌输给员工，某种程度上可能会在一时取得效果，但是，这种效果不可能长期存在。另外，从表面上看，联想公司的愿景似乎和民生公司提倡的愿景更加接近，一个提出产业报国，一个提倡实业救国。但是，二者的时代背景不同，卢作孚所处的时代国家深重的危机中，全体国民都爱国热情高涨，因此爱国主义具有巨大的感召力。而在当今这样的时代，联想以及很多类似企业的股权都是多元化和国际化的，企业的盈利可能相当一部分都被外国人拿走了，再提产业报国这样的口号，缺乏足够的感召力。还有联想的价值观中还有进取这一条，其中说，"超越自我局限，将5%的希望变成100%的现实。"其实这也不合理。能够把5%的希望变成100%现实的人是非常具有开拓创新精神的人，这种人在人群中往往很少。这种人一般适合一些领导岗位和一些需要进行开拓创新的岗位，在企业中这种岗位其实很少。如果没有这种岗位，也很难留住这种人才。因此，这种价值观只能在少数员工中提倡，对于普通的

# 第九章 《司马法》伦理管理思想体系及其应用

员工来说，不仅很难做到而且也没有什么价值。另外，联想集团的价值观虽然在最后一条提出，要"以人为本"，但是根据我们前面的分析，联想集团提出价值观的思路实际上是以"精英"为本，而不是以广大的普通员工为本。而以"精英"为本也正好呼应了它的价值观的第一条"企业利益第一"，因为从本质上说，企业实际上是企业精英的企业，只有他们才能够在企业找到自己的自我实现的需求和归属感，只有他们才可能做到企业利益第一。

总之，在某种程度上说，联想集团价值观存在着缺憾，这种价值观在向全体员工推广和落地实施方面可能会遇到很多问题。这恐怕也是联想集团特别重视企业文化培训的一个原因。一个以精英为本的企业价值观却要向所有员工推行，除了不停地灌输洗脑，恐怕真的没有什么好办法。

相比之下，腾讯公司的价值观"正直，进取，合作，创新"都是对普通员工的品德要求，内容也比较平实，因而这些价值观要被广大的员工接受和落地实施会比较容易。腾讯公司虽然没有直接提出要"以人为本"的口号，但它的愿景都是在说人的问题，腾讯要赢得用户尊敬、要赢得员工尊敬、要赢得行业尊敬、要赢得社会尊敬，实际上说明它希望赢得所有利益相关方的尊敬。而是要赢得各个利益相关方的尊敬，那就不仅仅是要负起相关的社会责任，而且还应该成为人们的榜样，在专业素质和道德素质上都成为各个利益相关方的榜样。这就需要企业的管理者努力提升员工的伦理道德水平，实施伦理管理才可能实现。还有腾讯的使命是"通过互联网服务提升人类生活品质"，也就是说这家公司是为了人类生活品质提升而存在的，这种视野和胸怀无疑要比联想高很多。再看腾讯的管理理念，"关心员工成长"具体有三条：第一，为员工提供良好的工作环境和激励机制；第二，完善员工培养体系和职业发展通道，使员工获得与企业同步成长的快乐；第三，充分尊重和信任员工，不断引导和鼓励，使其获得成就的喜悦。这三条基本上把马斯洛提出的人的五层需求都包括在内了，是任何人都愿意接受，而且希望接受的。

综合腾讯的愿景、使命、价值观和相关管理理念来看，可以说腾讯公司秉承的理念基本上都是伦理管理理念，而且是超越了西方的"以人为本"观念、达到了"以仁为本"境界的中国传统伦理管理理念。因此，腾讯公司的伦理价值观比联想集团的伦理价值观成熟很多，在实际推行过程中也会更加容易被广大员工所接受，施行效果也会比联想集团好很多。

## 四、结论与展望

### (一) 研究的主要结论

《司马法》是一部长期为人们所忽视的古代经典，它同时具有中国传统儒家思想和兵家思想的特质，既有浓厚的伦理思想，又有深刻的竞争谋略，是创立中国本土管理理论的宝贵财富。本书首先对《司马法》原文做了详细的梳理和考据训诂工作。其次，在成中英提出的本体诠释法的基础上，结合东方管理学派学者提出的中国传统管理思想研究方法论构建了一个伦理管理思想分析框架。再次，运用管理特质分析方法对《司马法》伦理管理思想进行分析和梳理，提出了《司马法》伦理管理思想体系。最后，将《司马法》伦理管理思想体系和当代管理理论进行比较，对该思想体系在当代中国的应用问题提出了相关建议。综合全文的论述，可以得出以下主要结论：

第一，中国传统文化的"管理"概念和西方文化的"管理"概念有很大的差异。西方管理概念源于企业管理实践，其最初的管理客体就被界定为人和事物的结合体——企业这种特殊的组织。而企业最关心的是如何提高生产效率和如何提升竞争力，因此，追求经济效率和赢得市场竞争地位被认为是管理活动最重要的目的。伦理问题不是西方管理理论所追求的目标，而是作为一种指向效率的工具，从属于效率这个管理目标。而中国传统管理思想源于对人生的思考，包括对个人人生价值的追求和对社会存在与发展的价值思考。因此，人的价值追求和人与人之间的伦理关系成为是中国传统管理思想永恒的主题。在中国古人看来，构建积极而合理的伦理道德秩序，解决人生问题才是管理活动的根本目的，效率始终为伦理目标服务。在中西管理思想中，效率和伦理的地位有本质的差异，也就导致了中西管理实践的巨大不同。中国传统文化中"管理"一词实际上包含了儒家所说的"修身、齐家、治国、平天下"多个层面的内容。而且中国传统管理思想的主体就是伦理管理思想。如果把伦理纳入管理的概念内涵之中，那么，困扰西方管理学界的企业伦理管理的悖论也就失去了存在的基础。

第二，今本《司马法》虽然是一部字数很少、文辞古奥、难以理解的残书，但是它却综合了中国传统儒家伦理管理思想和兵家竞争管理思想，不仅对

# 第九章 《司马法》伦理管理思想体系及其应用

中国传统军事思想的发展有举足轻重的影响力，而且对当代我国的企业竞争伦理理论研究以及伦理管理研究与实践都有着弥足珍贵的启发价值。我们对《司马法》做了认真的梳理和诠释之后认为，《司马法》有着非常深刻的伦理管理思想，是一个相对完整和系统的思想体系。《司马法》伦理管理思想涉及自我管理（修身）、团队管理（齐家）、组织管理（治国）、竞争管理（平天下）等多个层面的问题，几乎涵盖了当代伦理研究和管理研究涉及的所有方面。《司马法》伦理管理思想在伦理管理境界论，包括伦理管理的境界、伦理教化的境界、组织制度建设的境界、组织发展的境界等，管理者自我管理的功夫论、人性论等方面都有非常深刻的论述，这些论述对于推动当代中国管理的理论研究，乃至进一步构建中国自己的管理理论都具有极高的参考价值。

第三，《司马法》伦理管理思想是一个有着内在逻辑结构的严密思想体系，这个思想体系可以用四个基本假设、七个基本命题和多个与基本命题相关的推论来概括。四个基本假设分别是：其一，组织管理、变革与发展需要"以仁为本"的理由是，"凡事善则长，因古则行"。其二，人需要伦理道德的教化，"人方有性，性州异；教成俗，俗州异，道化俗"。其三，激励人拼死作战可以从五个方面来考虑，"凡人，死爱，死怒，死威，死义，死利"。其四，领导者自我管理的依据是，"天子之义，必纯取法天地而观于先圣。"七个基本命题是，其一，伦理管理本质特征是"以仁为本，以义治之"。其二，伦理管理的依据是人性论。其三，伦理管理的前提是领导者进行自我管理。其四，管人的基本方法是伦理道德教化。其五，理事的基本方法是进行伦理管理制度建设。其六，组织伦理管理有三个层次的境界。其七，伦理道德是组织变革、发展和竞争的重要手段。

第四，《司马法》伦理管理思想与西方伦理管理理论在管理观念、管理要素以及管理活动等方面都有很大的差异。从管理观念层面来看，西方管理理论秉承西方传统的技术经济理性思维范式，管理认知的焦点在于对企业或组织的管理，重视管理客体，遵循组织理论的研究范式，关注管理事务和效率问题。而《司马法》伦理管理思想则秉承中国传统的价值理性精神，关注对人的管理，重视管理主体，遵循修己以治人的逻辑，强调管理者的自我管理以及管理者与被管理者之间的互动，关注道德和幸福问题。从管理要素层面来看，西方管理理论和《司马法》伦理管理思想在目标、组织、环境等方面存在和较大差异。从管理活动层面来看，西方管理理论主要关注做事，而且是在企业这种特定组织的特定事务，解决的主要是企业的效率和企业的发展问题。而《司马法》伦理管理思想关注的是做人，解决的是人生问题和社会问题。但是它们都探讨了组织管理和组织竞争问题，在一定程度上可以相互借鉴。

第五，《司马法》伦理管理思想以伦理目的、伦理原则为管理的指导方向，始终彰显着管理者的主体性地位，其管理知识具有很强的知行合一的性质，能够较好的指导管理实践。《司马法》把自我管理、组织管理和竞争伦理管理三者密切结合，形成了一个不可分割的有机整体，故有较好的可操作性和适应性。而现代管理理论并不缺乏这三部分的相关理论，但这些理论却是相互割裂的，缺乏把这些理论进行有机整合的相关思想。因此，研究《司马法》伦理管理思想有可能改善当代管理理论研究和管理实践脱节的现象。但是，由于《司马法》产生的时代和当今时代有很大的差异，这种差异不仅表现在物质上，也表现在价值观、文化以及管理的对象上。在中国古代伦理管理文化的传承已经中断的情况下（一个相对主观的判断），如何根据时代的特点，在具体的管理实践中灵活应用《司马法》伦理管理思想是当代管理理论研究者和实践者面临的巨大挑战。

### （二）研究的创新点

本书的创新点主要体现在：

第一，对《司马法》原文的诠释有创新。众所周知《司马法》原文文辞古奥，存在不少错简漏简，因此，对其思想的诠释很难做到准确无误，甚至做到自圆其说都不是一件容易的事情。本书在前人的诠释训诂成果基础上，综合多种诠释方法，耗费了大量的时间对《司马法》原文进行梳理和诠释，虽然做不到准确无误，但基本上做到了自圆其说，而且提出了不少新的观点。

第二，研究视角有创新。以往对《司马法》的研究大部分都是基于军事视角的，而从伦理管理的视角去研究《司马法》可以算一种创新。而且，本书还构建一个分析《司马法》伦理管理思想的分析框架，这个分析框架由成中英的本体诠释学修正拓展而来，包括一个从本体到原则、从原则到制度，再从制度到具体应用领域的大理论框架和一个构建具体思想分析框架的模式，即目的/目标/境界—原则/方法/手段—情境/价值观/本体，可以保证研究视角的独特性和研究过程的规范性。

第三，研究的过程和方法有一定的新意。本书在第三章到第八章运用东方管理学派创立的管理特质分析法，全面地梳理《司马法》伦理管理各部分的

## 第九章 《司马法》伦理管理思想体系及其应用

重要思想,并画出了重要特质的 KJ 图。管理特质分析方法是一个分析比较不同思想进行管理创新的研究方法,虽然 10 多年前就已经提出了,但是实际运用该方法的研究还不多。

第四,研究结果有创新。本书提出了《司马法》伦理管理思想体系,这个思想体系不仅有严密的内在逻辑结构,还包含多个基本假设、基本命题以及相关的重要推论。还从管理文化视角将《司马法》伦理管理思想体系和西方管理理论进行了比较,分析了二者之间的差异和相同之处,在这个过程中提出了很多新的观点。

### (三)研究的不足和未来研究的展望

1. 研究的不足

由于研究团队的精力和能力所限,本书有若干不足之处,主要体现在:

第一,《司马法》一书虽然只有 3000 多字,但是思想博大精深,文辞古雅,自古以来研究都不充分。我们在研究过程中参考了大量前人研究的成果,虽然做不到穷尽以往对《司马法》的研究成果,但是前人的大部分研究成果都进行了学习和消化。目前《司马法》还有很多重要思想没有被研究者挖掘出来,甚至还有不少文字词汇诠释都不到位,有些字词我们综合了古今多家注家的观点仍然感觉没有自圆其说。而我们自身水平和精力有限,能够做出创新突破的地方很少。未来对于《司马法》文本研究和思想内容的挖掘,还需要有更多的功底深厚的研究者参与,才能真正展现《司马法》这座思想宝库的魅力。

第二,在研究方法上,采用的管理特质分析方法还不是成熟的研究方法,存在不少需要完善的地方。虽然已经有不少研究者就管理文化本身的概念与方法进行了深入的分析与探讨,但是与其他成熟的研究方法相比,该研究方法仍然显得有些稚嫩。这就要求研究者在使用该方法时能够从哲学、社会科学等相关学科引入知识,改进这种方法才能使之变得更为有效。曾经有研究试图把内容分析方法引入管理特质分析方法,但是从总体上看,这种结合还不紧密。

第三,运用中国哲学知识分析了《司马法》伦理管理特质群的结构,但是对于中国传统管理哲学的研究还不成熟,可以参考的资料有限,缺乏足够的权威性。而我们的中国哲学功底有限,只能根据自己对中国哲学浅薄的理解来分析《司马法》伦理管理思想的内涵和相关特质群的内在逻辑结构,其必定存在很多可以商榷的地方。

第四，探讨了《司马法》伦理管理思想在当代中国管理实践中的应用价值和指导意义。但由于我们的水平和时间精力的制约，坦率地说，这部分研究非常薄弱，缺乏一手的案例素材和相关的调研数据，基本上还是以思辨为主的规范性研究，不符合当代管理研究的潮流和高水平研究的要求。之所以出现这种情况有几方面的原因，首先，《司马法》伦理管理思想产生的时代背景和当今时代有着巨大的差异，而且《司马法》伦理思想对于管理者的素质要求相当高，很难在当代中国的伦理管理实践中找到合适的研究原型。其次，本书研究本质上属于规范性研究而不是实证性研究，研究《司马法》伦理管理思想不是为了解释现实，证明现实中有组织运用这种思想获得了成功，而是为了使《司马法》伦理管理思想成为引导当代伦理管理理论与实践未来走向的一个可供参考的标杆。当代中国管理研究经过了近20年的西方研究范式的洗礼，已经到了关键的转型期。是继续亦步亦趋地跟随西方人的脚步，把中国管理研究变成西方管理研究的补充和注脚，还是创立自己的一套管理理论体系是当代管理学者必须回答的问题。在这个时候，我们更加迫切需要的可能是有价值的规范性观点，而不是严谨的研究方法和解释性的结论。就目前学术界的情况来看，严谨但缺乏实践指导价值的研究成果和对某个现象或局部案例的解释性研究成果有很多，但是能够直接用于指导组织管理实践的，并且成体系的研究成果却非常罕见。另外，我们属于那种长期沉浸在哲学思辨研究活动中的研究者，已经形成了自己的思维定式和研究的路径依赖习惯，很难有足够的精力和能力去改变自己的定式和习惯，深入管理实践的一线去做扎根理论研究和系列实证案例研究。我们希望熟悉这些研究范式的学者能够在本书研究的基础上，进一步做这方面的研究。

2. 未来研究的展望

针对以上不足之处，我们认为如果坚持选择从中国传统管理思想的角度来研究当代中国的伦理管理问题这条思路，还有几个值得进一步研究的问题可供选择。

第一，对于《司马法》文本思想诠释的进一步研究和对中国传统伦理管理哲学思想的深入研究。在分析《司马法》伦理管理特质群的结构时，我们处处感到对《司马法》文本思想诠释不到位和对于中国传统伦理管理哲学的把握能力不足，给研究带来种种困难，进而使研究结果的权威性大打折扣。因此，未来希望有更多的具有中国传统哲学功底和古文考据学功底的研究者对

《司马法》进行更加深入的研究。有了这两方面的基础，对于《司马法》伦理管理思想的研究才能真正更上一层楼。

第二，关于如何完善管理特质分析方法的研究。一直以来，研究中国古代管理思想大都是采用历史学的研究范式，其研究成果和当代管理理论与实践研究成果缺乏一个沟通与融合的平台，而管理特质分析依据结构主义方法进行管理文化要素及其结构的开拓，通过管理知识结构的建立获得可以表述某一管理思想的基本特质结构，可以说是一种沟通古今中外的管理思想，进行管理谐协创新研究的很好的研究方法。然而这个方法还在进一步的完善中，没有受到学界的普遍重视。在缺乏更好的沟通古今中外的研究工具的情况下，把管理特质分析方法进一步完善甚至考虑引入定量分析作为管理特质分析的辅助工具，将大大推动这种研究方法融入主流。未来希望有更多的研究者能够加入到管理特质分析方法的工作中来，当然也更加期待有更好的能够用于沟通古今中外管理思想的研究方法和工具的出现。

第三，《司马法》伦理管理思想体系的具体应用问题，这是一个非常庞大而且复杂的问题。不仅涉及中国管理理论的本土化创新问题，而且关系到如何解决当代中国管理实践中种种企业伦理缺失问题以及各种组织的伦理与诚信问题。对于前者，本书提出的《司马法》伦理管理思想体系可以作为中国管理理论创新的一个参考平台。未来的研究可以在进行大量基于扎根理论的案例研究的基础上，运用本书观点构建分析框架梳理各种一手资料，只有这样，经典中的思想才能在当代管理实践中重新获得生命。未来基于扎根理论的案例研究将会成为传统思想与现代管理相结合这个研究领域的重要研究范式。例如郭会斌等（2016）对于六家"中华老字号"企业做的扎根理论研究，他们发现传统文化中"修身、齐家、治国、平天下"的观念在这些老字号企业中仍然具有很强的生命力，这些企业的管理者普遍重视社会习惯与道德在企业内的灌输，尤其是儒家学说中的厚德、自律、亲善、权变等东方伦理元素，构成了其我国企业文化的深层次结构和认知图示，它们已经内化为历代创业者和继任者的人格特质，进而固化为企业共有的心智模式，成为企业实现生存和发展的方法论。郭会斌认为这些传统老字号企业在妥善应对企业内外的管理问题时，重视在实现社会价值的过程中追求商业价值，因而企业与社区、社会和时代融为一体。其中"家"、"和"、"义"与"仁"是非常有共识的伦理隐喻，所有者、管理者与员工共荣发展，鲜有剧烈的劳资冲突，实践着人类最主要的关系——情感关系，而不是工具性的关系。如果能够将这类扎根理论研究的成果和与本书类似的传统经典研究成果结合起来，就有可能做到"顶天立地"，既能够从理论上、哲学上提升研究的深度，又能够帮助传统经典的研究成果找到在管理实践中落地的方法。

对于后者，最关键的可能还是要通过社会的制度、法律以及教育等方面的变革才能解决，本书可以为这些变革提供理论参考。

# 参考文献

[1] 朱服，何去非校. 续古逸丛书武经七书司马法 [M]. 上海涵芬楼宋刻本影印，1935.

[2] 朱墉辑. 武经七书汇解 [M]. 北京：中州古籍出版社，1989.

[3] 阎禹锡辑. 司马法集解 [M]. 北京：国家图书馆出版社，2009.

[4] 刘寅辑. 司马法直解（影印明成化刻本）[M]. 1933.

[5] 陈宇. 司马兵法破解 [M]. 北京：解放军出版社，2005.

[6] 黄朴民. 黄朴民解读吴子·司马法 [M]. 长沙：岳麓书社，2011.

[7] 郑慧生. 校勘杂志：附司马法校注 [M]. 郑州：河南大学出版社，2007.

[8] 钮国平. 司马法笺证附韵读 [M]. 兰州：甘肃人民出版社，1998.

[9] 李零译注. 司马法译注 [M]. 石家庄：河北人民出版社，1992.

[10] 袁刚. 孙吴司马兵法：管理学的解说 [M]. 南宁：广西人民出版社，2005.

[11] 黄朴民. 中国古军礼的丰碑——《司马法》导读 [M]. 北京：军事科学出版社，2000.

[12] 刘仲平. 司马法今译今解 [M]. 台北：台湾商务印书馆，1977.

[13] 成中英. 文化、伦理与管理 [M]. 北京：东方出版社，2011.

[14] [美] 马奇. 马奇论管理——真理、美、正义和学问 [M]. 丁丹译. 北京：东方出版社，2010.

[15] 张阳，周海炜. 管理文化视角的企业战略 [M]. 上海：复旦大学出版社，2001.

[16] 苏东. 论管理理性的困境与启示 [M]. 北京：经济管理出版社，2000.

[17] [日] 大桥武夫著，胡立品，柳真译. 兵法经营要点 [M]. 北京：解放军出版社，1989.

[18][美]肯尼斯·伯兰查德. 伦理管理的威力[M]. 席西民译. 西安：陕西科学技术出版社，1991.

[19]钟尉. 兵家战略管理[M]. 北京：经济管理出版社，2010.

[20]张岱年. 中国伦理思想研究[M]. 南京：江苏教育出版社，2005.

[21]吴照云. 中国管理思想史[M]. 北京：高等教育出版社，2010.

[22]周祖成. 管理与伦理[M]. 北京：清华大学出版社，2000.

[23]阿奇·卡罗尔，安卡·巴克霍尔茨. 企业与社会：伦理与利益相关者管理[M]. 黄煌平等译. 北京：机械工业出版社，2004.

[24]卢国纪. 我的父亲卢作孚[M]. 北京：人民出版社，2014.

[25]王果. 卢作孚卷——中国近代思想家文库[M]. 北京：中国人民大学出版社，2015.

[26]凌耀伦，熊甫编. 卢作孚集[M]. 武汉：华中师范大学出版社，2011.

[27]成中英. 文化·伦理与管理[M]. 东方出版社，2011：11.

[28]徐维群. 伦理管理：现代管理的道德透视[M]. 学林出版社，2008：1.

[29]龚天平. 伦理驱动管理：当代企业管理伦理的走向及其实现研究[M]. 北京：人民出版社，2011：17.

[30]陈银飞. 有限道德——伦理判断与供应商伦理管理决策行为[M]. 南京：江苏大学出版社，2013.

[31]祝木伟. 组织伦理管理理论与方法[M]. 北京：中国矿业大学出版社，2009：7.

[32]张文贤等著. 管理伦理学[M]. 上海：复旦大学出版社，1995：3.

[33][美]阿奇·B.卡罗尔，安卡·巴克霍尔茨. 企业与社会：伦理与利益相关者管理[M]. 黄煌平等译. 北京：机械工业出版社，2004：116.

[34]周祖城. 管理与伦理[M]. 北京：清华大学出版社，2000：56-76.

[35][西]安东尼奥·阿根多纳：伦理管理体系的作用//陆晓禾，[美]金黛如. 经济伦理、公司治理与和谐社会[M]. 上海：上海社会科学院出版社，2005：395.

[36]潘承烈，虞祖尧. 振兴中国管理科学——中国管理学引论[M]. 北京：清华大学出版社，1997.

[37]李雪峰. 中国管理学：融通古今的管理智慧[M]. 北京：中国人民大学出版社，2005.

［38］胡海波等．中国管理学原理［M］．北京：经济管理出版社，2013．

［39］胡祖光，朱明伟．东方管理学十三篇［M］．北京：中国经济出版社，2002．

［40］成中英．文化·伦理与管理［M］．北京：东方出版社，2011．

［41］涂平荣．全国第二届"经济伦理与环境伦理"高端学术综述［J］．道德与文明，2012（4）：158．

［42］王春和，郭笑欣．中国传统"和谐文化"与家族企业和谐治理［J］．管理世界，2012（7）：182-183．

［43］戴木才．论管理与伦理结合的内在基础［J］．中国社会科学，2002（3）：24-33．

［44］卢克·博凯特，汉克·范卢克，罗纳德·伯伦班姆，G.J.罗索夫，罗伯特·爱林森等．陆晓禾编译．"伦理管理悖论"及其争论［J］．道德与文明，2007（5）：42-50．

［45］徐维群．伦理管理的价值论证［J］．理论探索，2005（4）：75-76．

［46］葛荣晋．简论中国管理哲学的对象和范围［J］．哲学动态，2007（2）：16-19．

［47］李萍．论管理伦理的问题域及决策方法［J］．哲学动态，2007（2）．

［48］方金，王仁强．论企业的伦理管理［J］．商业研究，2001（9）．

［49］梁喜书，张洁．企业伦理与企业效益［J］．兰州学刊，2005（5）．

［50］陈宏辉，贾生华．利益相关者理论与企业伦理管理的新发展［J］．社会科学，2002（6）．

［51］李爱梅，梁颖，凌文辁．虚拟团队的伦理管理［J］．科学管理研究，2009（2）．

［52］周祖城．管理与伦理结合：管理思想的深刻变革［J］．南开学报，1999（3）．

［53］汤正华，韩玉启．管理的伦理价值与伦理的管理功能——对管理伦理的一些理性思考［J］．江苏社会科学，2003（4）．

［54］胡宁．伦理管理：为什么与是什么［J］．求索，2007（12）．

［55］胡宁．伦理管理：概念特性与界定［J］．长沙理工大学学报（社会科学版），2011（4）：21-24．

［56］李桂生．兵家管理的对象、种类及其内涵［J］．滨州学院学报，2010（2）．

[57] 陈洪琏. 孙子兵法在商战中的负面影响及其对策 [J]. 社会科学研究, 1998 (2): 138-140.

[58] 张金山, 徐兴. 经理层伦理的管理效应和治理效应 [J]. 经济管理, 2009 (12).

[59] 章海山. 企业竞争伦理机制的探析 [J]. 中山大学学报 (社会科学版), 2001 (2).

[60] 陈平晓. 试论道德理论的层次结构——兼论儒家伦理与西方伦理之比较 [J]. 学术界 (月刊), 2012 (1): 90-91.

[61] 郭广银. 十八大报告的伦理意蕴 [J]. 道德与文明, 2013 (1): 5-8.

[62] 黄琛. 浅谈企业伦理管理 [J]. 东方企业文化, 2010 (2): 136-138.

[63] 余达淮, 刘静. 道德判断与道德行为关系研究的进展分析 [J]. 外国教育研究, 2011 (6): 91-95.

[64] 刘重来, 周鸣鸣. 试析卢作孚与民生公司的企业文化精神 [J]. 重庆社会科学, 2005 (8).

[65] 王威. 卢作孚的伦理管理 [J]. 重庆工商大学学报 (社会科学版), 2014, 31 (4).

[66] 黄朴民. "以礼为固"到"兵以诈立"——对春秋时期战争观念与作战方式的考察 [J]. 学术月刊, 2003 (12): 82-90.

[67] 陈宏辉, 贾生华. 利益相关者理论与企业伦理管理的新发展 [J]. 社会科学, 2002 (6).

[68] 曾山金. 教育目标的伦理管理研究 [J]. 中南大学商学院博士毕业论文, 2006 (4).

[69] 高润浩, 赵鲁杰. "兵法之源"与"兵学圣典"——《司马法》与《孙子兵法》之比较 [J]. 管子学刊, 2016 (1).

[70] 郑晓华. 《司马法》军事思想新论 [J]. 管子学刊, 2014 (12).

[71] 田旭东. 从《司马法》看先秦古军礼 [J]. 滨州学院学报, 2013 (10).

[72] 熊梅. 《司马法》中的军事占领规则 [J]. 滨州学院学报, 2013 (10).

[73] 陈相灵. 《司马法》军事思想论略 [J]. 滨州学院学报, 2013 (10).

[74] 李桂生. 从古书引文看《司马法》逸文的散失时代 [J]. 武汉文博, 2010 (1).

[75] 张瑜. 《司马法》与《孟子》战争思想的比较研究 [J]. 湖北民族学院学报 (哲学社会科学版), 2008 (6).

［76］王震．《司马法》装备观综述［J］．南京政治学院学报，2007（S1）．

［77］王震．《司马法》成书及版本考述［J］．古籍整理研究学刊，2007（6）．

［78］李元鹏．《孙子兵法》的仁本观——兼与《司马法》比较［J］．滨州学院学报，2007（5）．

［79］黄月胜．略论《司马法》的"仁本"思想及其影响［J］．江西社会科学，2006（8）．

［80］伏俊琏．《司马法》的作者、性质及篇数［J］．河西学院学报，2003（4）．

［81］延景文．浅析古代兵书《司马法》中的情报思想［J］．国家安全通信，2003（4）．

［82］刘向阳．《司马法》和《孙子兵法》军事法制思想的比较研究［J］．泰安师专学报，2002（4）．

［83］钮国平．读《司马法》札记［J］．济南大学学报（社会科学版），2001（2）．

［84］吴显庆．论《孙子兵法》、《司马法》中的政治辩证法思想［J］．中共山西省委党校学报，2000（6）．

［85］刘向阳．《司马法》的军事法制思想［J］．政法论丛，1999（6）．

［86］田旭东．《司马法》——我国军事法典的鼻祖［J］．华夏文化，1998（3）．

［87］徐勇．略论《司马法》的军事思想和历史地位［J］．学术研究，1998（5）．

［88］钮国平．《司马法》札记［J］．西北师大学报（社会科学版），1998（4）．

［89］达知．《司马法》法律思想述略［J］．求是学刊，1998（5）．

［90］刘建国．《司马法》伪书辨正［J］．管子学刊，1995（3）：84-87．

［91］黄朴民．试析《孙子兵法》与《司马法》在战争理论上的若干差异——兼论孙武军事思想的丰富源泉［J］．天津师范大学学报（社会科学版），1993（5）．

［92］王联斌．《司马法》的军事伦理思想［J］．军事历史研究，1993（1）．

［93］黄朴民，徐勇．《司马法》考论［J］．管子学刊，1992（4）．

［94］赵枫．《司马法》军事伦理思想初探［J］．道德与文明，1992（3）．

［95］黄朴民，徐勇．《司马法》综论［J］．军事历史研究，1992（1）．

［96］杨善群．司马穰苴与《司马法》考论［J］．管子学刊，1990（2）．

[97] 李直. 论《司马法》的军事辩证法思想 [J]. 军事历史研究, 1989 (2): 158-163.

[98] 季德源, 安风景. 浅析《司马法》的军事法制思想 [J]. 军事历史研究, 1989 (2).

[99] 田旭东. 关于《司马法》的几个问题 [J]. 西北大学学报 (哲学社会科学版), 1987 (4).

[100] 王斧.《司马法》及其"轻、重"说 [J]. 军事历史, 1984 (4).

[101] 蓝永蔚.《司马法》书考 [J]. 安徽大学学报 (哲学社会科学版), 1978 (3).

[102] 张志鹏, 和萍. 国外管理学研究新热点职场灵性研究前沿探析 [J]. 外国经济与管理, 2012 (10): 61-71.

[103] 龚天平. 论管理理论发展中伦理主题的演变 [J]. 社会科学家, 2010 (2): 8-12.

[104] 刘友红. 对西方管理学中人性假设误区的文化哲学思考 [J]. 学术月刊, 2004 (10): 38-42.

[105] 菲利普. 军人政权的困境 [J]. 拉丁美洲研究, 1989 (1).

[106] 王威. 卢作孚的伦理管理 [J]. 重庆工商大学学报 (社会科学版), 2014 (8).

[107] 刘重来, 周鸣鸣. 试析卢作孚与民生公司的企业文化精神 [J]. 重庆社会科学, 2005 (8).

[108] 郭会斌等. 传统商业伦理在服务型企业的嵌入——基于六家"中华老字号"的扎根研究 [J]. 管理案例研究与评论, 2016 (6): 199-210.

[109] 黄朴民. 古司马法与前《孙子》时期的中国古典兵法 [N]. 光明日报, 2011-12-15.

[110] 秦然.《司马法》、《孙子兵法》、《孙膑兵法》军事思想比较研究 [D]. 郑州大学, 2007.

[111] 秦轶璐.《司马法》版本及语言初探 [D]. 上海师范大学, 2006.

[112] 王震.《司马法》武器装备思想研究 [D]. 山东大学, 2006.

[113] 刘建兰.《司马法》伦理管理思想研究——基于管理特质研究方法 [D]. 江西财经大学, 2014.

[114] 邬可晶.《司马法》校注商兑 [EB/OL]. http://www.gwz.fudan.edu.cn/SrcShow.asp?Src_ID=527, 2008-10-18.